中国新农科水产联盟“十四五”规划教材
教育部首批新农科研究与改革实践项目资助系列教材
水产类专业实践课系列教材

水生生物学与生物饵料培养实验

梁英　薛莹　马洪钢　主编

中国海洋大学出版社
·青岛·

图书在版编目（CIP）数据

水生生物学与生物饵料培养实验 / 梁英，薛莹，马洪钢主编 . —青岛：中国海洋大学出版社，2021.11
水产类专业实践课系列教材 / 温海深主编
ISBN 978-7-5670-3007-7

Ⅰ . ①水… Ⅱ . ①梁… ②薛… ③马… Ⅲ . ①水生生物学－实验－教材 ②饵料生物－培养（生物）－实验－教材 Ⅳ . ①Q17-33 ②S963.21-33

中国版本图书馆 CIP 数据核字（2021）第 234688 号

出版发行 中国海洋大学出版社
社　　址 青岛市香港东路 23 号　　邮政编码 266071
网　　址 http://pub.ouc.edu.cn
出 版 人 杨立敏
责任编辑 姜佳君
电　　话 0532-85901040
电子信箱 j.jiajun@outlook.com
印　　制 青岛国彩印刷股份有限公司
版　　次 2021 年 12 月第 1 版
印　　次 2021 年 12 月第 1 次印刷
成品尺寸 170 mm × 230 mm
印　　张 18.75
字　　数 268 千
印　　数 1—1 200
定　　价 68.00 元
订购电话 0532-82032573（传真）

编委会

水产类专业实践课系列教材

总前言

2007—2012年，按照教育部“高等学校本科教学质量与教学改革工程”的要求，结合水产科学国家级实验教学示范中心建设的具体工作，中国海洋大学水产学院主编出版了水产科学实验教材6部，包括《水产动物组织胚胎学实验》《现代动物生理学实验技术》《贝类增养殖学实验与实习技术》《浮游生物学与生物饵料培养实验》《鱼类学实验》《水产生物遗传育种学实验》。这些教材在我校本科教学中发挥了重要作用，部分教材作为实验教学指导书被其他高校选用。

这么多年过去了。如今这些实验教材内容已经不能满足教学改革需求。另外，实验仪器的快速更新客观上也要求必须对上述教材进行大范围修订。根据中国海洋大学水产学院水产养殖、海洋渔业科学与技术、海洋资源与环境3个本科专业建设要求，结合教育部《新农科研究与改革实践项目指南》内容，我们对原有实验教材进行优化，并新编实验教材，形成了“水产类专业实践课系列教材”。这一系列教材集合了现代生物技术、虚拟仿真技术、融媒体技术等先进技术，以适应时代和科技发展的新形势，满足现代水产类专业人才培养的需求。2019年，8部实践教材被列入中国海洋大学重点教材建设项目，并于2021年5月验收结题。这些实践教材，不仅满足我校相关专业教学需要，也可供其他涉海高校或农业类高校相关专业使用，切实提高水产类专业本科实验教学质量。

本次出版的10部实践教材均属中国新农科水产联盟“十四五”规划教材。教材名称与主编如下：

《现代动物生理学实验技术》（第2版）：周慧慧、温海深主编；

《鱼类学实验》（第2版）：张弛、于瑞海、马琳主编；

《水产动物遗传育种学实验》：郑小东、孔令锋、徐成勋主编；

《水生生物学与生物饵料培养实验》：梁英、薛莹、马洪钢主编；

《植物学与植物生理学实验》：刘岩、王巧晗主编；

《水环境化学实验教程》：张美昭、张凯强主编；

《海洋生物资源与环境调查实习》：纪毓鹏、任一平主编；

《养殖水环境工程学实验》：董登攀、宋协法主编；

《增殖工程与海洋牧场实验》：盛化香、唐衍力主编；

《海洋渔业技术实验与实习》：盛化香、黄六一主编。

编委会

前言

水生生物学与生物饵料培养是实践性很强的课程。该课程的实验课是在课堂讲授内容的基础上，通过实验使学生掌握水生生物学与生物饵料培养的基本操作技能、实验手段和研究方法，巩固课堂上所学的理论知识，培养学生严谨的作风和实事求是的态度，进一步提高学生的学习能力、动手能力和分析解决问题的能力，促进学生创新思维的形成，提高学生对科学研究的兴趣。

本教材共分为6部分，分别为总论、浮游生物实验、大型水生动植物实验、生物饵料培养实验、研究创新型实验以及附录。总论主要介绍了水生生物学与生物饵料培养实验课的目的和要求、实验室规则、实验课注意事项、浮游生物标本的采集与观察方法、实验室急救常识以及实验报告的撰写要求等。浮游生物实验部分共收录了13个实验，内容涉及硅藻、绿藻、蓝藻、金藻、甲藻、隐藻、裸藻、原生动物、浮游甲壳动物等常见种类的形态观察与分类，浮游植物叶绿素含量测定，浮游生物采集和定量方法，养殖水体常见浮游生物的分离与种类鉴定，浮游生物分子生态学样品的制备与DNA提取，等等。大型水生动植物实验部分共收录了10个实验，内容涉及软体动物门、节肢动物门、环节动物门、刺胞动物门、棘皮动物门、水生维管束植物常见种类形态特征与综合比较。生物饵料培养实验部分共收录了10个实验，主要涉及光合细菌、微藻、轮虫以及卤虫的形态观察与培养，微藻的定量方法，微藻的分离和培养，卤虫孵化率的测定，卤虫卵的去壳及空壳率的测定，等等。研究创新型实验部分主要介绍了研究创新型实验的基本程序，并给出了水生生物学与生物饵料培养研究创新型实验的参考题目。教材后面还有附录可供读者查用。

本教材较详细地介绍了水生生物学与生物饵料培养相关实验的实验目的、实验材料、实验仪器和用品、实验方法和步骤、实验作业等内容，图文并茂，力求培养学生独立思考问题、分析问题和解决问题的能力。本教材既适于作为水产养殖专业本科生的实验教材，又可作为本专业研究生、高等职业教育、成人教育、科技工作者、生产单位技术员的参考资料。本教材也可供生物科学专业的学生和教师参考。

梁英教授负责编写了本教材第一部分，除实验7、实验12、实验13以外的第二部分，第四部分，第六部分的内容；薛莹教授负责编写了第三部分的内容；马洪钢老师负责编写了实验7、实验12、实验13并提供了实验5的彩图。本教材第五部分由以上3位老师共同编写。

由于编者水平有限，书中难免存在不足之处，恳请读者指出，以便进一步充实和完善。

编者

2021年6月

目录

CONTENTS

第一部分　总论

一、水生生物学与生物饵料培养实验课的目的和要求　/ 002
二、实验室规则　/ 002
三、实验课注意事项　/ 003
四、浮游生物标本的采集与观察方法　/ 004
五、实验室急救常识　/ 007
六、实验报告的撰写要求　/ 007

第二部分　浮游生物实验

实验 1　硅藻门中心硅藻纲常见种类形态观察与分类　/ 010
实验 2　硅藻门羽纹硅藻纲常见种类形态观察与分类　/ 022
实验 3　绿藻门、蓝藻门、金藻门常见种类形态观察与分类　/ 034
实验 4　甲藻门、隐藻门、裸藻门常见种类形态观察与分类　/ 048
实验 5　原生动物常见种类形态观察与分类　/ 060
实验 6　浮游甲壳动物常见种类形态观察与分类　/ 071
实验 7　其他浮游动物常见种类形态观察与分类　/ 080
实验 8　浮游植物叶绿素含量的测定——分光光度法　/ 093

实验 9　浮游植物叶绿素a含量的测定——荧光分光光度法　/ 097
实验 10　浮游植物采集和定量　/ 101
实验 11　浮游动物采集和定量　/ 106
实验 12　养殖水体常见浮游生物的分离与种类鉴定　/ 110
实验 13　浮游生物分子生态学样品的制备与DNA提取　/ 113

第三部分　大型水生动植物实验

实验 14　软体动物门腹足纲常见种类形态特征与综合比较　/ 118
实验 15　软体动物门双壳纲常见种类形态特征与综合比较　/ 126
实验 16　软体动物门头足纲常见种类形态特征与综合比较　/ 135
实验 17　节肢动物门枝鳃亚目常见种类形态观察和综合比较　/ 144
实验 18　节肢动物门腹胚亚目常见种类形态观察和综合比较　/ 153
实验 19　环节动物门常见种类形态特征与综合比较　/ 165
实验 20　刺胞动物门常见种类形态特征与综合比较　/ 175
实验 21　棘皮动物门常见种类形态特征与综合比较　/ 183
实验 22　水生维管束植物根、茎、叶、花的形态特征与综合比较　/ 194
实验 23　水生维管束植物常见种类形态特征与综合比较　/ 206

第四部分　生物饵料培养实验

实验 24　光合细菌的形态观察与培养　/ 220
实验 25　常见饵料微藻的形态观察与分类　/ 224
实验 26　生物饵料个体及筛网孔径大小的测量　/ 231
实验 27　微藻的定量方法——血细胞计数板法　/ 236
实验 28　微藻的分离方法——微吸管分离法　/ 240
实验 29　微藻的分离方法——平板分离法　/ 243
实验 30　微藻的培养　/ 246
实验 31　轮虫的形态观察与培养　/ 253

实验 32　卤虫的形态观察及卤虫卵孵化率的测定　/ 257
实验 33　卤虫卵的去壳及空壳率的测定　/ 262

第五部分　研究创新型实验

一、研究创新型实验的基本程序　/ 268
二、水生生物学与生物饵料培养研究创新型实验参考题目　/ 269

第六部分　附录

附录 1　光学显微镜的使用方法和注意事项　/ 272
附录 2　生物绘图法　/ 275
附录 3　载玻片和盖玻片的使用　/ 278
附录 4　玻璃器皿的洗涤及各种洗液的配制方法　/ 280

主要参考文献　/ 284

第一部分

总论

一、水生生物学与生物饵料培养实验课的目的和要求

二、实验室规则

三、实验课注意事项

四、浮游生物标本的采集与观察方法

五、实验室急救常识

六、实验报告的撰写要求

一、水生生物学与生物饵料培养实验课的目的和要求

水生生物学与生物饵料培养实验课是在课堂讲授的基础上，通过实验使学生掌握相关的基本技能，如制片的简易方法、生物绘图技术，生物显微镜、体视显微镜、离心机、光照培养箱、超净工作台、高压灭菌锅等常用仪器设备的使用；使学生掌握水生生物常见种类的鉴定、分类、采集与定量方法等；使学生掌握光合细菌、微藻、轮虫、卤虫等典型生物饵料种类的分离、培养、定量方法；培养学生严谨的作风和实事求是的态度，培养学生综合分析、解决问题的能力。

二、实验室规则

（1）必须准时进入实验室，不得缺席、迟到、早退。实验期间不得借故外出，特殊情况应向指导教师请假。

（2）要保持实验室的肃静和整洁。在实验室不准高声谈笑，不准吸烟或随地吐痰，不准随地乱丢纸屑等杂物。

（3）使用仪器设备时，必须严格遵守安全使用规则和操作规程，认真填写使用记录。实验中未经指导教师许可不准动用与本实验无关的仪器设备，不准动用他组的仪器、工具和材料，不能任意调换他人的显微镜或镜头等。

（4）必须严肃、认真地进行实验操作、观察实验结果，如实记录实验数据或绘图，不得抄袭他人的实验报告。

（5）在操作实验中要注意安全，听从指导教师的安排。使用易燃、易爆、有毒、带菌、有腐蚀性的物品进行实验时，应严格按操作要求进行。污水及废弃液倾倒至指定地点，以防失火和避免污染。如发生事故，要立即采取安全措施，并及时报告指导教师。

（6）爱护实验室内各种仪器设备、标本、模型、挂图等，未经指导教师同意不得擅自带出实验室。不熟悉仪器使用方法时，切勿随意操作。要节约水电、试剂和材料。凡损坏仪器、标本、模型者，应立即报告指导教师，查

明原因，并视情节赔偿。

（7）实验结束时，应认真整理好室内仪器设备，清点好各类用具，处理好用过的标本或杂物等，做好清洁整理工作。关好门、窗、水、电，经指导教师检查合格方可离开实验室。

（8）实验完毕，应按实验要求写好实验报告交给指导教师。

三、实验课注意事项

（1）实验前应认真预习实验教材内容，明确实验目的、要求，了解实验内容和方法，熟悉操作环节，以得到好的实验效果。同时应复习有关理论课程内容，以便提高实验过程中的主动性和工作效率，进一步巩固有关理论知识。

（2）在实验过程中，应认真仔细地进行操作，观察实验中出现的各种现象，如实地加以记录，并对其原因和意义进行分析，培养严肃认真、一丝不苟的态度和作风。

（3）认真记录实验结果，认真完成并按时上交实验报告。作业力求简明扼要、清晰正确，绘图用实验报告纸，绘图要认真，不得草率或照抄。对于实验报告不合要求者，指导教师有权要求其重做。

（4）实验器材要摆放整齐，布局合理，便于操作。要保持室内卫生，随时清除污物。实验台上不得摆放与实验无关的物品。爱护仪器和实验材料，注意节约使用各种实验材料。公用物品在使用后放回原处，以免影响他人使用。

（5）遵守实验秩序，未经指导教师允许，不得擅自提前离开实验室。

（6）实验结束时，应将实验用具整理好，放回原处。所用实验用品必须擦洗干净。实验用具若有损耗，应立即报告指导教师，认真填写损坏物品登记表。做好实验室清洁卫生工作。

四、浮游生物标本的采集与观察方法

（一）浮游生物标本采集的方法和步骤

采集浮游植物用 25 号浮游生物网，采集浮游动物用 13 号浮游生物网（图 1–1、图 1–2）。

（1）先将浮游生物网牢系在竹竿顶端。在采集标本前，将浮游生物网浸入待采集的水体中，将网洗净，然后提出水面，关闭网头旋钮。

（2）采集时将浮游生物网垂直放入水中，排出网内空气。然后使网口与水面垂直，网身与水平行，以“∞”形在水中匀速来回拖动浮游生物网，拖的次数视水中标本多寡而定。

（3）将采集到的标品分装于 2 个样品瓶：一瓶用甲醛（100 mL 水样加 4 mL 分析纯甲醛溶液）或鲁氏碘液（1 000 mL 水样加 15 mL 鲁氏碘液，鲁氏碘液配制方法见实验 1）固定；另一瓶保持新鲜，以待镜检。

（4）在样品瓶外贴上标签，记录采集地点、采集时间及当时的天气状态、水温、透明度等。

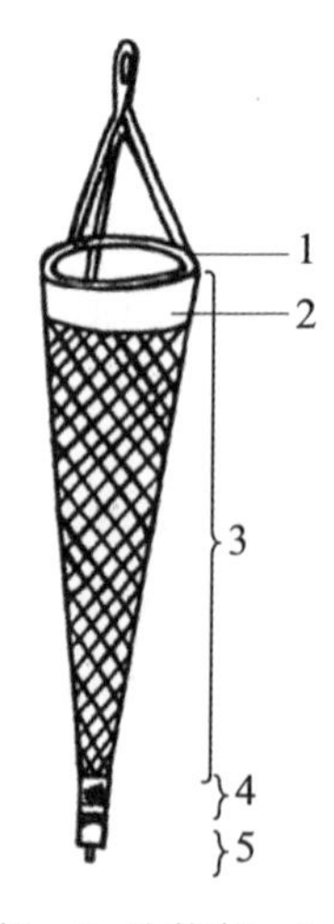

1. 网口部；2. 头锥部；3. 过滤部；4. 网底部；5. 网底管

图 1–1　浮游生物网基本构造

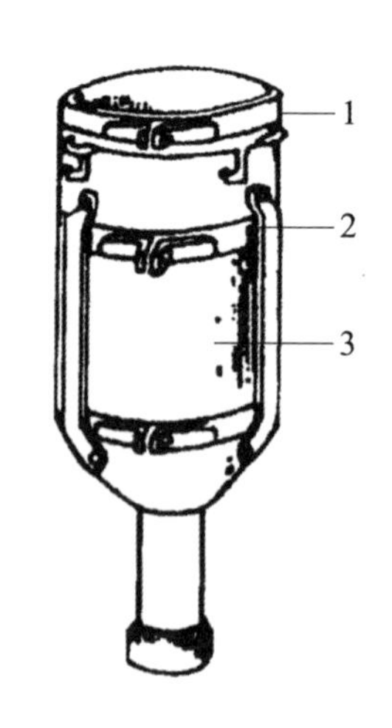

1. 连接网底部的压圈；2. 固定筛绢套的压圈；3. 筛绢套

图 1–2　网底管

（二）观察标本注意事项

（1）浮游生物标本种类繁多，需按其形态、结构和大小等特点，分别使用显微镜、体视显微镜、放大镜或肉眼进行观察、鉴定。

（2）在显微镜下观察标本时，应注意生物标本与杂物、气泡等的区别。

（3）浮游生物标本除含有杂物外，一般为多种生物组成的混合标本，应集中精力观察实验课要求观察的生物。

（4）在吸取浮游生物浸制固定标本时，不要来回挤压吸管的橡胶头，以免造成浸液上下混合，标本密度降低；要吸取适量的下部沉淀物，置于载玻片上，盖上盖玻片后，再在低倍、高倍镜下观察。

（5）用显微镜观察标本时，应一边观察一边用解剖针轻轻推动或拨动盖玻片，以观察标本不同面（特别是硅藻标本），提高识别标本的准确性。

（6）有可能的话，应观察活标本。特别要注意易收缩的种类收缩后的个体形态与活标本的差异，并能识别它们。

（三）浮游生物标本的镜检方法

观察浮游生物标本，镜检方法如下：

1. 制片

（1）在制片前先将载玻片、盖玻片洗擦干净，再用吸管吸取器皿中的标本液，滴 1 滴于载玻片上，然后用镊子将盖玻片沿着液滴的边缘慢慢放下。若发现标本液溢出或盖玻片内有气泡，应将标本液吸回器皿中，擦净载玻片和盖玻片，重新制片，直至液滴恰好在盖玻片内，且无气泡出现为止。

观察丝状藻类时，先用镊子取 3 ~ 5 根藻丝放置于载玻片上，用解剖针将藻丝拨弄均匀，然后滴 1 滴水，盖上盖玻片即可观察。

（2）每次使用显微镜之前，首先检查显微镜的各机械部分和镜头是否有问题。发现问题立即向指导教师报告，及时处理。

（3）在使用显微镜之前、之后，必须按显微镜的保养方法将其擦干净。

2. 镜检步骤

将做好的片子置于载物台上，先在低倍镜下观察，后逐渐转至高倍镜下观察。在低倍镜下可观察到种类的大小、轮廓、运动情况。如是运动藻类，则在低倍镜下从盖玻片边缘加进半滴鲁氏碘液将其杀死，再转到高倍镜下详细观察固定后的细胞形态特征。

注意

在用高倍镜观察时，只能用微调旋钮，以免镜头压坏盖玻片而沾水，引起镜头发霉以至影响显微镜使用效果和寿命。

对几种典型结构和部位的观察，可按下述方法：

（1）多角度观察：如对硅藻细胞的观察，可用解剖针轻轻推动或拨动盖玻片，让细胞翻动，以观察其不同的带面、壳面。对于其他藻类，可根据藻体细胞翻动与否和翻动后的状态判断其形状以及厚度。

（2）鞭毛：最好先取活体标本，在低倍镜下观察其活动状况。凡运动（旋转、游动）比较迅速的藻类（注意应与缓慢摇摆前进的硅藻和颤动的颤藻严格区分开来）均为鞭毛藻类。活的个体鞭毛无色、接近透明、光亮，转换高倍镜并将聚光镜调到最上位，缩小光圈，可以看得比较清楚。如果加上鲁氏碘液固定，鞭毛会被衬托得更为清晰。活体观察时，同一条鞭毛的各部分可能不在同一光学平面，必须细心转动微调旋钮以观其全貌。

（3）细胞核：细胞用鲁氏碘液固定后，细胞核通常被染成橙黄色。对碘反应不敏感的可用苏木精染色法染色。

（4）色素体：色素体在原生质体中存在的特点是有固定的形状，并呈现一定的颜色。要看清其颜色，必须用活体标本，否则只能从形状上加以区分。对于不同形状色素体的观察，有一种简易可行的经验方法，即待临时装片水分蒸发后，用手指按住盖玻片揉搓，使细胞破碎，色素体可呈现于视野中。

（5）蛋白核：多数绿藻色素体内含有蛋白核，蛋白核的外面包有淀粉鞘，里面是蛋白质体。观察蛋白核时，只要滴加少许鲁氏碘液令其变为蓝黑色，即可看清。

（6）淀粉：有蛋白核的藻类，如大多数绿藻，淀粉多集中分布在蛋白核的周围，形成淀粉鞘，碘反应清晰；无蛋白核的藻类，如某些隐藻、绿藻，淀粉粒分散于色素体的不同部位。无论位置和形状如何，遇碘呈蓝黑色或紫黑色者，即为淀粉。

（7）蓝藻淀粉：为蓝藻所具有的一种类淀粉物质，也为淀粉的同分异构物。蓝藻淀粉呈颗粒状，比较均匀地分布于蓝藻细胞周边的色素区，遇碘呈淡紫色或淡褐色。

（8）白糖素：为金藻及部分黄藻所具有的一种糖类。白糖素常聚集成白色、有光亮、不透明、大小不定的球体，无碘反应，多数位于细胞后端。

五、实验室急救常识

（1）实验室一旦发生火灾，切不可惊慌，应保持镇静，立即切断室内一切火源和电源，然后根据具体情况积极正确地进行抢救和灭火。

（2）如果有人触电，应立即关闭电源或用绝缘的木棍、竹竿等使触电者与电源脱离接触。急救时必须采取防止触电的安全措施，不可用手直接接触触电者。

（3）被玻璃割伤或受其他机械损伤时，先检查伤口内有无玻璃或金属碎片，然后用硼酸水洗净伤口，再涂擦碘酒，必要时用纱布包扎。若伤口较大或过深且大量出血，应迅速在伤口上部和下部扎紧血管止血，立即到医院诊治。

（4）遇强碱引起的烧伤，应立即用大量自来水冲洗，再用质量分数为5%的硼酸溶液或质量分数为2%的乙酸溶液涂洗。

（5）遇强酸引起的烧伤，应立即用大量自来水冲洗，再用质量分数为5%的碳酸钠溶液涂洗。

六、实验报告的撰写要求

实验报告的撰写是水生生物学与生物饵料培养实验课的基本训练之一，

应以科学态度，认真、严肃地对待，以便为今后的科研工作打下良好基础。

（1）实验结束后，根据指导教师的要求，每人撰写一份实验报告（必须自己独立完成，否则应重写），并按时完成，及时交指导教师评阅。

（2）实验报告要文字简练，语句通顺，书写清楚、整洁，正确使用标点符号。绘图一律用铅笔。报告纸上的图不要过于拥挤，图的数量和位置应适当安排，布局要协调。每张纸上所绘的图最好以同样的比例放大或缩小。线条要粗细均匀，打点要圆且分布均匀。图的下面标注生物中文名和学名。

（3）实验报告的内容主要包括以下几个方面。

1）姓名、年级、专业、组别、日期。

2）科目、实验序号和题目。

3）实验目的。

4）实验材料。

5）实验仪器和用品。

6）实验方法与步骤。

7）实验结果：实验结果是实验报告的重要组成部分，应如实、正确地记录和说明实验过程中所观察到的现象。对于定量实验结果部分，应根据实验课的要求将一定实验条件下获得的结果和数据进行整理、归纳、分析和对比，尽量总结成各种图表，如记录原始数据及处理数据的表格、标准曲线图等，同时针对实验结果进行必要说明和分析。

8）讨论与结论：讨论主要是根据所学到的理论知识，对实验结果进行科学的分析和解释，如实验的误差来源、实验方法的改进措施等，并判断实验结果是否达到预期。如果出现非预期实验结果，应分析其可能的原因。结论是从实验结果和讨论中归纳出的一般性的判断，是这一实验所验证的基本概念、原理或理论的简要说明和总结。结论的撰写应该简明扼要。

第二部分

浮游生物实验

实验1　硅藻门中心硅藻纲常见种类形态观察与分类

实验2　硅藻门羽纹硅藻纲常见种类形态观察与分类

实验3　绿藻门、蓝藻门、金藻门常见种类形态观察与分类

实验4　甲藻门、隐藻门、裸藻门常见种类形态观察与分类

实验5　原生动物常见种类形态观察与分类

实验6　浮游甲壳动物常见种类形态观察与分类

实验7　其他浮游动物常见种类形态观察与分类

实验8　浮游植物叶绿素含量的测定——分光光度法

实验9　浮游植物叶绿素a含量的测定——荧光分光光度法

实验10　浮游植物采集和定量

实验11　浮游动物采集和定量

实验12　养殖水体常见浮游生物的分离与种类鉴定

实验13　浮游生物分子生态学样品的制备与DNA提取

实验 1

硅藻门中心硅藻纲常见种类形态观察与分类

一、实验目的

掌握硅藻门中心硅藻纲的主要形态特征，识别常见种类。

二、实验材料

野外采集硅藻标本、室内培养样品、硅藻装片。

三、实验仪器和用品

生物显微镜、载玻片、盖玻片、镊子、解剖针、擦镜纸、吸水纸、胶头滴管、样品瓶、鲁氏碘液（配制方法：将 6 g 碘化钾溶于 20 mL 水中，待其完全溶解后，加入 4 g 碘充分摇动，待碘全部溶解后定容到 100 mL 即可，保存在棕色试剂瓶中）、分析纯甲醛溶液。

四、实验方法与步骤

在生物显微镜下观察硅藻门中心硅藻纲常见种类的主要形态特征，然后对照分类检索表鉴定所观察到的种类。

五、实验内容

硅藻门中心硅藻纲常见种类形态观察与分类。

（一）硅藻门的主要特征

藻体多数为单细胞，也有各种群体，呈黄绿色或黄褐色。具硅质细胞壁，由上、下两壳套合而成，硅质细胞壁上具有排列规则的花纹。色素为叶绿素a、叶绿素c、β-胡萝卜素、硅藻黄素等。贮存物质主要为油滴。繁殖方式有营养繁殖和形成复大孢子、小孢子和休眠孢子等。

（二）硅藻门中心硅藻纲的主要特征

藻体单细胞或链状、念珠状群体。细胞形状有球形、圆盘形、圆柱形、三角形、多角形。壳面花纹辐射对称排列。没有壳缝，不能运动。色素体盘状，小而数目多。细胞外常有突起和刺毛。中心硅藻纲包括3个目（圆筛藻目、根管藻目、盒形藻目），大多在海洋中营浮游生活，淡水种类很少。

（三）硅藻门中心硅藻纲常见种类

1. 直链藻属 *Melosira*

直链藻属属于圆筛藻目直链藻科。藻体细胞球形或圆柱形，靠壳面相连成链状或念珠状群体。细胞壁一般较厚（硅质化程度较强）。壳面圆形，有细点纹或孔纹。有的种类相连带上有一线形的环状缢缩，称环沟，又称横沟，两细胞之间的沟状缢入部称假环沟。通常见到的为壳环面，壳环带无纹或有较粗的点纹或孔纹。注意观察壳环带上的环沟和假环沟。

常见种类：具槽直链藻 *Melosira sulcata*、变异直链藻 *Melosira varians*、颗粒直链藻 *Melosira granulata* 等（图 2-1-1）。

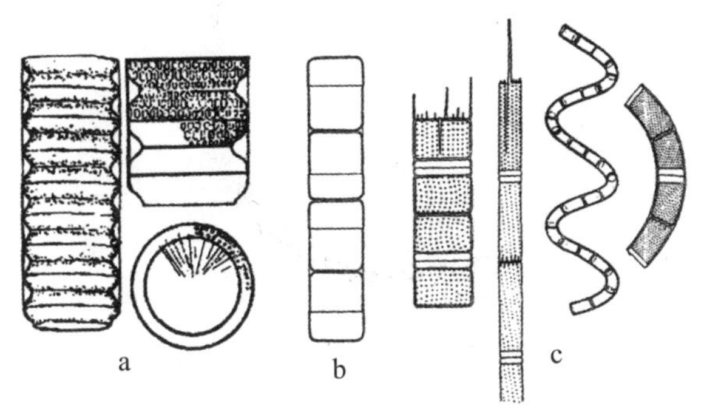

a. 具槽直链藻 *M. sulcata*；b. 变异直链藻 *M. varians*；c. 颗粒直链藻 *M. granulata*

图 2-1-1　直链藻属 *Melosira* 常见种类（自 Hustedt，1927；Lebour，1930）

2. 圆筛藻属 *Coscinodiscus*

圆筛藻属属于圆筛藻目圆筛藻科。藻体细胞一般圆盘形，壳面圆形，壳面边缘常有小刺。孔纹一般为六角形，排列成辐射形、束形或线形等。色素体小而多，粒状或小片状。本属为最常见的海洋浮游硅藻类群之一，为海产仔幼鱼、毛虾、贝类的主要饵料。注意一边观察一边用解剖针轻轻推动或拨动盖玻片，以观察标本不同面。

常见种类：辐射圆筛藻 *Coscinodiscus radiatus*、偏心圆筛藻 *Coscinodiscus excentricus* 等（图 2−1−2、图 2−1−3）。

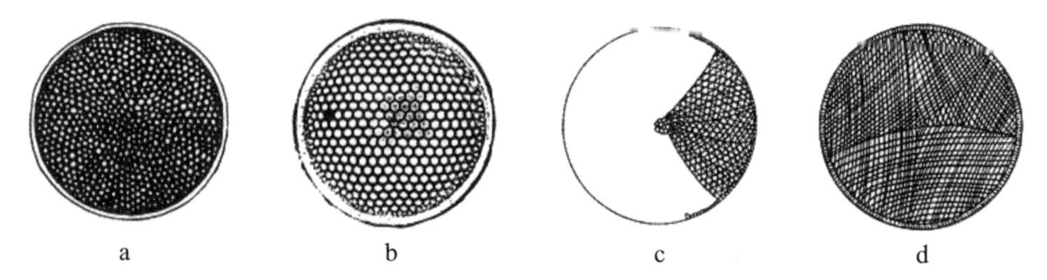

a. 辐射圆筛藻 *C. radiatus*；b. 小眼圆筛藻 *C. oculatus*；c. 弓束圆筛藻 *C. curvatulus*；d. 偏心圆筛藻 *C. excentricus*

图 2−1−2　圆筛藻属 *Coscinodiscus* 常见种类

图 2−1−3　野外采集样品中的辐射圆筛藻 *Coscinodiscus radiatus*

3. 小环藻属 *Cyclotella*

小环藻属属于圆筛藻目圆筛藻科。藻体单细胞或 2 ～ 3 个细胞相连。细胞圆盘形，壳面花纹分外围和中央区。外围有向中心深入的肋纹，肋纹有宽有窄，少数呈点条状。中央区平滑无纹或具向心排列的不同花纹。壳面平直或有波状起伏，或中央部分向外鼓起。色素体小，盘状，多个。

常见种类：条纹小环藻 *Cyclotella striata*（图 2-1-4），多为海产，在半咸水河口及高盐水域也有分布。

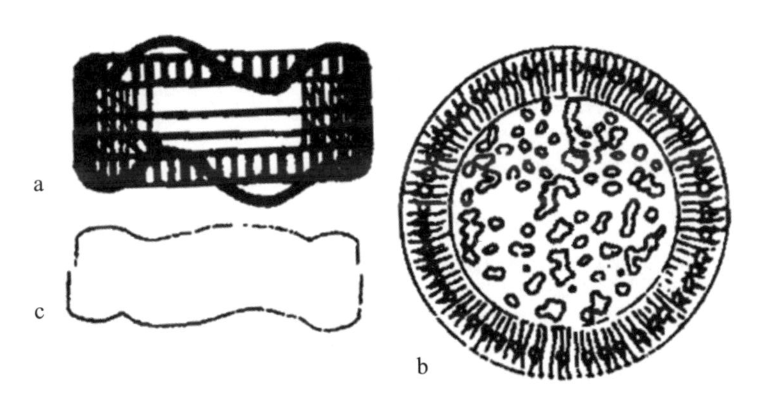

a，c. 壳环面观；b. 壳面观

图 2-1-4　条纹小环藻 *Cyclotella striata*（自胡鸿钧等，1980）

4. 漂流藻属 *Planktoniella*

漂流藻属属于圆筛藻目圆筛藻科。藻体单细胞，细胞圆盘形。壳环面四周有薄而透明的翼状突，翼状突上有许多射出肋，有支持翼状突及有利于漂浮的作用。色素体多而小。

本属仅 2 种。我国仅有 1 种：太阳漂流藻 *Planktoniella sol*（图 2-1-5、图 2-1-6），分布于我国南海、东海等，为暖水性种。

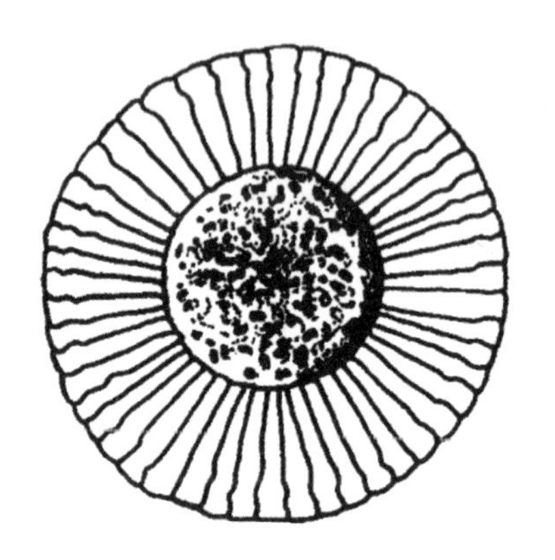

图 2-1-5　太阳漂流藻 *Planktoniella sol*（自金德祥等，1965）

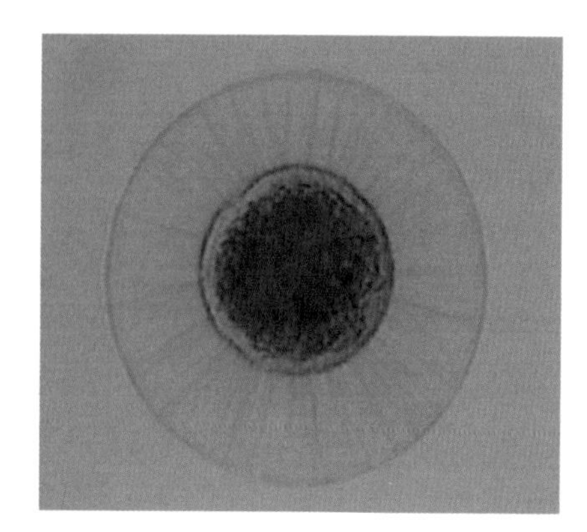

图 2-1-6　野外采集样品中的太阳漂流藻 *Planktoniella sol*

5. 海链藻属 *Thalassiosira*

海链藻属属于圆筛藻目海链藻科。营群体生活，极少数单独生活。藻体细胞圆盘形、短圆柱形，群体以一条胶质线相连成串，或包埋于胶质块内。壳面具点纹，壳缘常有小刺。间生带明显，呈环纹状或领纹状。本属为近海浮游种类。海链藻 *Thalassiosira* sp. 电镜照片见图 2-1-7。

常见种类：诺氏海链藻 *Thalassiosira nordenskioeldii*（图 2-1-8），北方沿海种类。

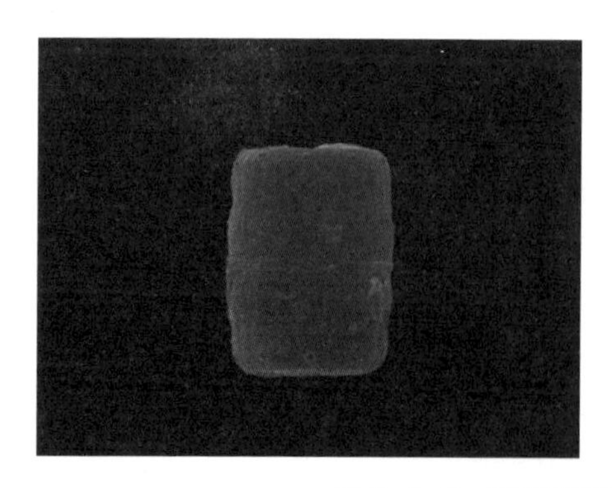

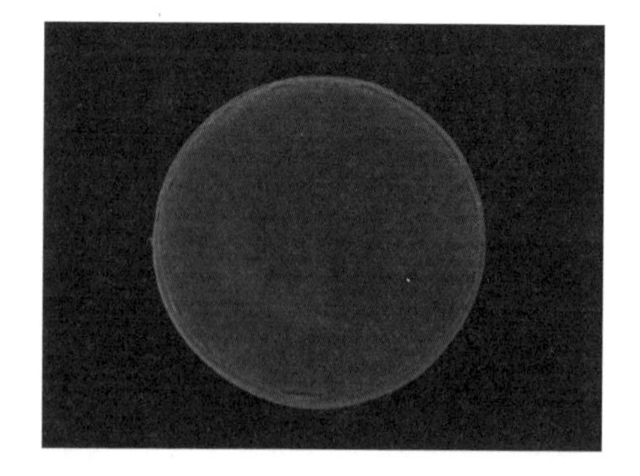

图 2-1-7　海链藻 *Thalassiosira* sp. 电镜照片

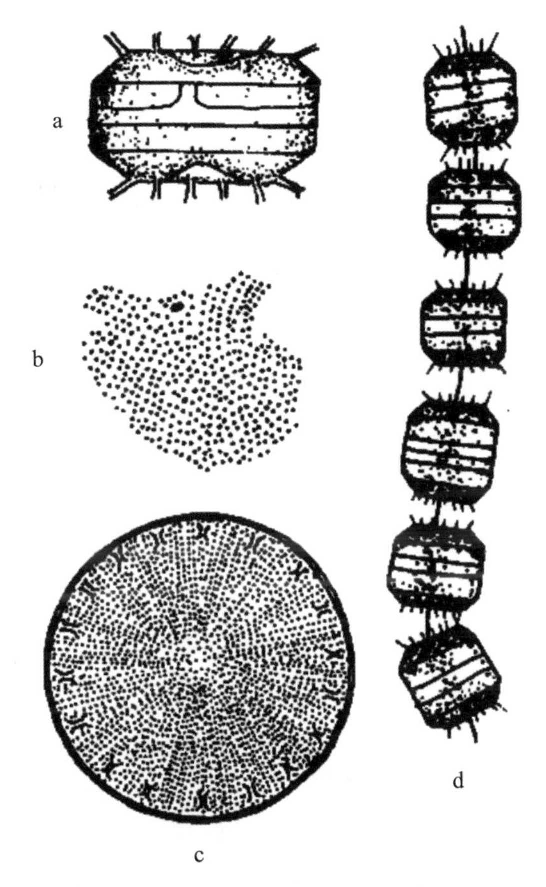

a. 环面观；b. 壳面中央花纹；c. 壳面观；d. 链状群体

图 2-1-8　诺氏海链藻 *Thalassiosira nordenskioeldii*（自金德祥等，1965）

6. 骨条藻属 *Skeletonema*

骨条藻属属于圆筛藻目骨条藻科。藻体细胞为凸透镜形或圆柱形，直径为6 ~ 7 μm，壳面圆而鼓起，着生一圈细长的刺，与邻细胞的对应刺组成长链。刺的数目为 8 ~ 30 条。细胞间隙长短不一，往往比细胞本身长。壳面点纹极微细，不易见到。

常见种类：中肋骨条藻 *Skeletonema costatum*（图 2-1-9 ~图 2-1-11）。

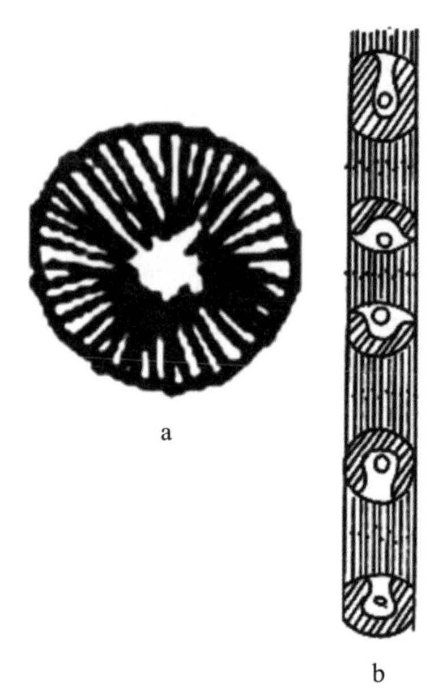

a. 壳面观；b. 链状群体

图 2-1-9　中肋骨条藻 *Skeletonema costatum*

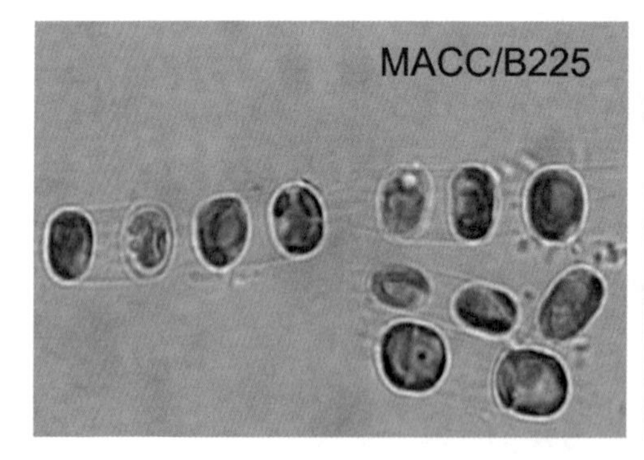

图 2-1-10　实验室培养的中肋骨条藻 *Skeletonema costatum*

图 2-1-11　中肋骨条藻 *Skeletonema costatum* 电镜照片

7. 细柱藻属 *Leptocylindrus*

细柱藻属属于圆筛藻目细柱藻科。藻体细胞长圆柱形，以壳面紧密相连，构成细长的链状群体。壳面无刺、无突起。细胞壁薄，无花纹。色素体 2 个或多个，呈颗粒状或圆盘状。

常见种类：丹麦细柱藻*Leptocylindrus danicus*（图 2–1–12），细胞直径 8 ~ 12 μm，细胞长 31 ~ 130 μm，长等于宽的 2 ~ 12 倍。色素体颗粒状，6 ~ 33 个。本种为沿海种，我国近海常见。

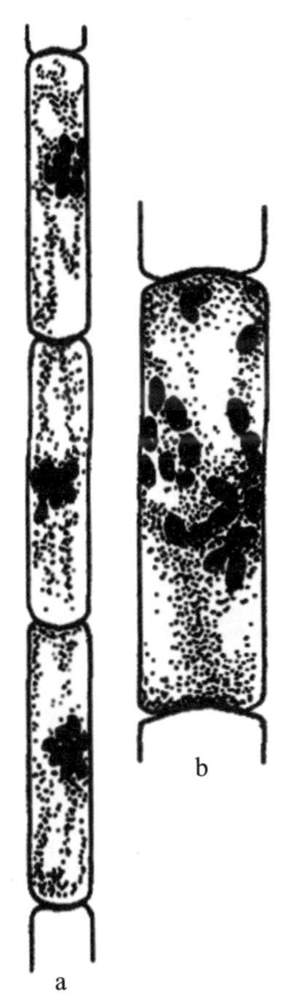

a. 细胞链环面观；b. 示色素体

图 2–1–12 丹麦细柱藻*Leptocylindrus danicus*

8. 根管藻属*Rhizosolenia*

根管藻属属于根管藻目根管藻科。藻体单细胞或组成链状群体。细胞长圆柱形。壳面椭圆形至圆形，扁平，或略凸，或十分伸长、呈圆锥状突起。末端具刺，刺常伸入邻细胞而连成群体。细胞壁薄，有排列规则的点纹。壳环面长。节间带呈环形、半环形或鳞片状。本属种类多，分布广，多数为暖海性浮游硅藻。

常见种类：斯托根管藻*Rhizosolenia stolterfothii*、翼根管藻*Rhizosolenia alata*等（图 2–1–13）。

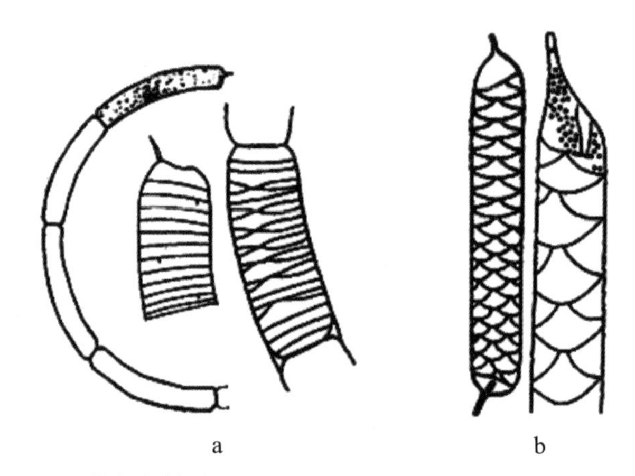

a. 斯托根管藻*R. stolterfothii*；b. 翼根管藻*R. alata*

图 2–1–13　根管藻属*Rhizosolenia*常见种类（自 Hustedt，1927）

9. 角毛藻属 *Chaetoceros*

角毛藻属属于盒形藻目角毛藻科。藻体细胞短圆柱形，壳面大都是椭圆形。大多营群体生活，少数单独生活。角毛从细胞四角生出，比细胞长，相互交叉成链状群体。色素体的数目、形状、大小、位置随种类不同，是分类的重要依据。本属种类多，分布广，是最常见的浮游硅藻之一。其中牟氏角毛藻*Chaetoceros muelleri*、纤细角毛藻*Chaetoceros gracilis*可大规模培养，是水产动物的优质饵料。

常见种类：牟氏角毛藻、洛氏角毛藻*Chaetoceros lorenzianus*（图 2–1–14 ~ 图 2–1–16）、纤细角毛藻（图 2–1–17）等。

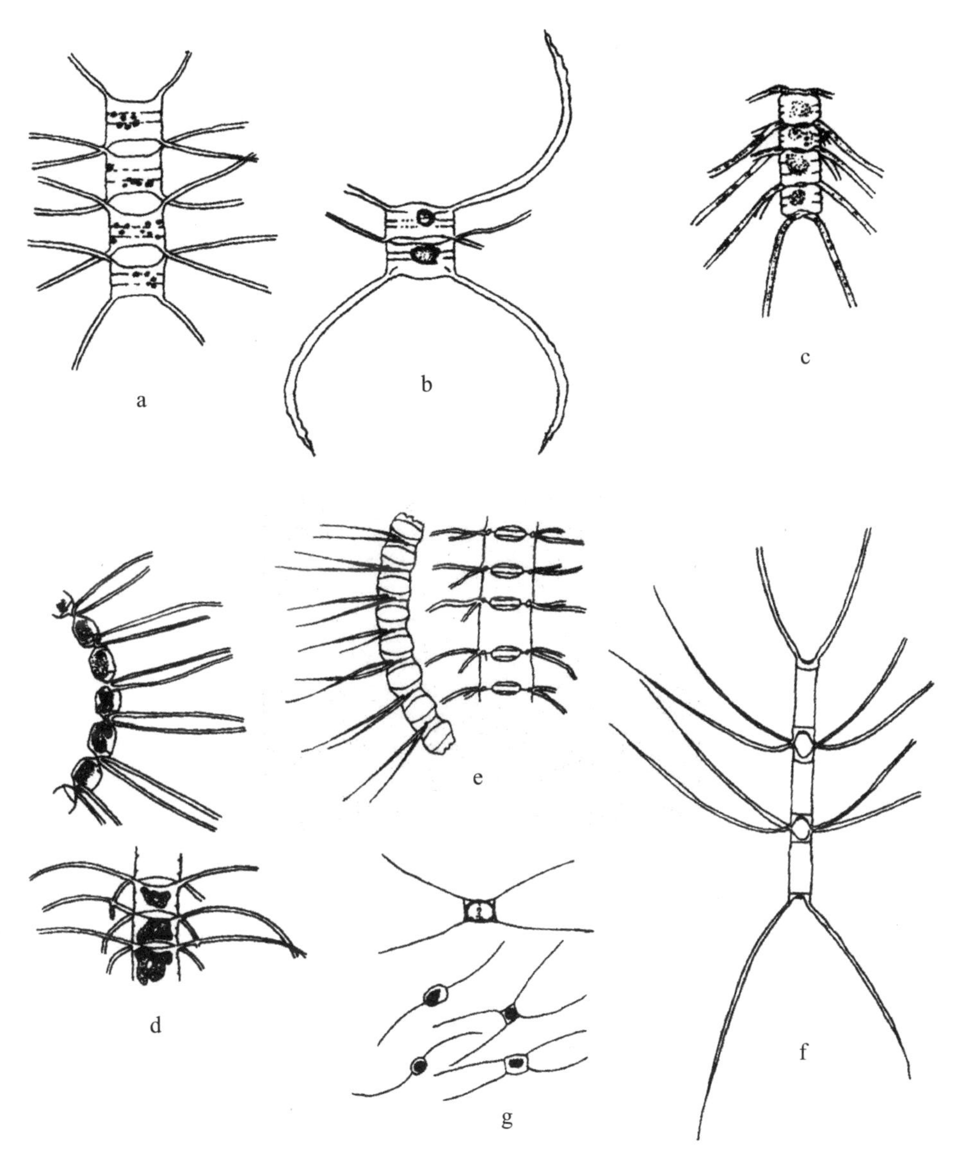

a. 洛氏角毛藻 *C. lorenzianus*；b. 窄隙角毛藻 *C. affinis*；c. 密联角毛藻 *C. densus*；d. 旋链角毛藻 *C. curvisetus*；e. 假弯角毛藻 *C. pseudocurvisetus*；f. 垂缘角毛藻 *C. laciniosus*；g. 牟氏角毛藻 *C. muelleri*

图 2–1–14　角毛藻属 *Chaetoceros* 常见种类

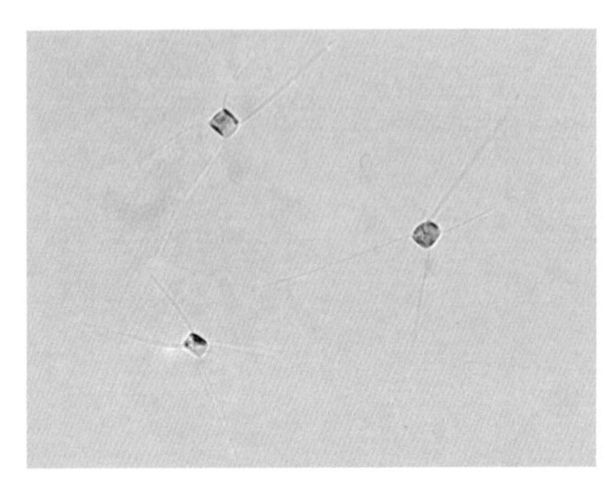

图 2-1-15　实验室培养的牟氏角毛藻
Chaetoceros muelleri

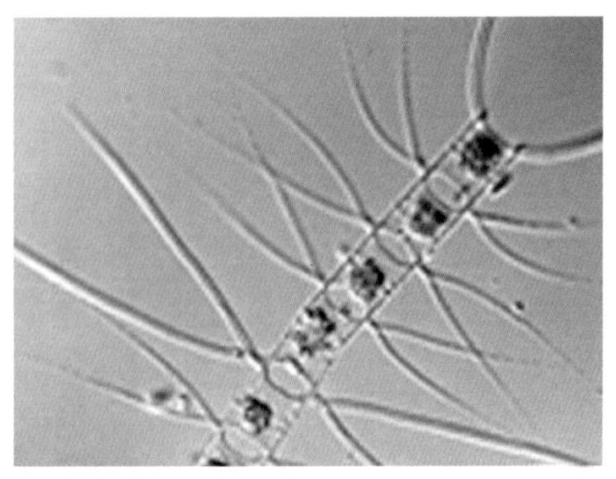

图 2-1-16　野外采集样品中的洛氏角毛藻
Chaetoceros lorenzianus

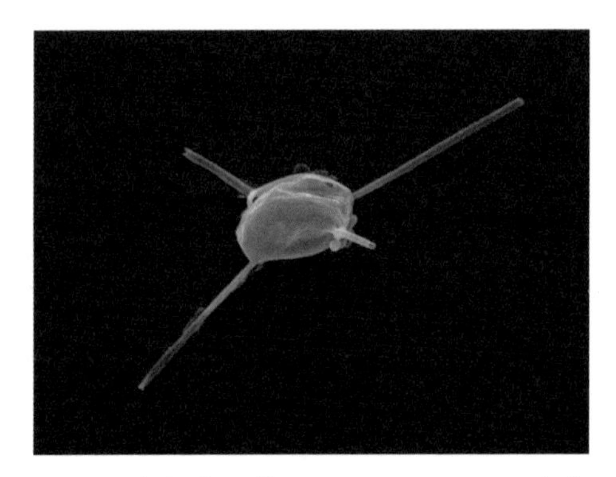

图 2-1-17　纤细角毛藻 *Chaetoceros gracilis* 电镜照片

10. 盒形藻属 *Biddulphia*

盒形藻属属于盒形藻目盒形藻科。藻体细胞呈面粉袋状或近圆柱形，壳面一般呈椭圆形，两端有突起。由壳面突起分泌的胶质或由突起本身连接成链状群体。

常见种类：中华盒形藻 *Biddulphia sinensis*、活动盒形藻 *Biddulphia mobiliensis* 等（图 2-1-18）。

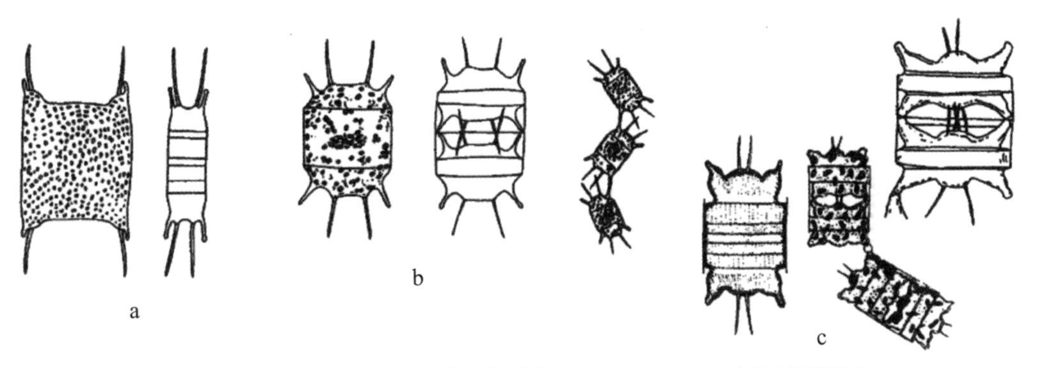

a. 中华盒形藻 *B. sinensis*；b. 活动盒形藻 *B. mobiliensis*；c. 长耳盒形藻 *B.aurita*
图 2-1-18 盒形藻属 *Biddulphia* 常见种类（自 Hustedt，1927；Lebour 等，1930）

11. 弯角藻属 *Eucampia*

弯角藻属属于盒形藻目弯角藻科。藻体细胞壳面狭扁，椭圆形。在长轴的两极各有 1 个突起，借此与邻细胞连接成链状群体。壳面有细点纹。

常见种类：浮动弯角藻 *Eucampia zoodiacus*（图 2-1-19），为沿海广温性种类，分布很广。

图 2-1-19 浮动弯角藻 *Eucampia zoodiacus*（自 Hustedt，1927；金德祥等，1965）

六、作业

（1）识别常见的硅藻门中心硅藻纲种类，写出常见种类的分类地位。

（2）绘图：绘制教师指定种类的形态图。

实验 2 硅藻门羽纹硅藻纲常见种类形态观察与分类

一、实验目的

掌握硅藻门羽纹硅藻纲的主要形态特征，识别常见种类。

二、实验材料

野外采集硅藻标本、室内培养样品、硅藻装片。

三、实验仪器和用品

生物显微镜、载玻片、盖玻片、镊子、解剖针、擦镜纸、吸水纸、胶头滴管、样品瓶、鲁氏碘液、分析纯甲醛溶液。

四、实验方法与步骤

在生物显微镜下观察硅藻门羽纹硅藻纲常见种类的主要形态特征，然后对照分类检索表鉴定所观察到的种类。

五、实验内容

硅藻门羽纹硅藻纲常见种类形态观察与分类。

（一）硅藻门羽纹硅藻纲的主要特征

藻体细胞基本为长形至椭球形。壳面大多为舟形或针形。花纹一般左右对称。许多种有壳缝，能运动。色素体常为片状，较大，1 ~ 2 个。羽纹硅藻纲大多分布于淡水中，沿海种类主要营底栖生活，少数在海洋中营浮游生活。

（二）常见种类

1. 星杆藻属 *Asterionella*

星杆藻属属于无壳缝目脆杆藻科。藻体细胞呈棒状，两端异形，通常一端扩大。细胞以一端连成星状、螺旋状等群体。假壳缝不明显。色素体多个，呈板状或颗粒状。为浮游种类，海水、淡水均有分布。

常见种类：日本星杆藻 *Asterionella japonica*、美丽星杆藻 *Asterionella formosa* 等（图 2-2-1）。

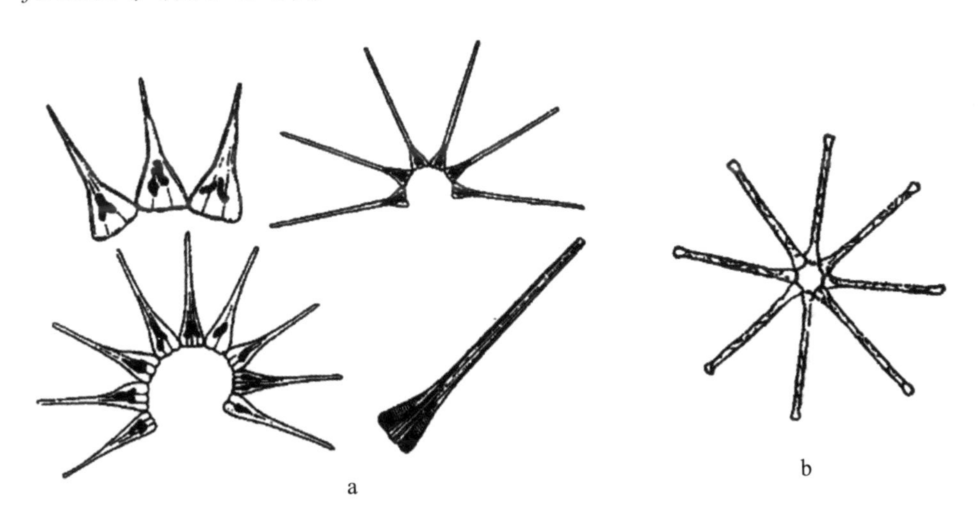

a. 日本星杆藻 *A. japonica*；b. 美丽星杆藻 *A. formosa*

图 2-2-1　星杆藻属 *Asterionella* 常见种类（自 B. 福迪，1980；Hustedt，1927）

2. 海毛藻属 *Thalassiothrix*

海毛藻属属于无壳缝目脆杆藻科。藻体细胞棒形，两端形状不同。单细胞或以胶质柄相连成锯齿状或星状群体。壳缘有小刺。无假壳缝、间生带和隔片。色素体多个，颗粒状。

常见种类：佛氏海毛藻 *Thalassiothrix frauenfeldii*、长海毛藻 *Thalassiothrix longissima* 等（图 2-2-2）。

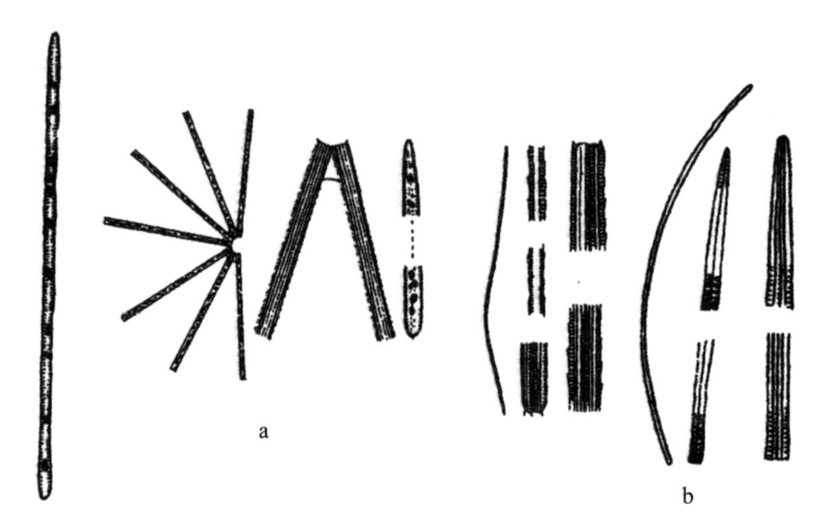

a. 佛氏海毛藻 *T. frauenfeldii*；b. 长海毛藻 *T. longissima*

图 2-2-2　海毛藻属 *Thalassiothrix* 常见种类（自 Hustedt，1927；金德祥等，1965）

3. 海线藻属 *Thalassionema*

海线藻属属于无壳缝目脆杆藻科。藻体细胞棒形，壳面两端圆形，等大。细胞以一端相连成锯齿链状群体。

本属仅菱形海线藻 *Thalassionema nitzschioides*（图 2-2-3），分布广，为世界种。该藻在我国沿岸常同佛氏海毛藻一起出现。

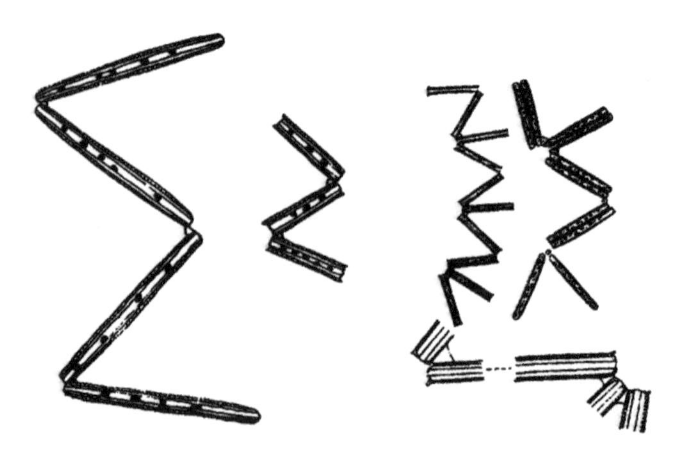

图 2-2-3　菱形海线藻 *Thalassionema nitzschioides*（自 Hustedt，1927；金德祥等，1965）

4. 短缝藻属 *Eunotia*

短缝藻属属于短缝藻目短缝藻科。藻体细胞壳面两端均具短壳缝。色素体 2 个，通常为大型片状。壳面弓形，背缘凸出，腹缘平直或凹入。两端各有 1 个明显的极节，无中央节。多生长于池塘、水沟中，营浮游生活，或附着于其他物体上。

常见种类：弧形短缝藻 *Eunotia arcus*、篦形短缝藻 *Eunotia pectinalis*、月形短缝藻 *Eunotia lunaris*（图 2–2–4）。

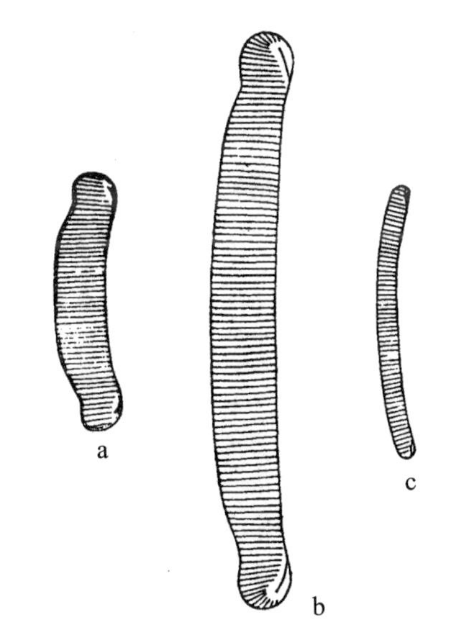

a. 弧形短缝藻 *E. arcus*；b. 篦形短缝藻 *E. pectinalis*；c. 月形短缝藻 *E. lunaris*

图 2–2–4　短缝藻属 *Eunotia* 常见种类（自朱蕙忠等，1993）

5. 卵形藻属 *Cocconeis*

卵形藻属属于单壳缝目曲壳藻科。藻体单细胞。细胞扁平，壳面宽卵圆形、椭圆形或近圆形。上壳具中轴区，下壳具壳缝和中央节。点纹细小，不具胶质柄。分布于海水或淡水中，多营附着生活，浮游种类极少。

常见种类：盾形卵形藻 *Cocconeis scutellum*、透明卵形藻 *Cocconeis pellucida*、有柄卵形藻 *Cocconeis pediculus* 等（图 2–2–5）。

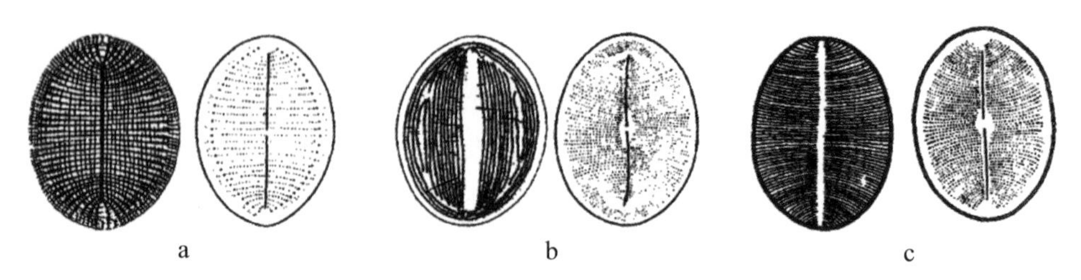

a. 盾形卵形藻 *C. scutellum*；b. 透明卵形藻 *C. pellucida*；c. 有柄卵形藻 *C. pediculus*

图 2–2–5　卵形藻属 *Cocconeis* 常见种类（自 Hustedt，1927）

6. 曲壳藻属 *Achnanthes*

曲壳藻属属于单壳缝目曲壳藻科。藻体细胞单独生活或相连成链状或以胶质柄附着在其他物体上生活。上壳面只有拟壳缝，下壳面具壳缝和极节。壳面菱形或宽卵圆形，壳环面屈膝形。

常见种类：短柄曲壳藻*Achnanthes brevipes*、长柄曲壳藻*Achnanthes longipes*、优美曲壳藻*Achnanthes delicatula*等（图 2–2–6）。

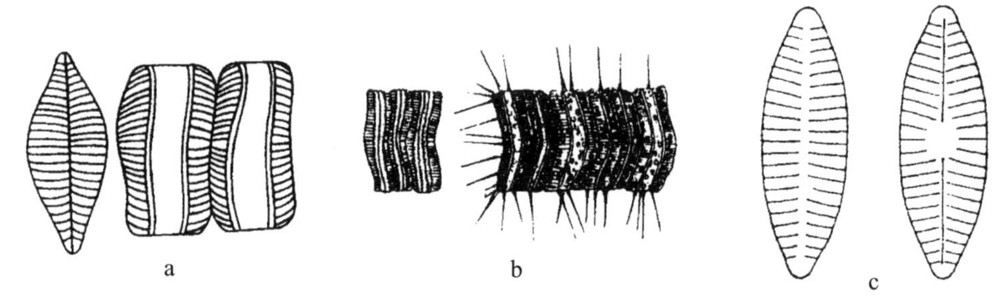

a. 短柄曲壳藻 *A. brevipes*；b. 长柄曲壳藻 *A. longipes*；c. 优美曲壳藻 *A. delicatula*

图 2–2–6　曲壳藻属 *Achnanthes* 常见种类（自 Lebour，1930）

7. 舟形藻属 *Navicula*

舟形藻属属于双壳缝目舟形藻科。本属为硅藻中最大的属，种类极多。藻体细胞上、下壳面均具壳缝。细胞壳面两端及两侧均对称。壳面线形或披针形或椭圆形，具横线纹、布纹等。中轴区狭窄，壳缝发达，具中央节和极节。色素体片状，多为 2 个。

常见种类：缘花舟形藻 *Navicula radiosa*、扁圆舟形藻 *Navicula placentula*、绿舟形藻 *Navicula viridula*、膜状舟形藻 *Navicula membranacea* 等（图 2–2–7）。

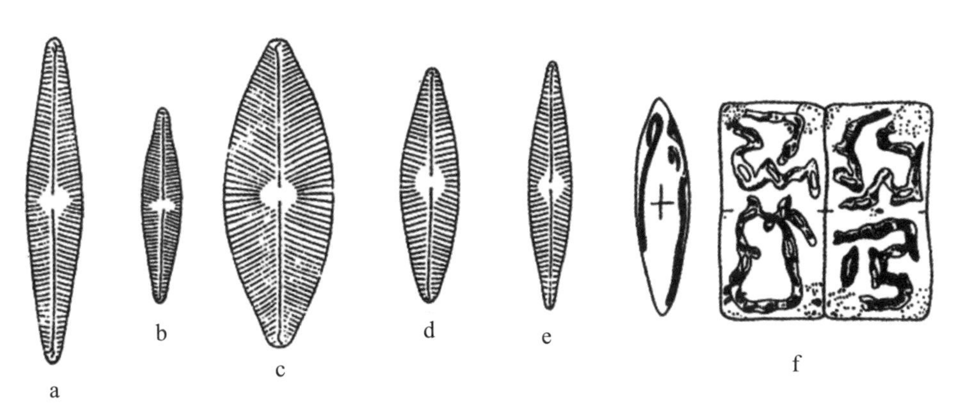

a. 缘花舟形藻 *N. radiosa*；b. 隐头舟形藻 *N. cryptocephala*；c. 扁圆舟形藻 *N. placentula*；d. 绿舟形藻 *N. viridula*；e. 喙头舟形藻 *N. rhynchocephala*；f. 膜状舟形藻 *N. membranacea*

图 2-2-7 舟形藻属 *Navicula* 常见种类

8. 曲舟藻属（斜纹藻属）*Pleurosigma*

曲舟藻属属于双壳缝目舟形藻科。藻体细胞壳面S形，壳缝也呈S形；在中线上或偏在一侧。点条纹斜列或横列。中央节小而圆。带面狭，有时呈弓形或扭转或中部收缩。色素体 2 个，带状。为海水、半咸水种类，淡水极少。

常见种类：美丽曲舟藻（美丽斜纹藻）*Pleurosigma formosum*（图 2-2-8），为底栖种类，在浮游生物中也有出现。

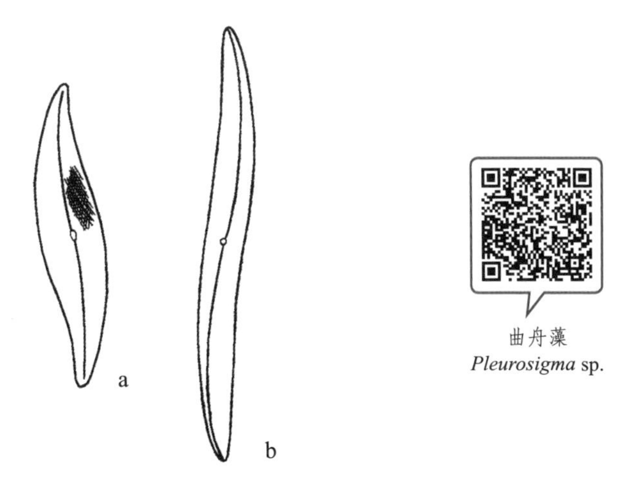

曲舟藻
Pleurosigma sp.

a. 相似曲舟藻 *P. affine*；b. 美丽曲舟藻 *P. formosum*

图 2-2-8 曲舟藻属 *Pleurosigma* 常见种类（自金德祥等，1965）

9. 菱形藻属 *Nitzschia*

菱形藻属属于管壳缝目菱形藻科。藻体细胞梭形、舟形等，侧面观呈菱形。壳面直或呈S形、线形、椭圆形，具横线纹或横点纹。壳缘具管壳缝。色素体一般2个。种类多，分布广。

常见种类：尖刺菱形藻*Nitzschia pungens*、长菱形藻*Nitzschia longiassima*、新月菱形藻*Nitzschia closterium*等（图2-2-9）。

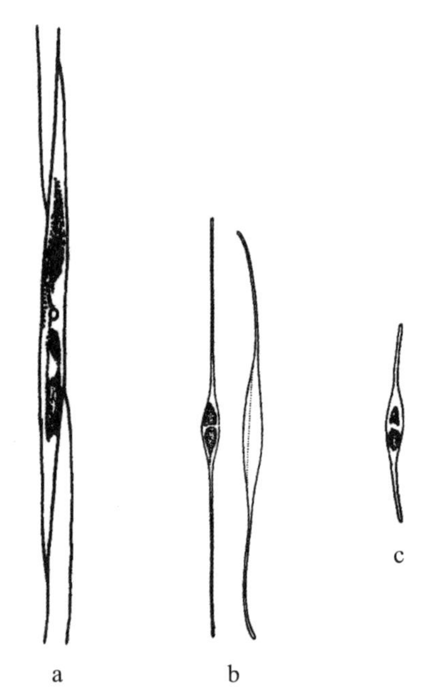

a. 尖刺菱形藻*N. pungens*；b. 长菱形藻*N. longissima*；c. 新月菱形藻*N. closterium*
图2-2-9 菱形藻属*Nitzschia*常见种类（自Hustedt，1927；金德祥等，1965）

10. 棍形藻属 *Bacillaria*

棍形藻属属于管壳缝目菱形藻科。藻体细胞棍形，壳环面长矩形，壳面两端尖，管壳缝在中央。细胞常连成能滑动的竹排状。

常见种类：派格棍形藻*Bacillaria paxillifera*（同种异名：奇异菱形藻*Nitzschia paradoxa*；图2-2-10）。

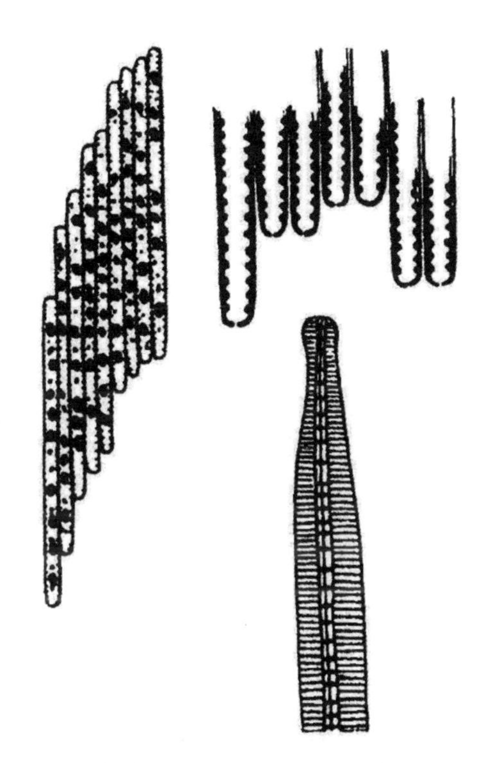

派格棍形藻
Bacillaria paxillifera

图 2-2-10 派格棍形藻 *Bacillaria paxillifera*（自 Hustedt，1927；金德祥等，1965）

11. 筒柱藻属 *Cylindrotheca*

筒柱藻属属于管壳缝目菱形藻科。藻体细胞两端延长，端面圆形，呈嘴状或头状。色素体 2 个至多个，位于细胞主体部，不深至嘴部。为底栖硅藻，个体较大。

常见种类：新月筒柱藻 *Cylindrotheca closterium*（图 2-2-11、图 2-2-12）。

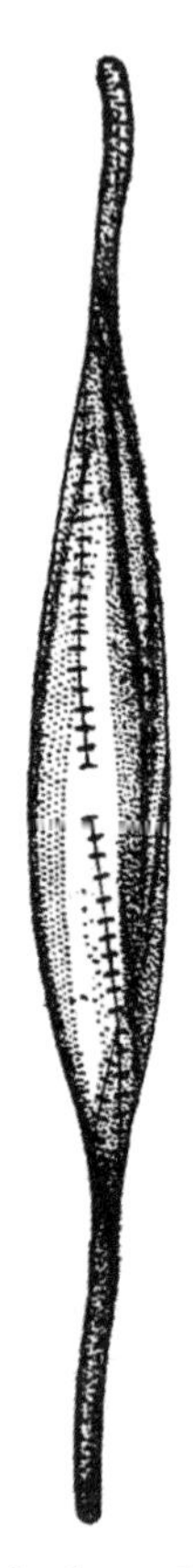

图 2-2-11　新月筒柱藻 *Cylindrotheca closterium*（自金德祥等，1965）

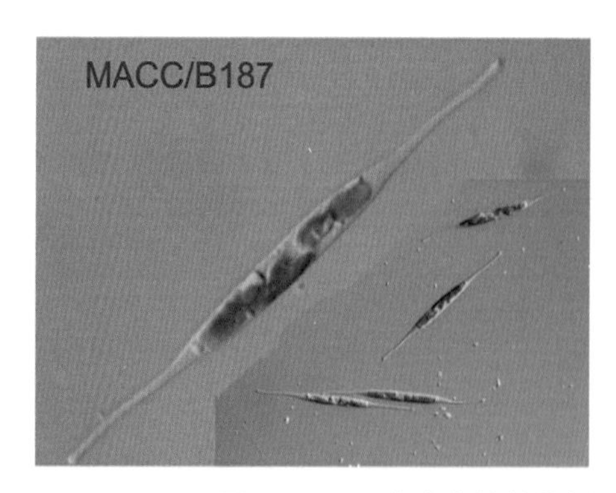

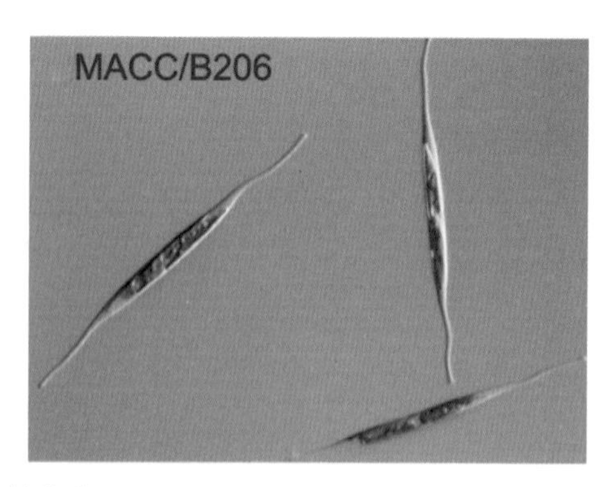

图 2-2-12　实验室培养的新月筒柱藻 *Cylindrotheca closterium*

12. 三角褐指藻 *Phaeodactylum tricornutum*

三角褐指藻（图 2-2-13 ~ 图 2-2-16）属于褐指藻目褐指藻科褐指藻属。三角褐指藻有卵形、梭形、三出放射形 3 种形态的细胞。这 3 种形态的细胞在不同培养环境下可以互相转变。在正常的液体培养条件下，常见的是三出放射形细胞和梭形细胞，这两种形态的细胞都无硅质细胞壁。三出放射形的细胞有 3 个“臂”，臂长皆为 6 ~ 8 μm，细胞两臂端间的直线距离为 10 ~ 18 μm。细胞中心部分有 1 个细胞核和 1 ~ 3 个黄褐色的色素体。梭形细胞长约 20 μm，有 2 个略钝而弯曲的臂。卵形细胞长径为 8 μm，短径为 3 μm，只有 1 个硅质壳面，无壳环带，与具有双壳面和壳环带的一般硅藻不同。该藻目前大量培养，是水产经济动物的优良饵料。

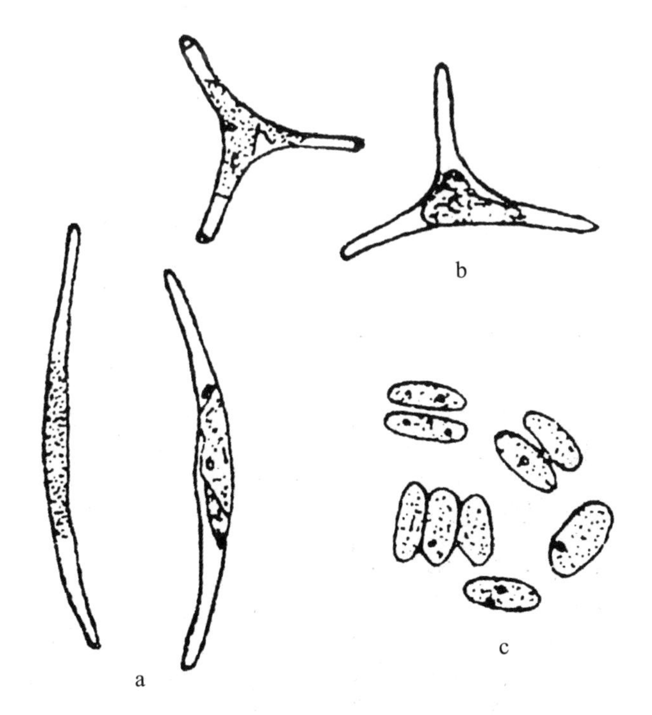

图 2-2-13 三角褐指藻 *Phaeodactylum tricornutum*（自金德祥等，1965）

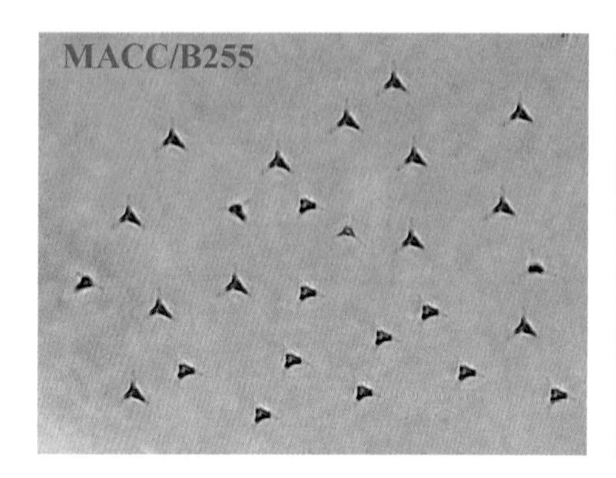

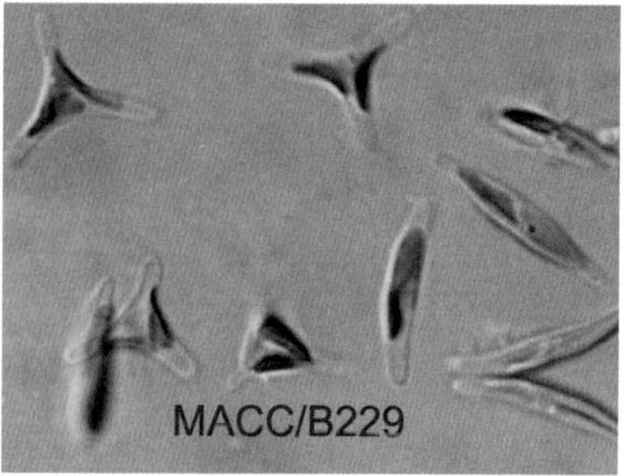

图 2-2-14　实验室培养的三角褐指藻 *Phaeodactylum tricornutum*

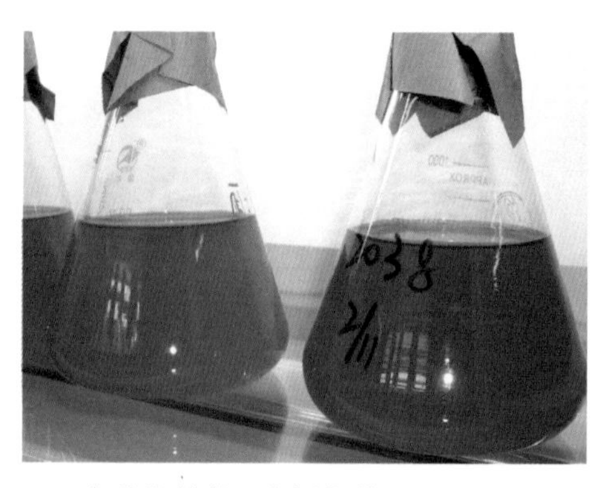

图 2-2-15　三角烧瓶培养三角褐指藻 *Phaeodactylum tricornutum*

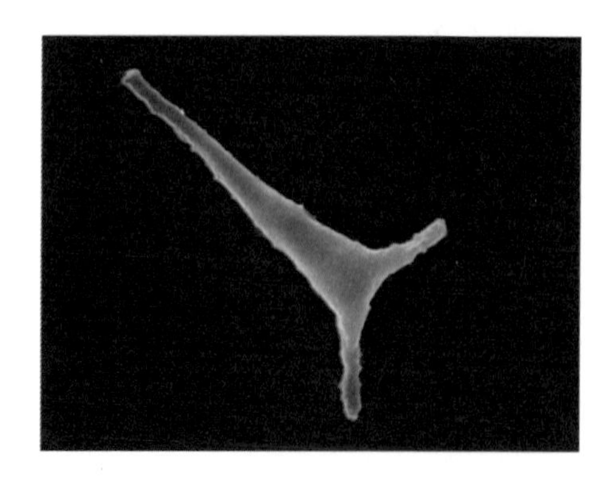

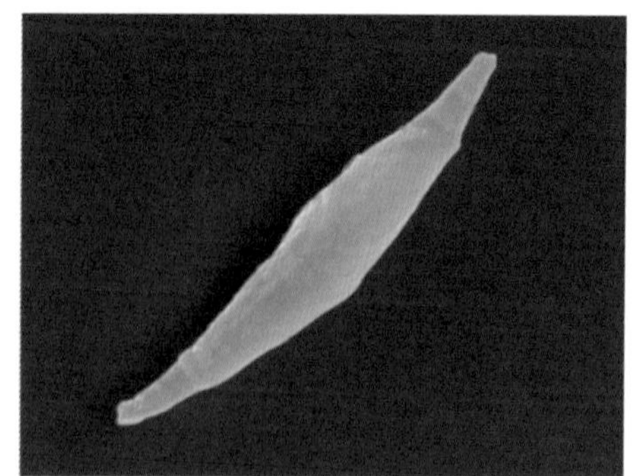

图 2-2-16　三角褐指藻 *Phaeodactylum tricornutum* 电镜照片

六、作业

（1）识别常见的硅藻门羽纹硅藻纲种类，写出常见种类的分类地位。

（2）绘图：绘制教师指定种类的形态图。

实验 3 绿藻门、蓝藻门、金藻门常见种类形态观察与分类

一、实验目的

掌握绿藻门、蓝藻门、金藻门的主要形态特征，识别常见种类。

二、实验材料

野外采集标本、室内培养样品、装片。

三、实验仪器和用品

生物显微镜、载玻片、盖玻片、镊子、擦镜纸、吸水纸、胶头滴管、样品瓶、鲁氏碘液、分析纯甲醛溶液。

四、实验方法与步骤

在生物显微镜下观察绿藻门、蓝藻门、金藻门常见种类的主要形态特征，然后对照分类检索表鉴定所观察到的种类。

五、实验内容

绿藻门、蓝藻门、金藻门的常见种类形态观察与分类。

（一）绿藻门的主要特征及常见种类

藻体细胞色素以叶绿素为主，故呈绿色，并含有叶黄素和胡萝卜素。色素体是绿藻细胞中最显著的细胞器，一般具有 1 个或多个蛋白核。绝大多数有细胞壁，细胞壁内层为纤维素，外层为果胶。大多具 1 个细胞核，少数多核。运动细胞具有等长的鞭毛，常为 2 条，少数为 4 条，顶生。

1. 四爿藻属 *Tetraselmis*

四爿藻属属于绿藻纲绿枝藻目绿枝藻科；同属异名：扁藻属 *Platymonas*，属于团藻目衣藻科。藻体单细胞，正面观为椭圆形、心形或卵圆形。具 4 条等长的顶生鞭毛，约等于或略短于体长。色素体大，呈杯状，内有 1 个蛋白核。眼点 1 个，细胞核 1 个。海水、淡水中均有分布。

常见种类：亚心形四爿藻 *Tetraselmis subcordiformis*（同种异名：亚心形扁藻 *Platymonas subcordiformis*；图 2-3-1）。

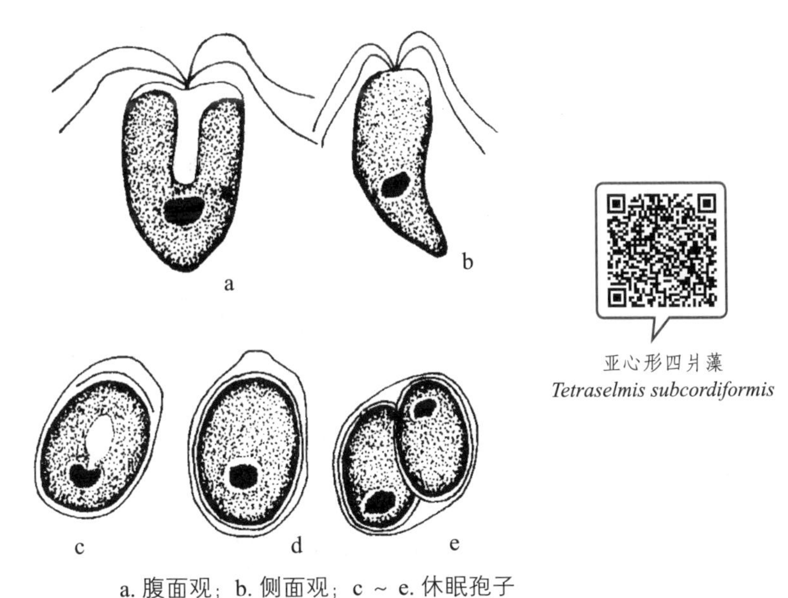

a. 腹面观；b. 侧面观；c ~ e. 休眠孢子

图 2-3-1　亚心形四爿藻 *Tetraselmis subcordiformis*（自陈明耀等，1995）

2. 杜氏藻属 *Dunaliella*

杜氏藻属属于绿藻纲团藻目杜氏藻科。藻体单细胞，无细胞壁，体形变化大，通常为梨形、椭球形等，具 2 条等长顶生鞭毛，鞭毛比藻体约长 1/3。色素体杯状，内有 1 个蛋白核。杜氏藻细胞内能储存大量经济价值较高的甘油和β-胡萝卜素等有机化合物，可通过大量培养杜氏藻提取β-胡萝卜素。

常见种类：盐生杜氏藻*Dunaliella salina*（图2-3-2 ~图2-3-4）。

图2-3-2　盐生杜氏藻*Dunaliella salina*（自B. 福迪，1980）

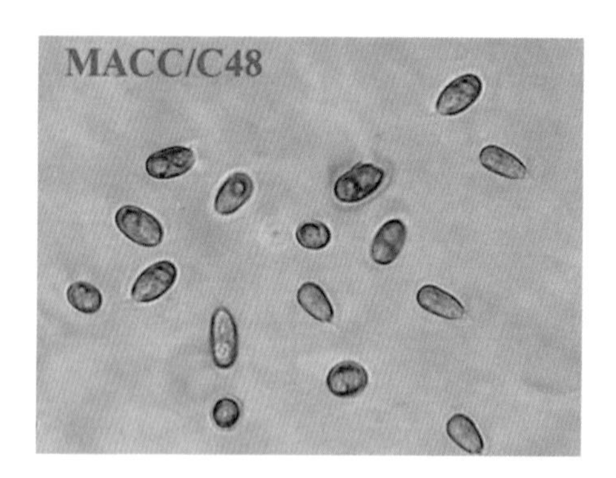

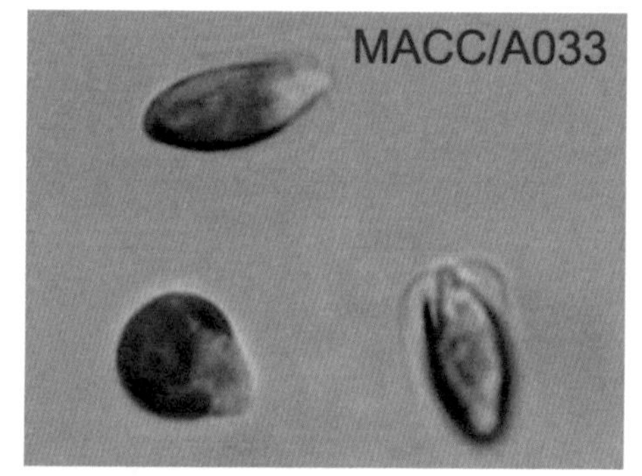

图2-3-3　实验室培养的盐生杜氏藻*Dunaliella salina*

图2-3-4　三角烧瓶培养盐生杜氏藻*Dunaliella salina*

3. 塔胞藻属 *Pyramimonas*

塔胞藻属属于绿藻纲团藻目盐藻科。藻体单细胞，细胞多呈倒卵形，少数为半球形。细胞前端具 1 个圆锥形凹陷，由凹陷中央向前伸出 4 条鞭毛。色素体杯状，基部有 1 个蛋白核。细胞核 1 个，位于细胞的中央偏前端。细胞裸露，不具细胞壁。

常见种类：娇柔塔胞藻 *Pyramimonas delicatula*（图 2-3-5）。

实验室培养的塔胞藻见图 2-3-6。

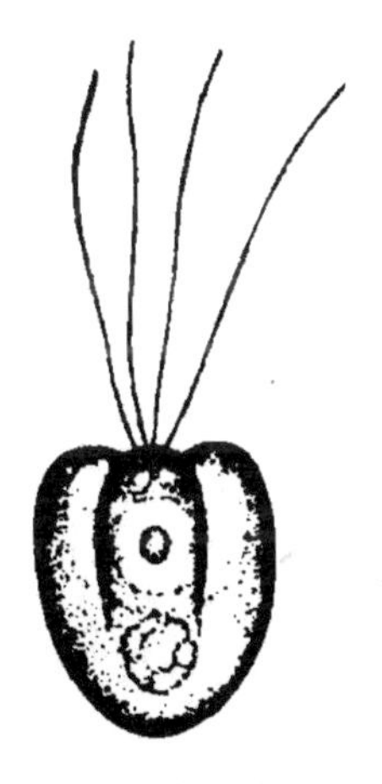

图 2-3-5　娇柔塔胞藻 *Pyramimonas delicatula*（自胡鸿钧等，1980）

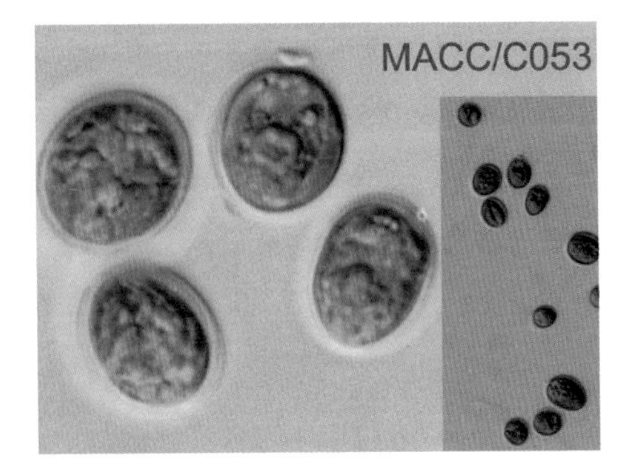

图 2-3-6　实验室培养的塔胞藻 *Pyramimonas* sp.

4. 红球藻属 *Haematococcus*

红球藻属属于绿藻纲团藻目红球藻科。藻体单细胞，细胞为椭球形到卵形。细胞壁与原生质体之间有一定间距，充满胶状物质。2 条鞭毛等长，长度约等于体长。环境不良时，产生厚壁孢子，积累大量的虾青素。为淡水种。

常见种类：雨生红球藻 *Haematococcus pluvialis*（图 2-3-7）。

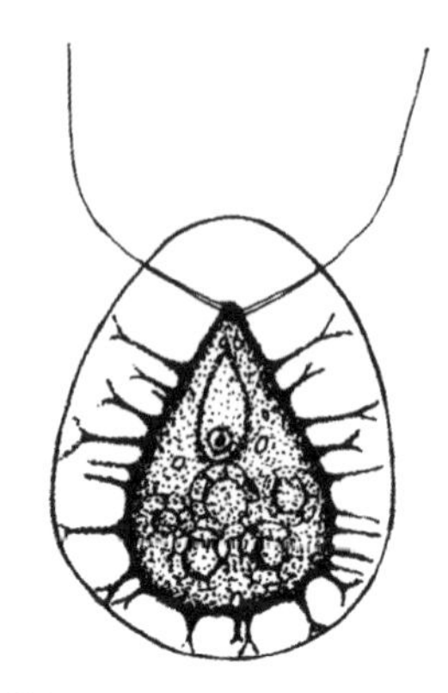

图 2-3-7　雨生红球藻 *Haematococcus pluvialis*（自胡鸿钧等，1980）

5. 小球藻属 *Chlorella*

小球藻属属于绿藻纲绿球藻目小球藻科。藻体单细胞，小型，细胞直径 2 ~ 12 μm。细胞球形或椭球形。色素体 1 个，周生，杯状或片状。大多数在淡水生活，少数在海水生活。小球藻细胞蛋白质含量丰富，可用于生产保健食品。在水产上，小球藻多用作轮虫的饵料。

常见种类：普通小球藻 *Chlorella vulgaris*、椭圆小球藻 *Chlorella ellipsoidea*、蛋白核小球藻 *Chlorella pyrenoidosa* 等（图 2-3-8、图 2-3-9）。

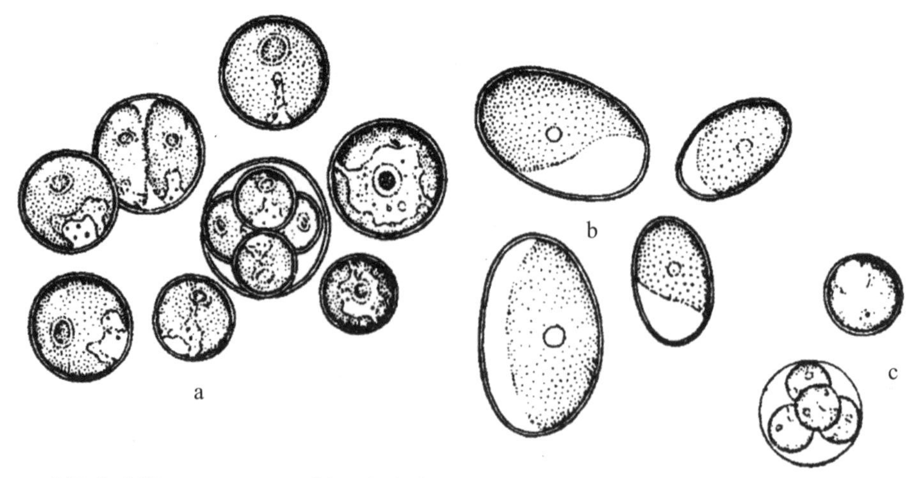

a. 普通小球藻 *C. vulgaris*；b. 椭圆小球藻 *C. ellipsoidea*；c. 蛋白核小球藻 *C. pyrenoidosa*

图 2-3-8　小球藻属 *Chlorella* 常见种类（自胡鸿钧等，1980）

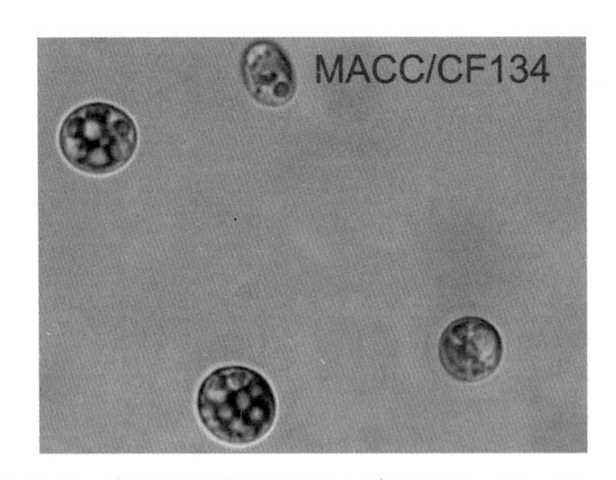

图 2-3-9　实验室培养的椭圆小球藻 *Chlorella ellipsoidea*

6. 栅藻属 *Scenedesmus*

栅藻属属于绿藻纲绿球藻目栅藻科。藻体多为群体，由 2 ~ 32 个细胞（多为 4 ~ 8 个）组成，极少数为单细胞。细胞纺锤形、卵形、椭球形等。细胞壁平滑，或具刺或齿状突起。有 1 个周生色素体和 1 个蛋白核。为淡水常见种。

常见种类：斜生栅藻 *Scenedesmus obliquus*、四尾栅藻 *Scenedesmus quadricauda* 等（图 2-3-10、图 2-3-11）。

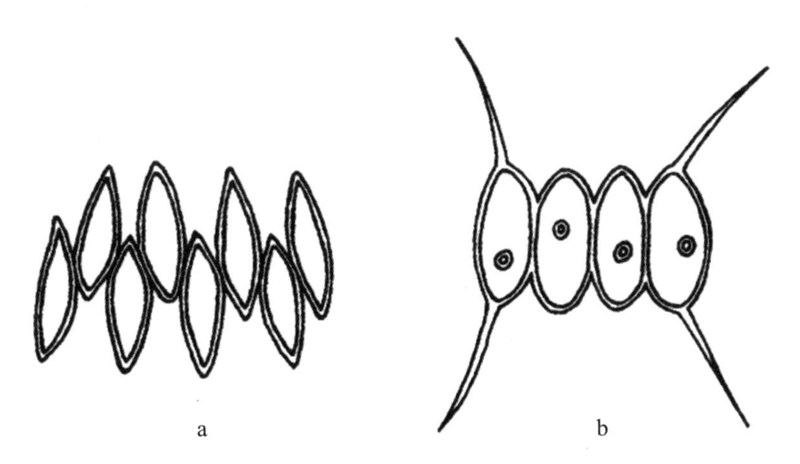

a. 斜生栅藻 *S. obliquus*；b. 四尾栅藻 *S. quadricauda*

图 2-3-10　栅藻属 *Scenedesmus* 常见种类（自胡鸿钧等，1980）

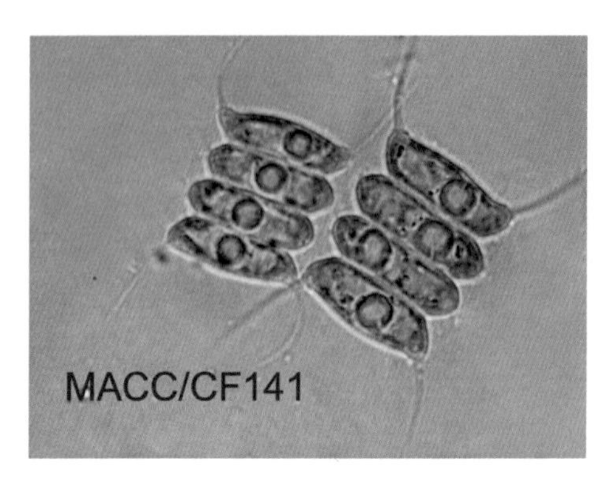

图 2-3-11　实验室培养的四尾栅藻 *Scenedesmus obliquus*

（二）蓝藻门的主要特征及常见种类

蓝藻为原核生物，无真正的细胞核。藻体多为群体，单细胞种类较少。形态多样。细胞无鞭毛。多数能分泌胶质，包于藻体外。细胞壁的内层为纤维质，外层为果胶。色素为叶绿素、胡萝卜素、叶黄素、藻胆素（蓝藻的特征性色素），藻体呈现淡蓝色、蓝绿色、黄绿色等。贮存物质为蓝藻淀粉。除颤藻目外，其他的丝状藻都有异形胞。

1. 颤藻属 *Oscillatoria*

颤藻属属于蓝藻纲颤藻目颤藻科。藻体为不分支的丝状体，丝状体单生或结成团。细胞圆柱形、盘形，细胞内含物均匀或具颗粒，少数有假空泡，没有异形胞，也不形成孢子，由段殖体来繁殖。在新鲜标本中，可见藻体做颤动、滚动或滑动式运动。颤藻属的种类分布很广，淡水、海水中都有。

常见种类：巨颤藻 *Oscillatoria princeps*、小颤藻 *Oscillatoria tenuis*、美丽颤藻 *Oscillatoria formosa* 等（图 2-3-12、图 2-3-13）。

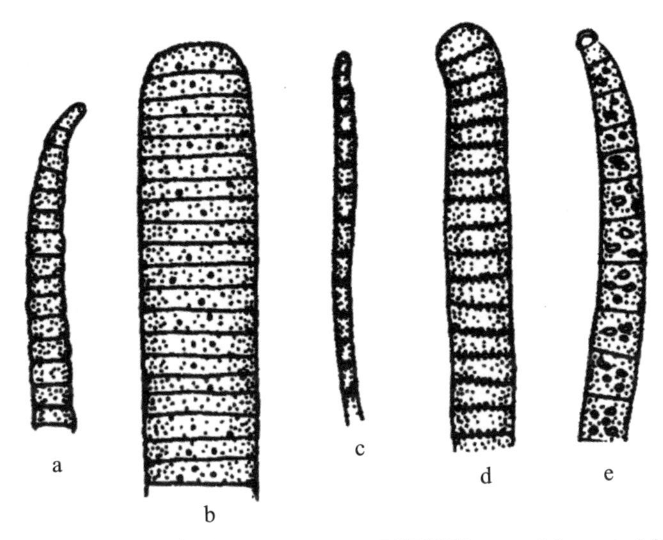

a. 美丽颤藻 *O. formosa*；b. 巨颤藻 *O. princeps*；c. 两栖颤藻 *O. amphibia*；d. 小颤藻 *O. tenuis*；e. 阿氏颤藻 *O. agardhii*

图 2-3-12　颤藻属 *Oscillatoria* 常见种类

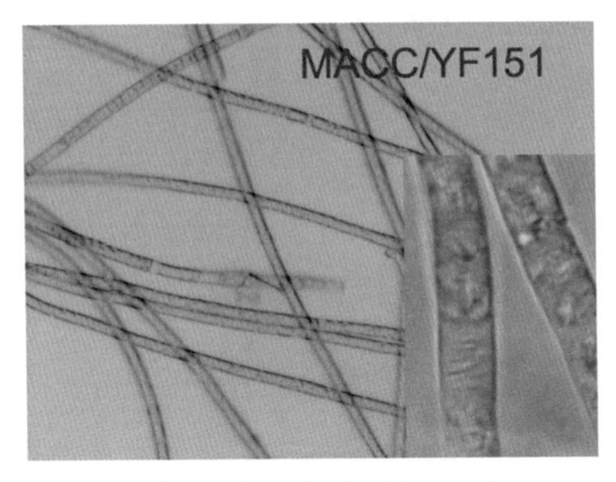

图 2-3-13　实验室培养的小颤藻 *Oscillatoria tenuis*

2. 螺旋藻属 *Spirulina*

螺旋藻属属于蓝藻纲颤藻目颤藻科。藻体淡蓝绿色。细胞圆柱形。藻体为不分支的丝状体，丝状体外无胶质鞘，藻丝螺旋状卷曲。无异形胞和厚壁孢子。海水、淡水中均有分布。

常见种类：钝顶螺旋藻 *Spirulina platensis*、极大螺旋藻 *Spirulina maxima*

等（图 2-3-14）。

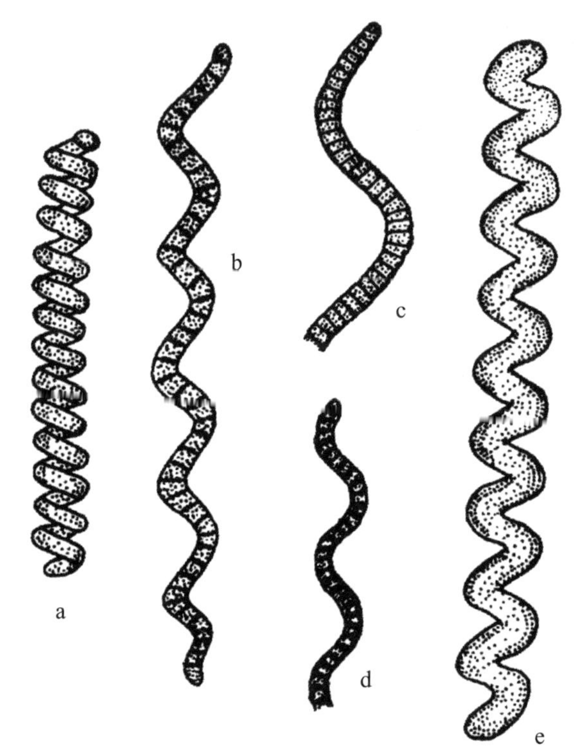

a. 大螺旋藻 *S. major*；b. 极大螺旋藻 *S. maxima*；c. 钝顶螺旋藻 *S. platensis*；
d. 方胞螺旋藻 *S. jenneri*；e. 为首螺旋藻 *S. princeps*

图 2-3-14　螺旋藻属 *Spirulina* 常见种类（自胡鸿钧等，1980）

3. 念珠藻属 *Nostoc*

念珠藻属属于蓝藻纲念珠藻目念珠藻科。藻体为群体，团块状，由许多螺旋形弯曲的丝状体交织组成，有异形胞，幼体异形胞顶生，成体间生。主要为淡水生，在潮湿的土表也有很多。

常见种类：海绵状念珠藻 *Nostoc spongiaeforme*、灰色念珠藻 *Nostoc muscorum* 等（图 2-3-15 ～图 2-3-17）。

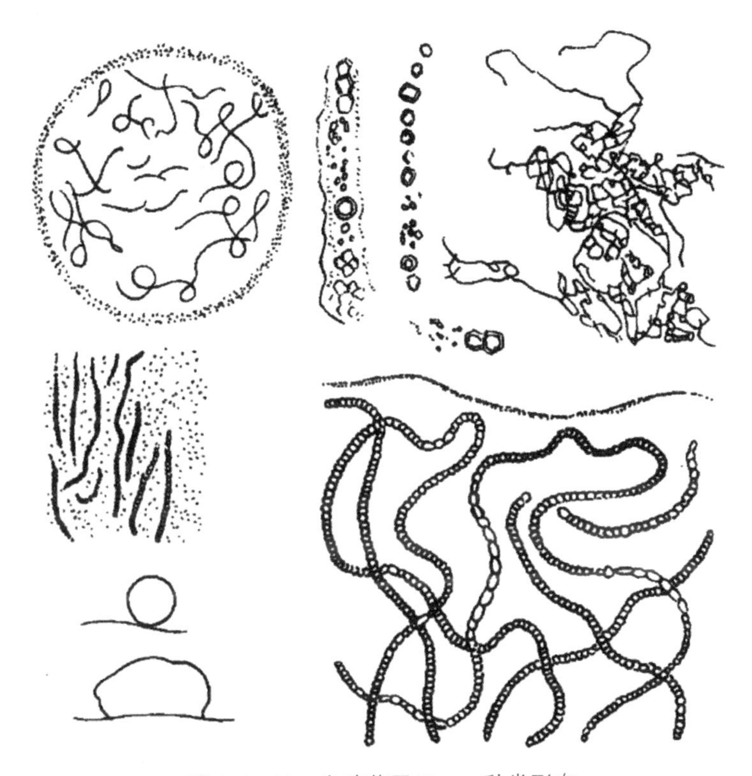

图 2-3-15　念珠藻属*Nostoc*种类形态

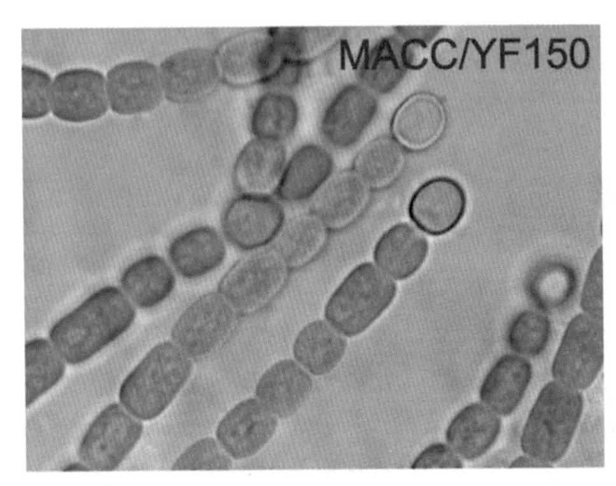

图 2-3-16　实验室培养的海绵状念珠藻
Nostoc spongiaeforme

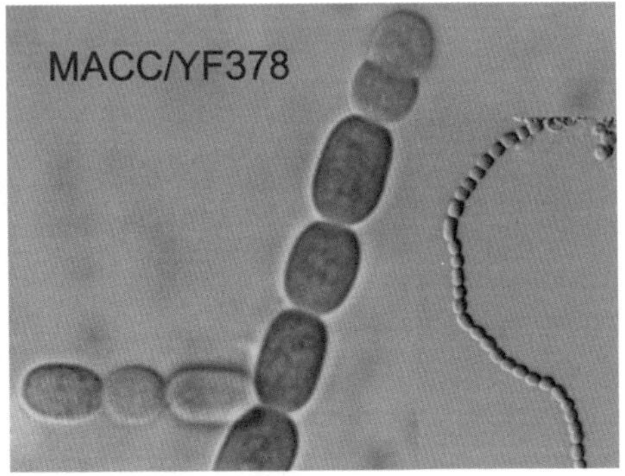

图 2-3-17　实验室培养的灰色念珠藻
Nostoc muscorum

4. 鱼腥藻属（项圈藻属）*Anabaena*

鱼腥藻属属于蓝藻纲念珠藻目念珠藻科。藻类细胞球形、桶形。由单列细胞组成不分支的单一丝状体，或由丝状体组成柔软的、不定型胶质块。异形胞大多数间生，厚壁孢子单一或排列成串。

常见种类：水华鱼腥藻*Anabaena flos-aquae*、链状鱼腥藻*Anabaena catenula*、螺旋鱼腥藻*Anabaena spiroides*等（图 2-3-18、图 2-3-19）。

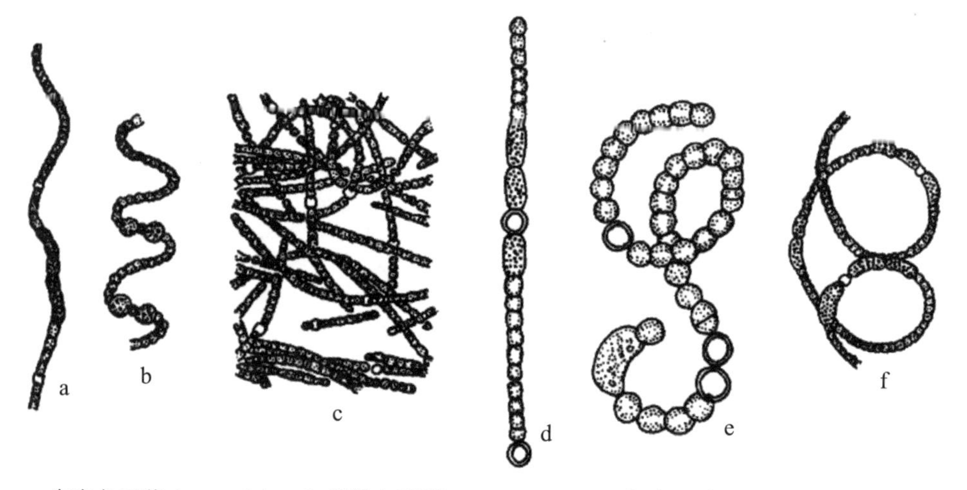

a. 多变鱼腥藻*A. variabilis*；b. 螺旋鱼腥藻*A. spiroides*；c. 固氮鱼腥藻*A. azotica*；d. 类颤藻鱼腥藻*A. oscillarioides*；e. 卷曲鱼腥藻*A. circinalis*；f. 水华鱼腥藻*A. flos-aquae*

图 2-3-18　鱼腥藻属*Anabaena*常见种类

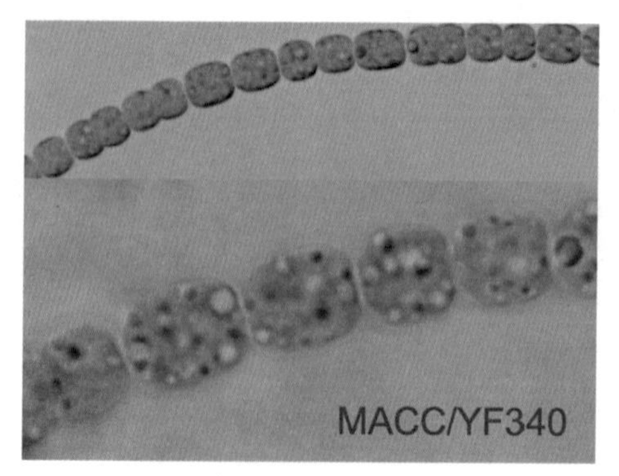

图 2-3-19　实验室培养的链状鱼腥藻*Anabaena catenula*

5. 微囊藻属 *Microcystis*

微囊藻属属于蓝藻纲色球藻目色球藻科。单细胞种类少，多形成群体，群体呈球形团块或不规则形或穿孔状或网状团块。细胞球形或椭球形，互相紧贴，蓝色或蓝绿色，细胞内含物具许多颗粒状泡沫形的假空泡。白天上浮，晚上下沉，高营养化的池塘中易发生微囊藻大量繁殖，形成水华。

常见种类：铜绿微囊藻 *Microcystis aeruginosa*、水华微囊藻 *Microcystis flosaquae* 等（图 2–3–20）。

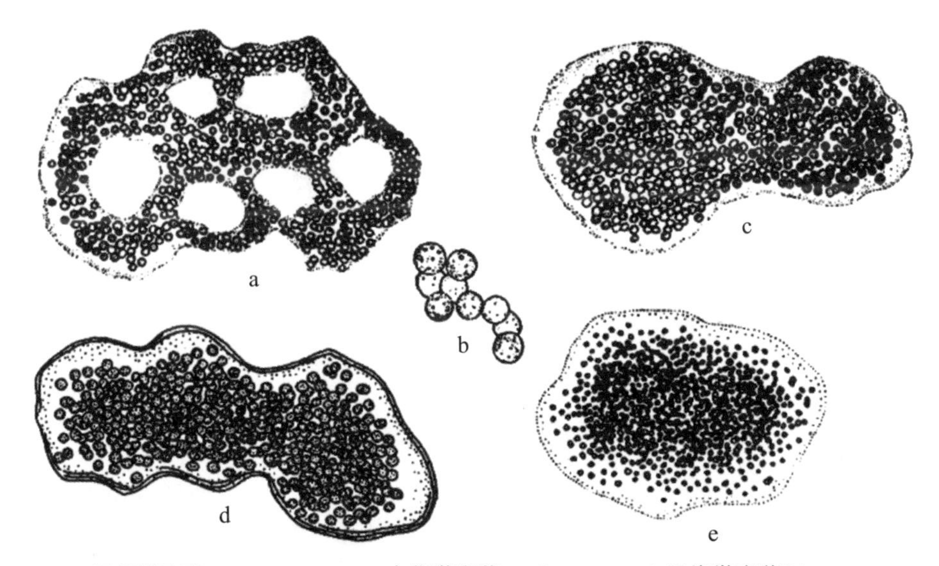

a、b. 铜绿微囊藻 *M. aeruginosa*；c. 水华微囊藻 *M. flosaquae*；d. 具缘微囊藻 *M. marginata*；e. 不定微囊藻 *M. incerta*

图 2–3–20　微囊藻属 *Microcystis* 常见种类（自胡鸿钧等，1980）

（三）金藻门的主要特征及常见种类

金藻的多数种类为裸露的运动个体。大多具有 2 条鞭毛。色素有叶绿素 a、叶绿素 c、β– 胡萝卜素及金藻素。藻体呈金黄色或棕色。色素体数目少，1 个或 2 个。同化产物为白糖素和油滴。常见种类如等鞭金藻属 *Isochrysis*。

等鞭金藻属的分类地位为金藻门金藻纲金藻目等鞭金藻科。藻体单细胞，细胞裸露，具 2 条等长鞭毛，色素体 1 ~ 2 个。这类藻是海产动物的优良饵料。

常见种类：球等鞭金藻*Isochrysis galbana*（图 2-3-21 ~ 图 2-3-23）、湛江等鞭金藻*Isochrysis zhanjiangensis*（图 2-3-24、图 2-3-25）等。

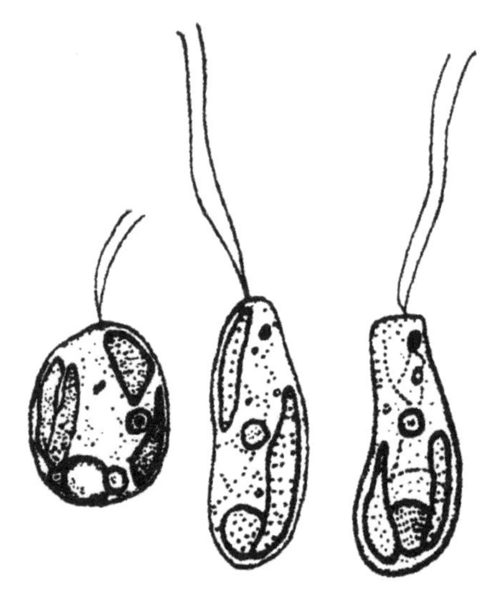

图 2-3-21　球等鞭金藻*Isochrysis galbana*（自束蕴芳等，1993）

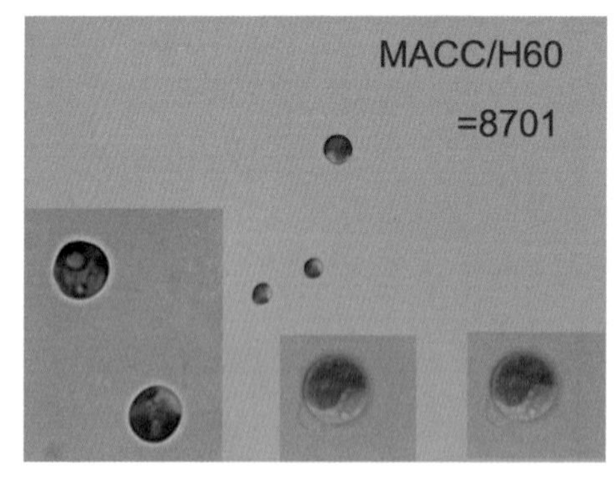

图 2-3-22　实验室培养的球等鞭金藻 *Isochrysis galbana*

图 2-3-23　三角烧瓶培养球等鞭金藻 *Isochrysis galbana*

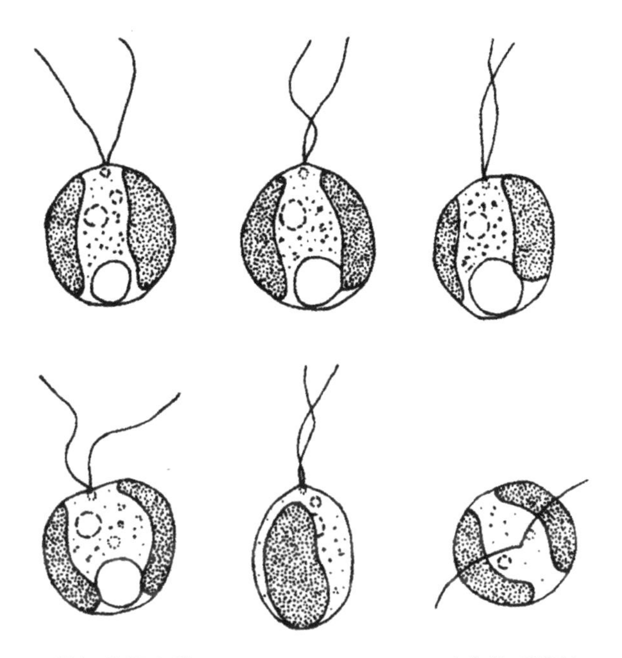

图 2-3-24　湛江等鞭金藻 *Isochrysis zhanjiangensis*（自陈明耀等，1995）

图 2-3-25　三角烧瓶培养湛江等鞭金藻 *Isochrysis zhanjiangensis*

六、作业

（1）识别常见的绿藻门、蓝藻门、金藻门种类，写出常见种类的分类地位。

（2）绘图：绘制教师指定种类的形态图。

实验 4

甲藻门、隐藻门、裸藻门常见种类形态观察与分类

一、实验目的

掌握甲藻门、隐藻门、裸藻门的主要形态特征，识别常见种类。

二、实验材料

野外采集标本、室内培养样品、装片。

三、实验仪器和用品

生物显微镜、载玻片、盖玻片、镊子、擦镜纸、吸水纸、胶头滴管、样品瓶、鲁氏碘液、分析纯甲醛溶液。

四、实验方法与步骤

在生物显微镜下观察甲藻门、隐藻门、裸藻门常见种类的主要形态特征，然后对照分类检索表鉴定所观察到的种类。

五、实验内容

甲藻门、隐藻门、裸藻门的常见种类形态观察与分类。

（一）甲藻门的主要特征及常见种类

藻体大多数为单细胞，少数为群体。细胞有背腹之分，背腹扁平或左右侧扁。细胞前后端有的具角状突起。具 2 条鞭毛，可以运动。通常被称为双鞭藻。

1. 原甲藻属 *Prorocentrum*

原甲藻属属于甲藻纲纵裂甲藻亚纲原甲藻目原甲藻科。藻体细胞卵形或略似心形，左右侧扁。鞭毛 2 条，自细胞前端两半壳之间伸出。鞭毛孔的旁边有 1 个齿状突起（顶刺）。壳面上除纵裂线两侧外，布满孔状纹。鞭毛基部有 1 个细胞核或 1 ~ 2 个液泡。色素体 2 个，片状侧生或者粒状。

常见种类：海洋原甲藻 *Prorocentrum micans*、利马原甲藻 *Prorocentrum lima*、微小原甲藻 *Prorocentrum minimum*、纤细原甲藻 *Prorocentrum gracile* 等（图 2-4-1）。

（1）海洋原甲藻：藻体细胞侧扁，呈瓜子形，前圆后尖，中部最宽。体长 42 ~ 70 μm，宽 22 ~ 50 μm，顶刺长 6 ~ 8 μm。该藻为世界性种，广泛分布于浅海、大洋和河口，是牡蛎、幼鱼的饵料。大量繁殖可引起赤潮。大量繁殖时有发光现象。

（2）利马原甲藻：藻体细胞呈倒卵形，中后部最宽。体长 42 ~ 45 μm，宽 25 ~ 30 μm。前端有 V 形鞭毛孔，无顶刺。广泛分布于热带海域，我国海南沿岸有分布。可产生腹泻性贝毒。

（3）微小原甲藻：藻体变形，一般壳面呈心形或卵圆形。顶刺短小。细胞近前端最宽，后端细圆。体长 15 ~ 23 μm，宽 13 ~ 17 μm，顶刺长约 1 μm。两壳面布满小刺。为沿岸种，分布广。大量繁殖可引起赤潮。

（4）纤细原甲藻：细胞细长，藻体略呈 S 形。前端稍圆，后端细长尖细。顶刺细长而尖。体长 60 ~ 85 μm，宽 20 ~ 30 μm，顶刺长 9.9 ~ 16 μm。多分布于热带水域。

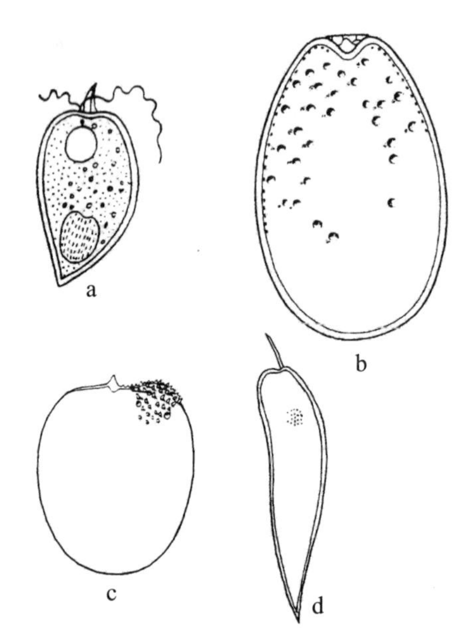

a. 海洋原甲藻 *P. micans*；b. 利马原甲藻 *P. lima*；c. 微小原甲藻 *P. minimum*；
d. 纤细原甲藻 *P. gracile*

图 2-4-1　原甲藻属 *Prorocentrum* 常见种类

2. 夜光藻属 *Noctiluca*

夜光藻属属于甲藻纲横裂甲藻亚纲多甲藻目裸甲藻亚目夜光藻科。藻体细胞球形，无外壳，具 1 条能动的触手，成体横沟及鞭毛不明显。能产生赤潮，夜晚能发光。

常见种类：夜光藻 *Noctiluca scintillans*（图 2-4-2）。

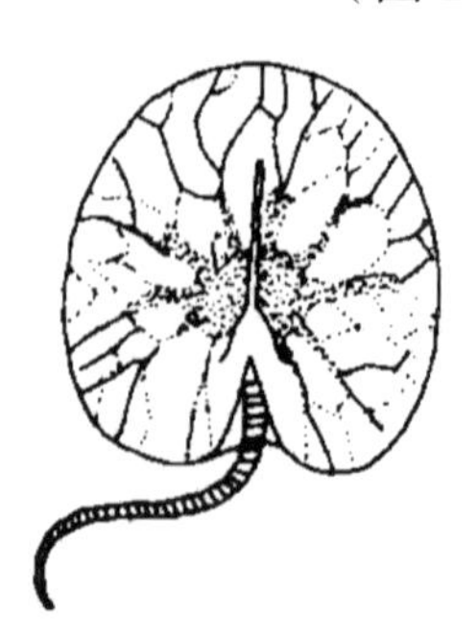

图 2-4-2　夜光藻 *Noctiluca scintillans*（自束蕴芳等，1993）

3. 裸甲藻属 *Gymnodinium*

裸甲藻属属于甲藻纲横裂甲藻亚纲多甲藻目裸甲藻亚目裸甲藻科。藻体细胞侧扁，近球形或椭球形。细胞裸露或具很薄的壁。具横沟、纵沟，侧生鞭毛。横沟位于细胞中部，环绕细胞1周。细胞核1个，位于细胞中部或后端。色素体盘状，多个，侧生或放射状排列。不少种类是形成赤潮的重要生物。

常见种类：裸甲藻 *Gymnodinium aeruginosum*、短裸甲藻 *Gymnodinium breve*、链状裸甲藻 *Gymnodinium catenatum*、蓝色裸甲藻 *Gymnodinium coeruleum* 等（图2-4-3、图2-4-4）。

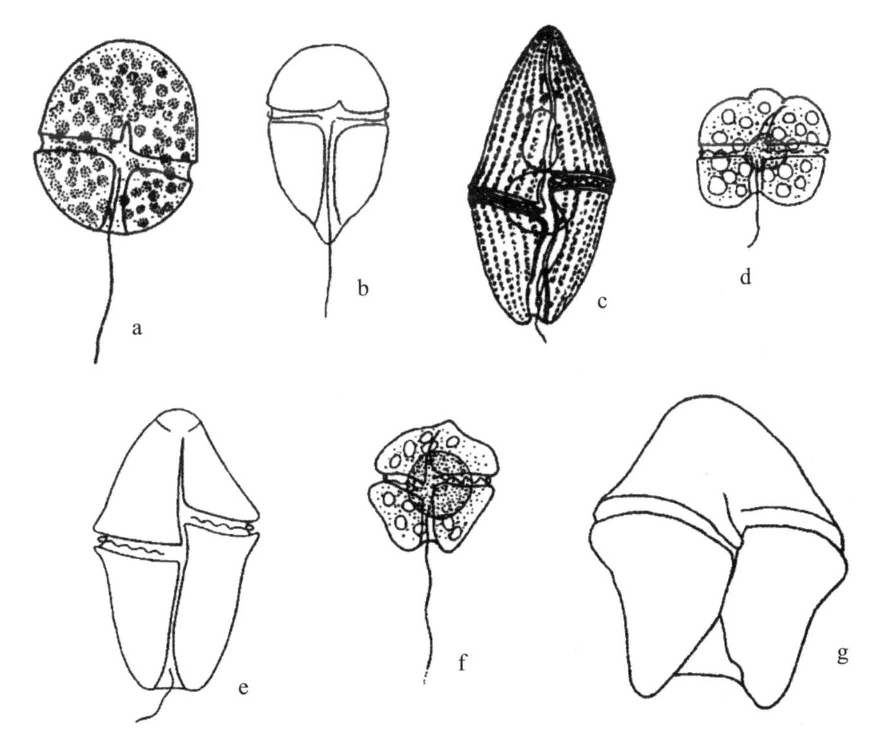

a. 裸甲藻 *G. aeruginosum*；b. 真蓝裸甲藻 *G. eucyaneum*；c. 蓝色裸甲藻 *G. coeruleum*；
d. 短裸甲藻 *G. breve*；e. 链状裸甲藻 *G. catenatum*；f. 长崎裸甲藻 *G. mikimotoi*；
g. 红色裸甲藻 *G. sanguineum*

图2-4-3 裸甲藻属 *Gymnodinium* 常见种类

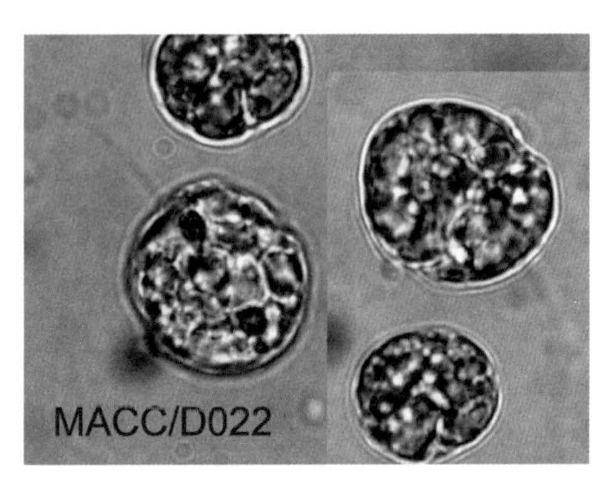

图 2-4-4　实验室培养的裸甲藻 *Gymnodinium* sp.

4. 角藻属 *Ceratium*

角藻属属于甲藻纲横裂甲藻亚纲多甲藻目多甲藻亚目角藻科。藻体单细胞或链状群体，顶角 1 个，底角 1 ~ 3 个。细胞壁厚，常有网状花纹。横沟在细胞体的中央，环状。本属是最常见的海洋浮游甲藻类。

常见种类：三角角藻 *Ceratium tripos*、长角角藻 *Ceratium macroceros*、梭角藻 *Ceratium fusus*、叉角藻 *Ceratium furca*、飞燕角藻 *Ceratium hirundinella* 等（图 2-4-5）。

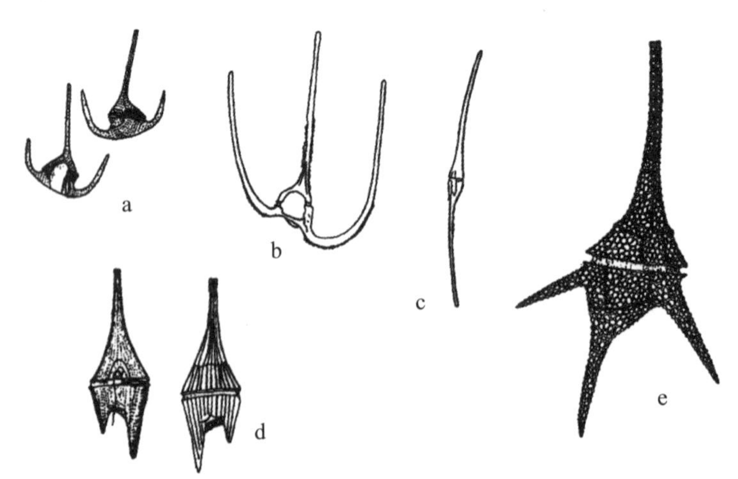

a. 三角角藻 *C. tripos*；b. 长角角藻 *C. macroceros*；c. 梭角藻 *C. fusus*；d. 叉角藻 *C. furca*；e. 飞燕角藻 *C. hirundinella*

图 2-4-5　角藻属 *Ceratium* 常见种类

5. 膝沟藻属 *Gonyaulax*

膝沟藻属属于甲藻纲横裂甲藻亚纲多甲藻目多甲藻亚目膝沟藻科。藻体细胞球形、椭球形或多角形。横沟明显左旋，腹面横沟较宽，横沟两端距离较大。纵沟直达顶部。

常见种类：尖尾膝沟藻 *Gonyaulax apiculata*、春膝沟藻 *Gonyaulax verior*、多纹膝沟藻 *Gonyaulax polygramma*、具刺膝沟藻 *Gonyaulax spinifera* 等（图 2-4-6）。

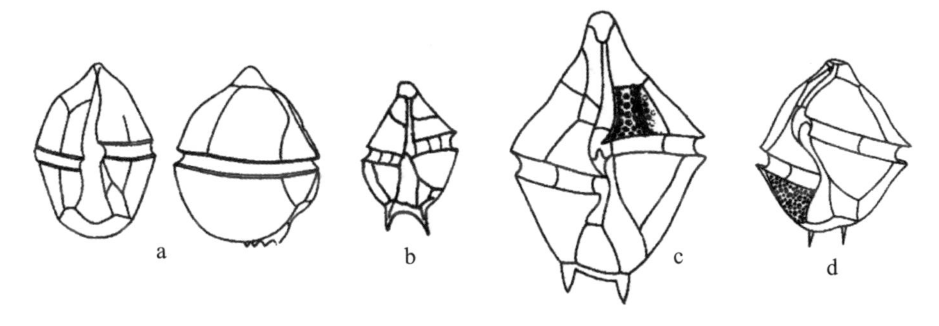

a. 尖尾膝沟藻 *G. apiculata*；b. 春膝沟藻 *G. verior*；c. 多纹膝沟藻 *G. polygramma*；d. 具刺膝沟藻 *G. spinifera*

图 2-4-6　膝沟藻属 *Gonyaulax* 常见种类

6. 亚历山大藻属 *Alexandrium*

亚历山大藻属属于甲藻纲横裂甲藻亚纲多甲藻目多甲藻亚目膝沟藻科。藻体细胞小到中等，略近球形。本属甲藻可产生麻痹性贝毒，分布较广。

常见种类：链状亚历山大藻 *Alexandrium catenella*、塔玛亚历山大藻 *Alexandrium tamarense*、微小亚历山大藻 *Alexandrium minutum*（图 2-4-7）。

（1）链状亚历山大藻：细胞近球形，宽稍大于长，长 21 ~ 48 μm，宽 23 ~ 52 μm。藻体表面光滑，横沟明显左旋，绕行藻体 1 周后下降的距离等于横沟的宽度。第一顶板无腹孔。常由 2 ~ 5 个细胞组成群体。

（2）塔玛亚历山大藻：上、下甲均为半球形，长 20 ~ 52 μm，宽 17 ~ 44 μm。第一顶板有腹孔。

（3）微小亚历山大藻：细胞近球形，第一顶板有腹孔。

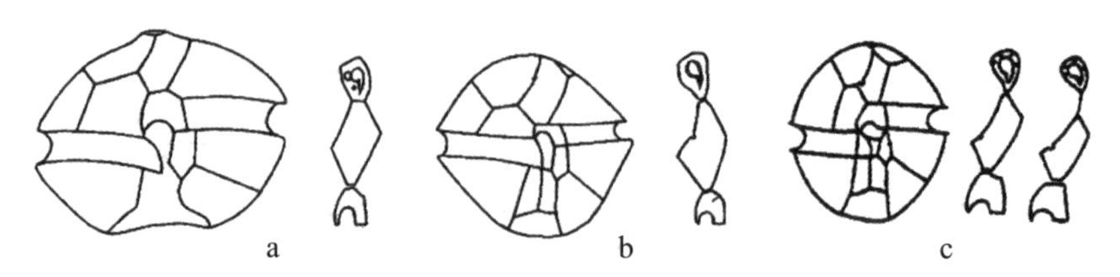

a. 链状亚历山大藻 *A. catenella*；b. 塔玛亚历山大藻 *A. tamarense*；c. 微小亚历山大藻 *A. minutum*

图 2-4-7　亚历山大藻属 *Alexandrium* 常见种类

（二）隐藻门的主要特征及常见种类

藻体单细胞，细胞长椭球形或卵形，前端较宽。有背腹之分，侧面观背面隆起，腹面平直或凹入。前端偏于一侧具有向后延伸的纵沟，有的种类具有 1 条口沟，自前端向后延伸，纵沟或口沟两侧常具有多个棒状的刺丝泡。大部分种类细胞不具纤维素细胞壁，细胞外有一层周质体。多数种类具有鞭毛，能运动。色素有叶绿素 a、叶绿素 c、β- 胡萝卜素、藻胆素等。色素体 1 ~ 2 个，大型，叶状。隐藻的颜色变化较大，多为黄绿色、黄褐色，也有蓝绿色、绿色或红色的。有的种类无色素体，藻体无色。隐藻的贮存物质为淀粉。隐藻的结构见图 2-4-8。

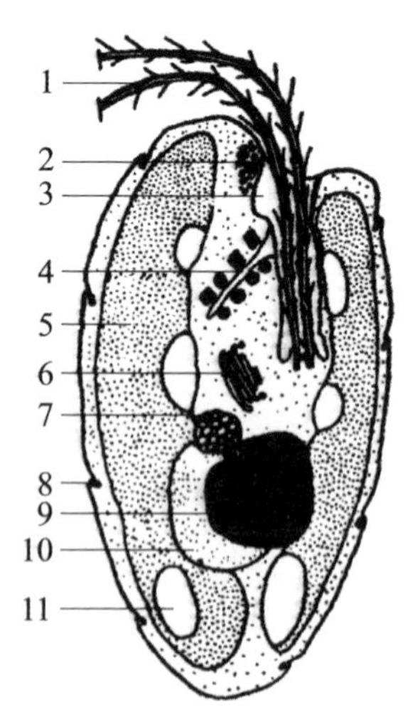

1. 鞭毛；2. 高尔基体；3. 前沟；4. 大躯器；5. 叶绿体；6. 伸缩泡；7. 眼点；8. 小躯器；9. 造粉核；10. 细胞核；11. 淀粉

图 2-4-8　隐藻的结构（自郑重等，1984）

1. 蓝隐藻属 *Chroomonas*

蓝隐藻属属于隐藻纲隐鞭藻目隐鞭藻科。藻体细胞长卵形、椭球形、近球形、圆柱形或纺锤形。前端斜截或平直，后端钝圆或渐尖，背腹扁平。纵沟或口沟常不明显。2条鞭毛不等长。色素体多为1个，有时2个，盘状，周生，呈蓝色至蓝绿色。细胞核1个，位于细胞下半部。

常见种类：尖尾蓝隐藻 *Chroomonas acuta*、长形蓝隐藻 *Chroomonas oblonga* 等（图2-4-9）。尖尾蓝隐藻细胞长7 ~ 10 μm，宽4.5 ~ 5.5 μm，细胞后端尖，色素体1个。长形蓝隐藻细胞后端不渐尖，色素体2个。

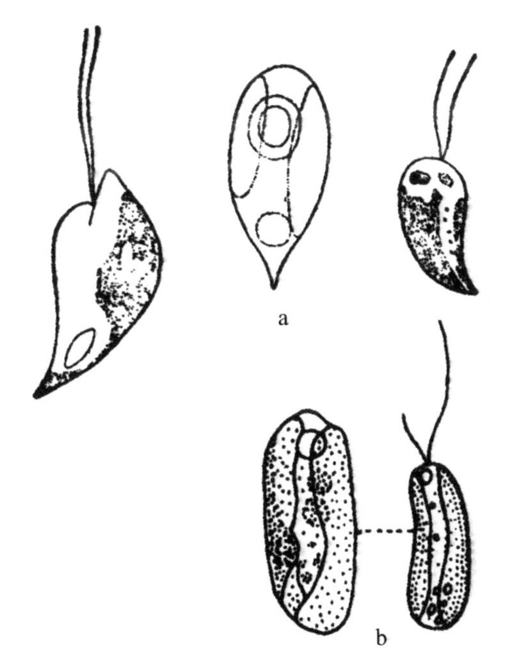

a. 尖尾蓝隐藻 *C. acuta*；b. 长形蓝隐藻 *C. oblonga*

图2-4-9　蓝隐藻属 *Chroomonas* 常见种类

2. 隐藻属 *Cryptomonas*

隐藻属属于隐藻纲隐鞭藻目隐鞭藻科。藻体细胞椭球形、豆形、卵形、圆锥形、S形等。背腹扁平，背侧明显隆起，腹侧平直或略凹入，前端钝圆或斜截，后端呈宽或狭的钝圆形。纵沟和口沟明显。鞭毛2条，略不等长，自口沟伸出，常小于细胞长度。色素体多为 2 个，有时 1 个，黄绿色或黄褐色。细胞核 1 个，位于细胞下半部。分布广，在湖泊、鱼池极常见。

常见种类：卵形隐藻 *Cryptomonas ovata*（图 2-4-10）、啮蚀隐藻 *Cryptomonas erosa* 等（图 2-4-11）。两者区别是前者细胞后端规则，呈宽圆形，纵沟明显；后者细胞后端大多渐细，纵沟常不明显。

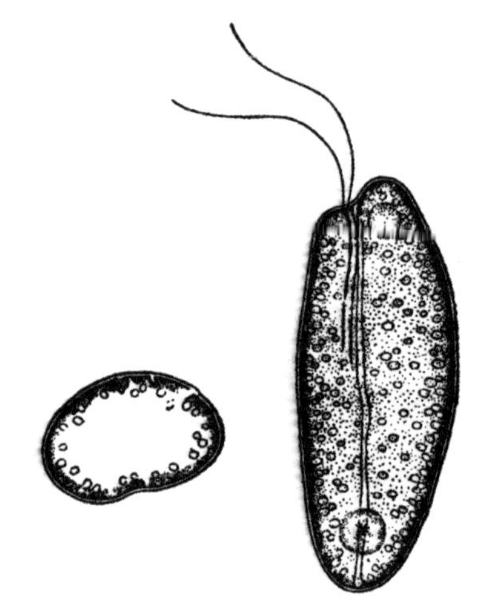

图 2-4-10 卵形隐藻 *Cryptomonas ovata*（自胡鸿钧等，1980）

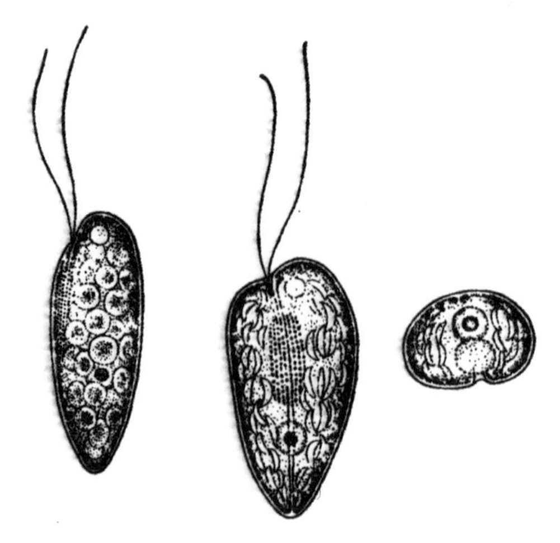

图 2-4-11 啮蚀隐藻 *Cryptomonas erosa*（自胡鸿钧等，1980）

（三）裸藻门的主要特征及常见种类

裸藻又称眼虫藻。大多数为单细胞、具鞭毛的运动个体；仅少数种类具胶质柄，营固着生活。细胞呈纺锤形、圆柱形、卵形、球形、椭球形等。细胞裸露，无细胞壁。细胞质外层特化为表质。表质较硬的种类，细胞保持一定的形状；表质较柔软的种类，细胞能变形。大多数裸藻具有 1 条鞭毛。鞭毛从储蓄泡基部经胞口伸出体外。色素有叶绿素 a、叶绿素 b、β- 胡萝卜素和叶黄素。藻体大多呈绿色，少数种类因具有特殊的裸藻红素而呈红色。色素体多，一般呈盘状。有色素的种类细胞的前端有 1 个红色的眼点，眼点具感光性，使藻体具有趋光性。无色素的种类大多没有眼点。裸藻的细胞结构见图 2-4-12。

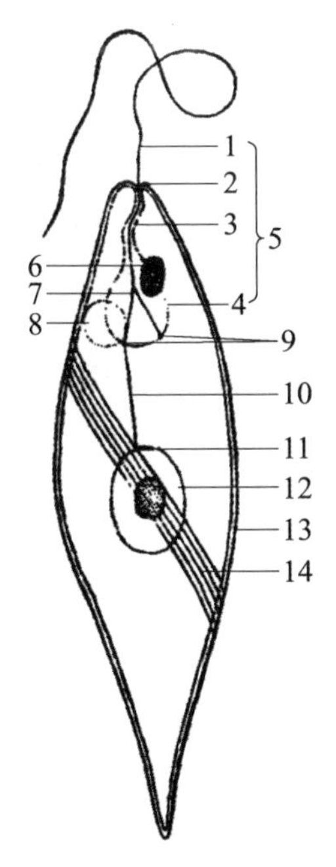

1. 鞭毛；2. 胞口；3. 胞咽；4. 储蓄泡；5. 食道；6. 眼点；7. 颗粒体；8. 伸缩泡；9. 生毛体；10. 根丝体；11. 中心体；12. 细胞核；13. 表质；14. 表质线纹

图 2-4-12　裸藻的结构（自胡鸿钧等，1980）

裸藻属*Euglena*属于裸藻纲裸藻目裸藻科。藻体细胞以纺锤形至针形为主，少数呈球形或椭球形等，后端略延伸成尾状。具有1条鞭毛，能运动。眼点在鞭毛的基部，橘红色，明显。多数种类表质柔软，细胞能变形；少数种类形态固定。色素体1个至多个，盘状、片状、带状或星状，多数呈绿色，少数种类因具有特殊的裸藻红素而呈红色，有的无色。本属是裸藻门种类最多也是最常见的属。

常见种类：绿裸藻*Euglena viridis*、尖尾裸藻*Euglena oxyuris*、血红裸藻*Euglena sanguinea*、纤细裸藻*Euglena gracilis*等（图2–4–13、图2–4–14）。

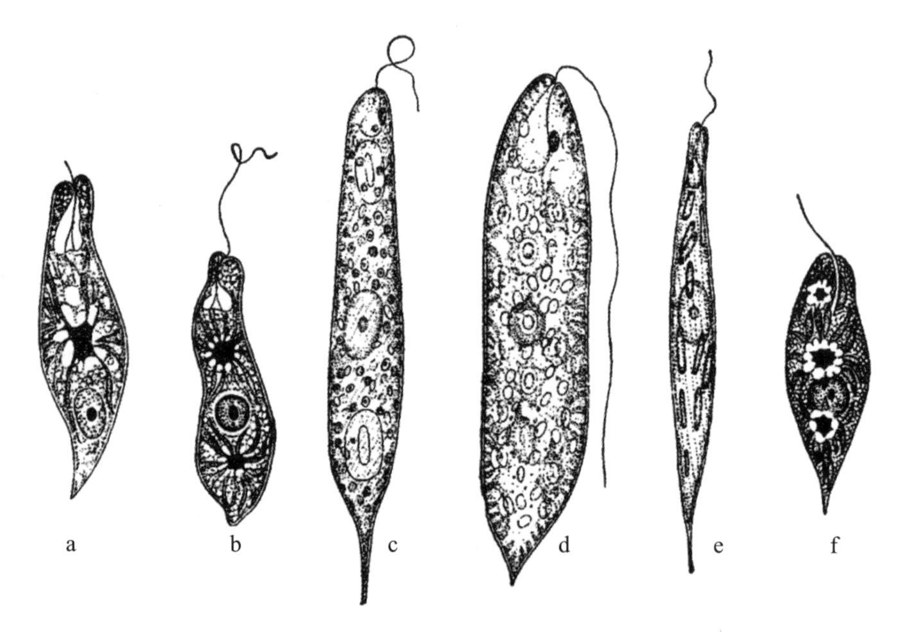

a. 绿裸藻*E. viridis*；b. 膝曲裸藻*E. geniculata*；c. 尖尾裸藻*E. oxyuris*；
d. 血红裸藻*E. sanguinea*；e. 梭形裸藻*E. acus*；f. 三星裸藻*E. tristella*

图2–4–13　裸藻属*Euglena*常见种类（自胡鸿钧等，1980）

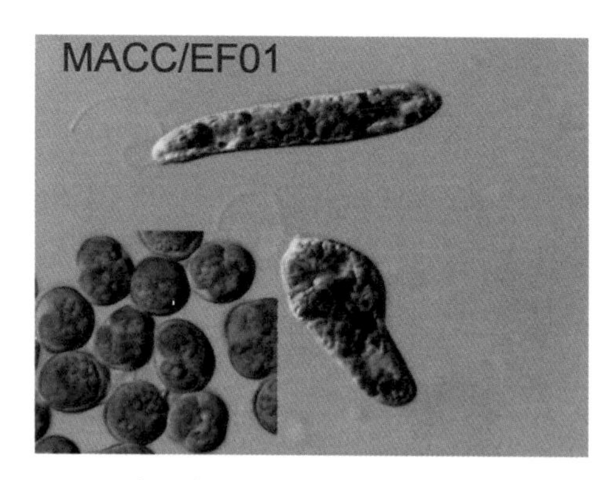

图 2-4-14　实验室培养的纤细裸藻*Euglena gracilis*

六、作业

（1）识别常见的甲藻门、隐藻门、裸藻门种类，写出常见种类的分类地位。

（2）绘图：绘制教师指定种类的形态图。

原生动物常见种类形态观察与分类

一、实验目的

掌握原生动物门的主要形态特征，识别常见种类。

二、实验材料

野外采集标本、室内培养样品、原生动物装片。

三、实验仪器和用品

生物显微镜、载玻片、盖玻片、镊子、擦镜纸、吸水纸、胶头滴管、样品瓶、鲁氏碘液、分析纯甲醛溶液。

四、实验方法与步骤

在生物显微镜下观察原生动物常见种类的主要形态特征，然后对照分类检索表鉴定所观察到的种类。

五、实验内容

原生动物常见种类的形态观察与分类。

（一）原生动物的主要特征

原生动物是一大类非单一起源的简单分化且体形微小的真核生物的总称，基本为单细胞，少数也可以形成简单的多细胞群体。原生动物具有细胞膜、细胞质、细胞核，无分化的组织和器官，只有分化的细胞器（由细胞质分化而来的），各种生命活动是靠细胞器来进行的。原生动物作为一类动物是最简单的，但作为一个细胞在结构上是极其复杂的。

（二）常见种类

1. 变形虫属 *Amoeba*

变形虫属属于肉足虫纲根足亚纲变形目变形虫科。虫体的形状不定。肉质和外质明显，可做变形运动，兼有底栖和浮游习性。当其营底栖生活爬行时，伸出的伪足较少而粗；当其浮到水的上层时，伪足就显得细而长，几乎呈针状。

常见种类：辐射变形虫 *Amoeba radiosa*、蝙蝠变形虫 *Amoeba vespertilis*、泥生变形虫 *Amoeba limicola* 等（图 2-5-1）。

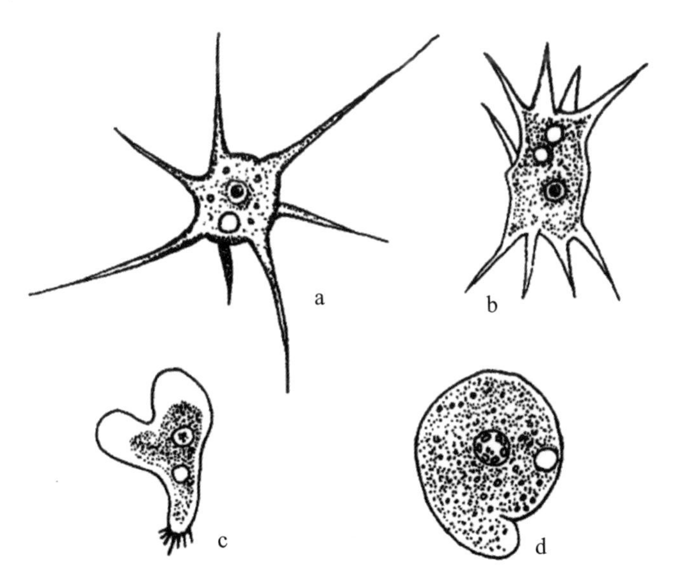

a. 辐射变形虫 *A. radiosa*；b. 蝙蝠变形虫 *A. vespertilis*；c. 蛞蝓变形虫 *A. limax*；d. 泥生变形虫 *A. limicola*

图 2-5-1　变形虫属 *Amoeba* 常见种类

2. 抱球虫属 *Globigerina*

抱球虫属属于肉足虫纲根足亚纲有孔虫目球房虫科。个体较大，壳呈塔形螺旋，房室球形至卵形，缝合线凹陷，辐射排列。壳壁钙质，多孔性辐射结构。壳面光滑或具小壳、网纹、细刺等。

常见种类：泡抱球虫 *Globigerina bulloides*（图 2–5–2）。

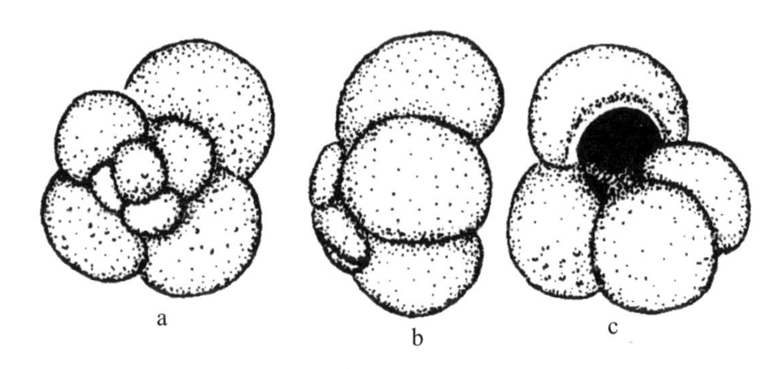

a. 背面观；b. 壳缘观；c. 腹面观

图 2–5–2　泡抱球虫 *Globigerina bulloides*（自郝治纯等，1980）

3. 等棘虫属 *Acanthometra*

等棘虫属属于肉足虫纲辐足亚纲放射虫目等棘虫科。细胞质明显地分为内质、外质两部分，内质、外质由中央囊隔开。骨针等长，同形（有时 2 ～ 4 根稍长）。中心囊球形或多角形。每根骨针上带有很多线形肌丝。肌丝常为 16 条，也可达 32 ～ 40 条。

常见种类：透明等棘虫 *Acanthometra pellucida*（图 2–5–3），无壳，透明，骨针 20 根，为大洋暖水种。

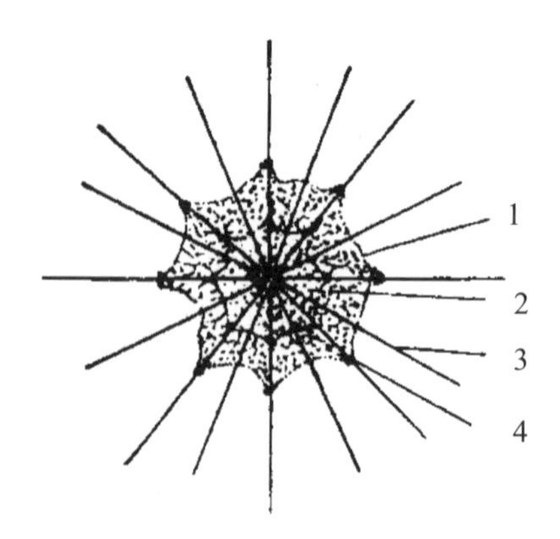

1. 胶膜；2. 中央囊；3. 骨针；4. 肌丝

图 2–5–3　透明等棘虫 *Acanthometra pellucida*（自束蕴芳等，1993）

4. 草履虫属 *Paramecium*

草履虫属属于纤毛纲全毛目草履虫科。虫体呈倒置草履形，断面圆形或椭圆形。个体较大，长 100 ~ 300 μm。纤毛密布全身。细胞质明显分为外质和内质两部分。大核 1 个，卵形至肾形。身体前后各有 1 个伸缩泡。口沟发达，其底部的深处有 1 个胞口，食物通过胞口进入胞咽，胞咽内具有 2 片纵长的波动膜。主要分布在有机质丰富的水体中。

常见种类：尾草履虫 *Paramecium caudatum*、绿草履虫 *Paramecium bursaria*、多小核草履虫 *Paramecium multimicronucleatum*、双小核草履虫 *Paramecium aurelia*、小球藻草履虫 *Paramecium chlorelligerum* 等（图 2–5–4、图 2–5–5）。

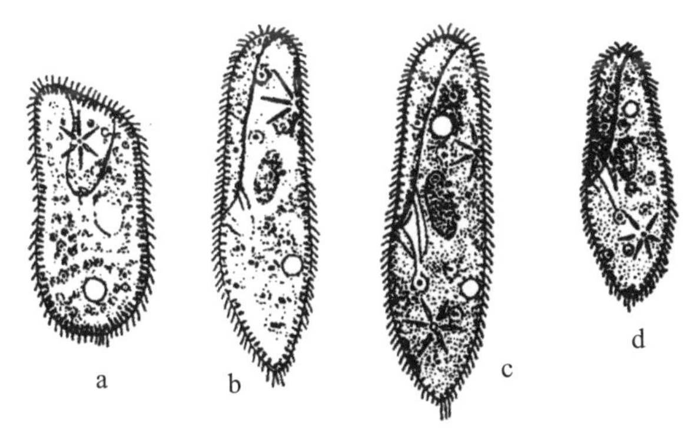

a. 尾草履虫 *P. caudatum*；b. 绿草履虫 *P. bursaria*；c. 多小核草履虫 *P. multimicronucleatum*；d. 双小核草履虫 *P. aurelia*

图 2–5–4　草履虫属 *Paramecium* 常见种类

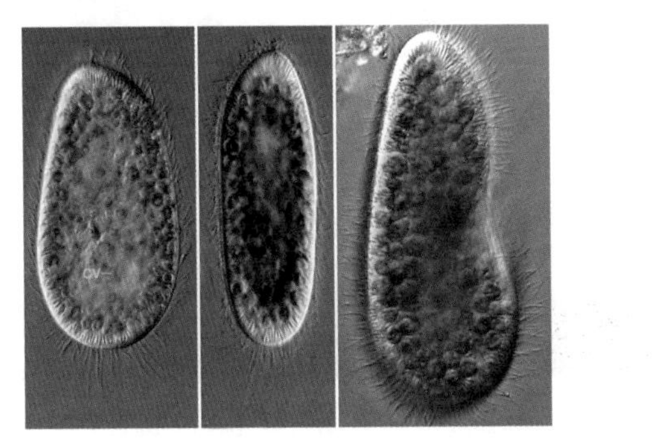

图 2–5–5　小球藻草履虫 *Paramecium chlorelligerum*（自 Kreutz 等，2012）

草履虫
Paramecium sp.

5. 钟虫属 *Vorticella*

钟虫属属于纤毛纲缘毛目钟虫科。单体生活，虫体呈倒钟形。小膜围口区的口缘往往向外扩张，形成围口唇。从反口面伸出的柄内有肌丝，受刺激时肌丝弹簧式收缩。柄的下端固着在基质上。本属种类极多，常大量附着生活。

常见种类：似钟虫 *Vorticella similis*、沟钟虫 *Vorticella convallaria*、钟形钟虫 *Vorticella campanula* 等（图 2–5–6、图 2–5–7）。

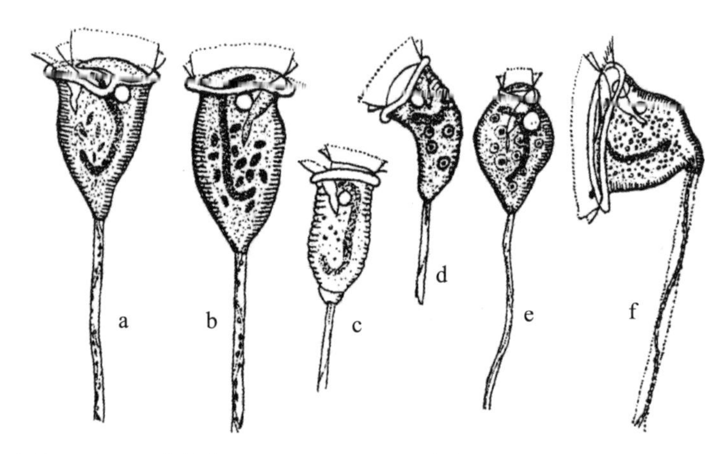

a. 似钟虫 *V. similis*；b. 沟钟虫 *V. convallaria*；c. 领钟虫 *V. aequilata*；d. 弯钟虫 *V. hamata*；e. 小口钟虫 *V. microstoma*；f. 钟形钟虫 *V. campanula*

图 2–5–6　钟虫属 *Vorticella* 常见种类

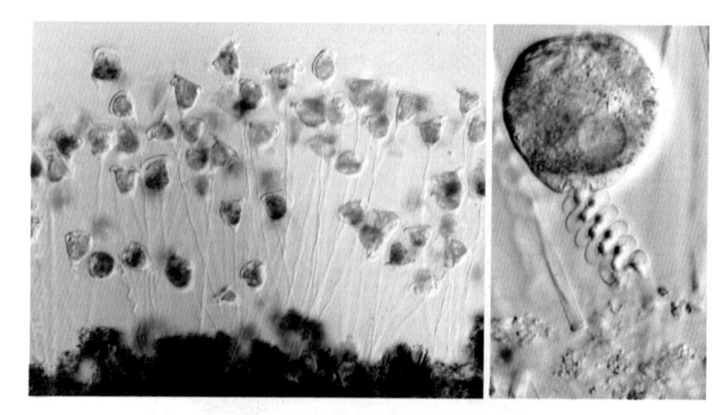

a. 多个个体形成的群体；b. 收缩个体

图 2–5–7　钟形钟虫 *Vorticella campanula*

6. 麻铃虫属 *Leprotintinnus*

麻铃虫属属于纤毛纲旋毛目沙壳纤毛虫科。假几丁质的壳呈管状，背口端开口，无领。壳的一部分有螺旋横纹。

常见种类：诺氏麻铃虫*Leprotintinnus nordqvistii*（图2–5–8），广泛分布于黄海和东海。

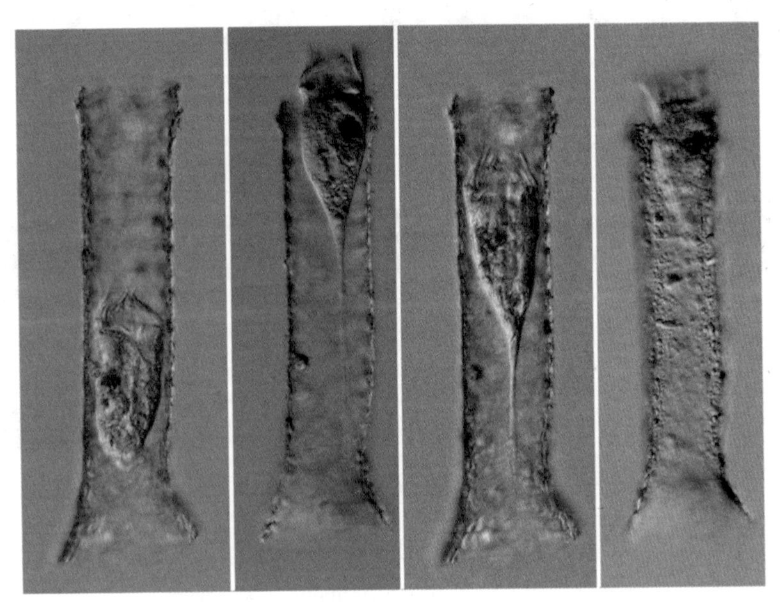

图2–5–8 不同收缩状态下的诺氏麻铃虫*Leprotintinnus nordqvistii*

7. 拟铃虫属 *Tintinnopsis*

拟铃虫属属于纤毛纲旋毛目铃壳纤毛虫科。虫体有外壳，呈杯形或碗形；壳上颗粒较细小，排列整齐。壳前部往往有螺旋纹。在淡水、咸水均有分布。

常见种类：半旋拟铃虫*Tintinnopsis hemispiralis*、东方拟铃虫*Tintinnopsis orientalis*、胶州拟铃虫*Tintinnopsis kiaochowensis*等（图2–5–9）。

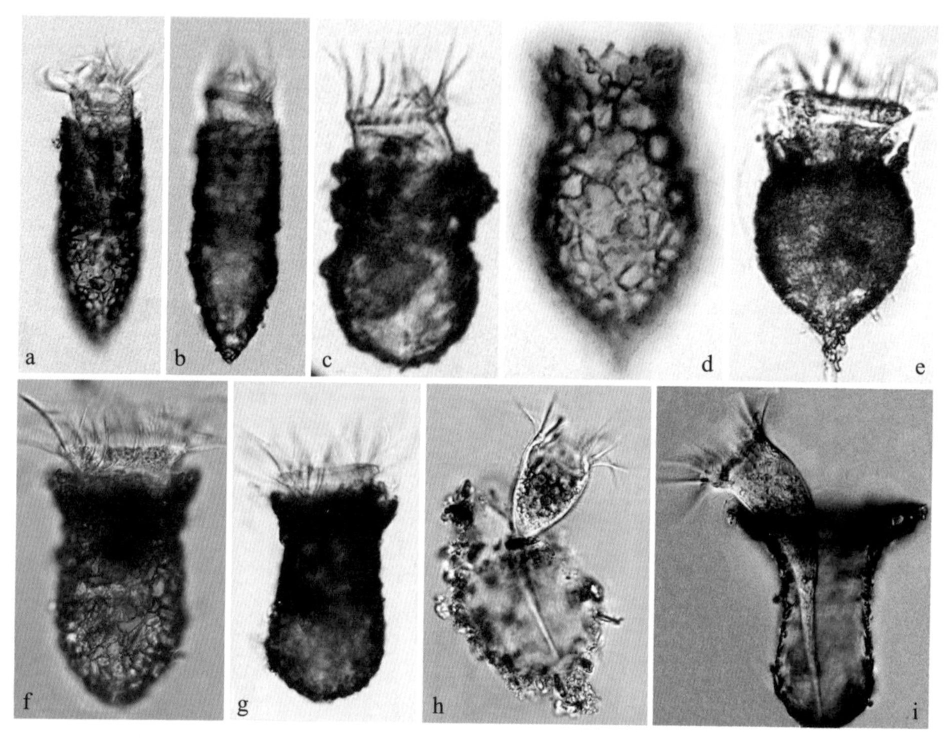

a、b. 半旋拟铃虫 *T. hemispiralis*；c. 胶州拟铃虫 *T. kiaochowensis*；d. 乌拉圭拟铃虫 *T. uruguayensis*；e. 触角拟铃虫 *T. tentaculata*；f. 东方拟铃虫 *T. orientalis*；g. 达氏拟铃虫 *T. dadayi*；h. 乳桶拟铃虫 *T. mulctrella*；i. 外翻拟铃虫 *T. everta*

图 2-5-9　拟铃壳虫属 *Tintinnopsis* 常见种类

8. 类铃虫属 *Codonellopsis*

类铃虫属属于纤毛纲旋毛目类铃纤毛虫科。壳呈壶状，壳口有一透明的、较高的领部，领上一般有螺旋形条纹。我国东海、南海常见。

常见种类：运动类铃虫 *Codonellopsis mobilis*、圆形类铃虫 *Codonellopsis rotunda* 等（图 2-5-10）。

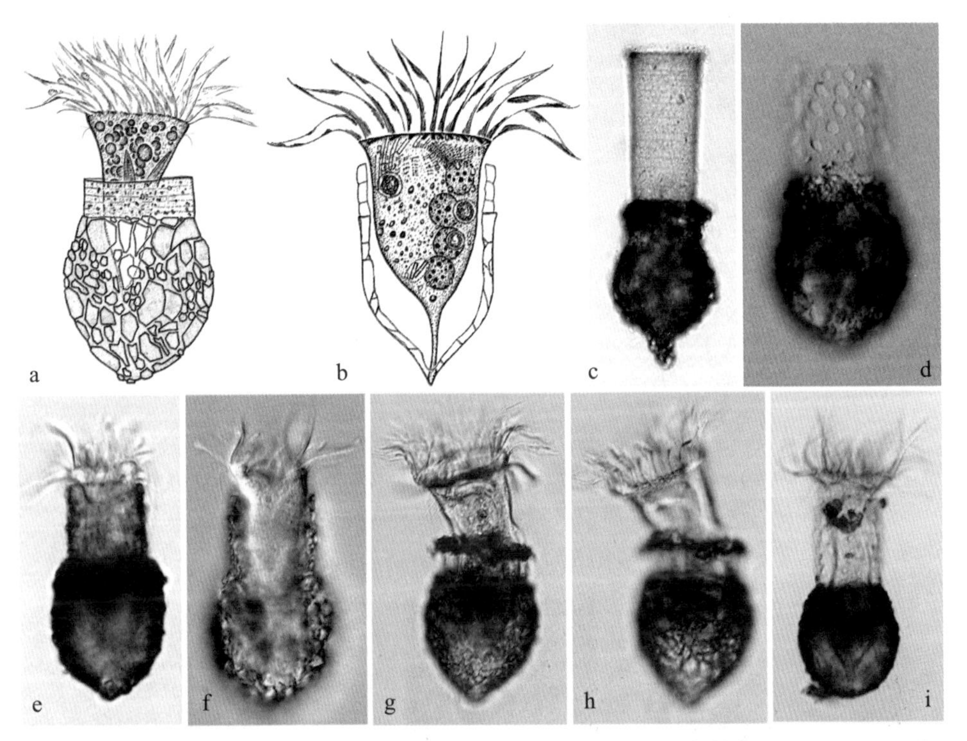

a、g、h. 运动类铃虫 *C. mobilis*；b. 冰生类铃虫 *C. glacialis*；c. 膨胀类铃虫 *C. inflata*；d、i. 奥氏类铃虫 *C. ostenfeldi*；e、f. 圆形类铃虫 *C. rotunda*

图 2-5-10　类铃虫属 *Codonellopsis* 常见种类

9. 网纹虫属 *Favella*

网纹虫属属于纤毛纲旋毛目杯状纤毛虫科。壳呈钟形，壳口大，常有细齿。壳具网纹，末端尖角突出。壳壁两层，薄而透明，没有颗粒附着。生活史中具不同的壳型。我国沿海常见。

常见种类：巴拿马网纹虫 *Favella panamensis*、艾氏网纹虫 *Favella ehrenbergii* 等（图 2-5-11、图 2-5-12）。

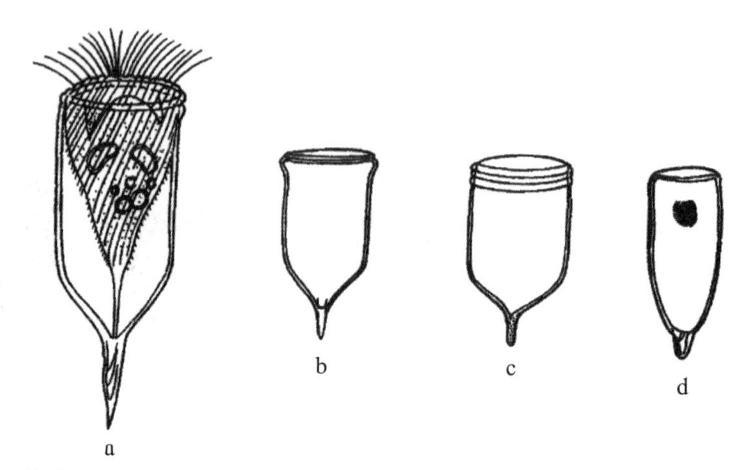

a. 巴拿马网纹虫 *F. panamensis*；b. 钟状网纹虫 *F. campanula*；c. 厦门网纹虫 *F. amoyensis*；d. 艾氏网纹虫 *F. ehrenbergii*

图 2–5–11　网纹虫属 *Favella* 常见种类

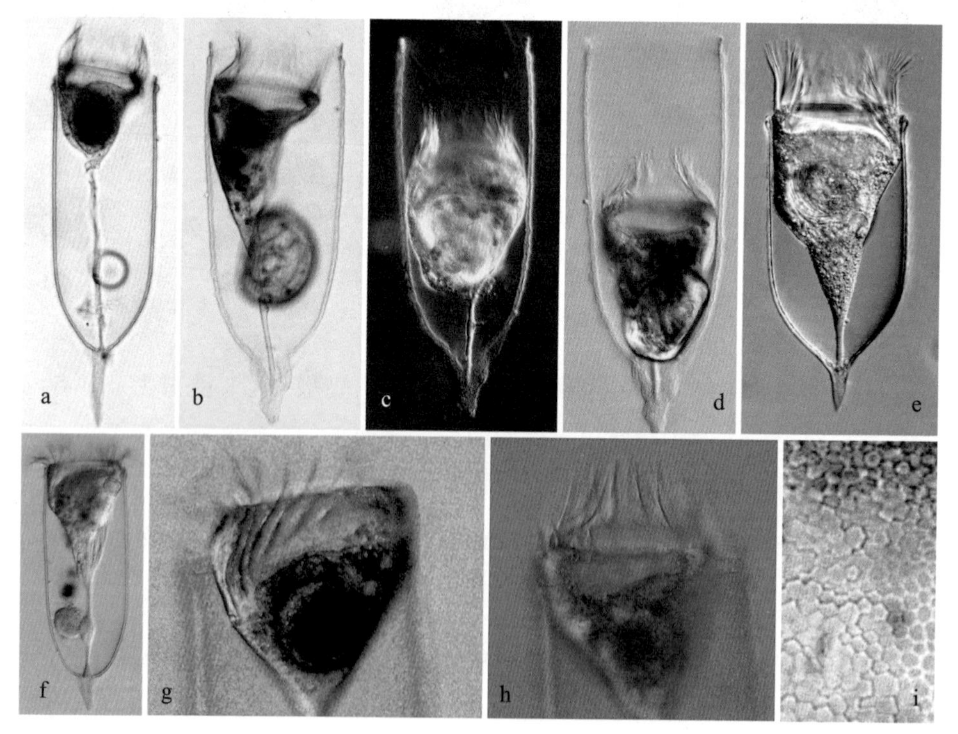

a ~ f. 不同壳形和伸缩状态下的虫体；g、h. 胞口及领区小膜；i. 壳表面的网状次级结构

图 2–5–12　艾氏网纹虫 *Favella ehrenbergii*（自 Bai 等，2020）

10. 游仆虫属 *Euplotes*

游仆虫属属于纤毛纲旋毛目游仆虫科。虫体多呈椭球形至球形，腹面略平，背面稍突出并有纵脊。小膜口缘区十分发达，非常宽而明显，无波动膜。无侧缘纤毛，前棘毛（触毛）6 ~ 7 根，腹棘毛 2 ~ 3 根，肛棘毛（臀棘毛）5 根，尾棘毛 4 根。大核 1 个，呈长带状；小核 1 个。伸缩泡后位。海水、淡水均有分布，常见于有机质丰富的水体中。

游仆虫
Euplotes sp.

常见种类：阔口游仆虫 *Euplotes platystoma*、扇形游仆虫 *Euplotes vannus* 等（图 2–5–13）。

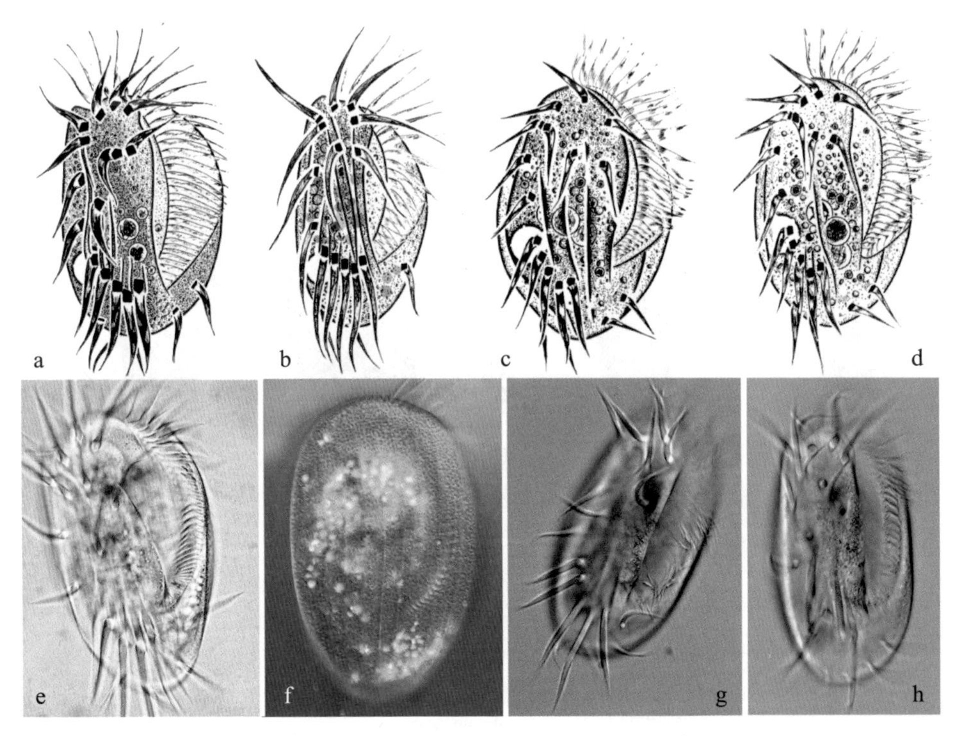

a. 博格游仆虫 *E. bergeri*；b. 韦氏游仆虫 *E. weissei*；c、d. 黏游仆虫 *E. muscicola*；e、f. 阔口游仆虫 *E. platystoma*；g、h. 扇形游仆虫 *E. vannus*

图 2–5–13 游仆虫属 *Euplotes* 常见种类

11. 伪角毛虫属 *Pseudokeronopsis*

伪角毛虫属属于纤毛纲旋毛目伪角毛虫科。虫体通常细长，呈带状且柔软多变，普遍存在表膜下颗粒，许多种类因此而具鲜艳的体色。口围带连续，额棘毛双冠状排列，有口棘毛，额前棘毛不少于 2 根。中腹棘毛复合体由中腹棘毛对组成，具有横棘毛。左、右各 1 列缘棘毛，背触毛不少于 3 列，无尾棘毛。分布于海洋及淡水，为习见种类。

肉色伪角毛虫
Pseudokeronopsis carnea

常见种类：肉色伪角毛虫 *Pseudokeronopsis carnea*（图 2-5-14）。

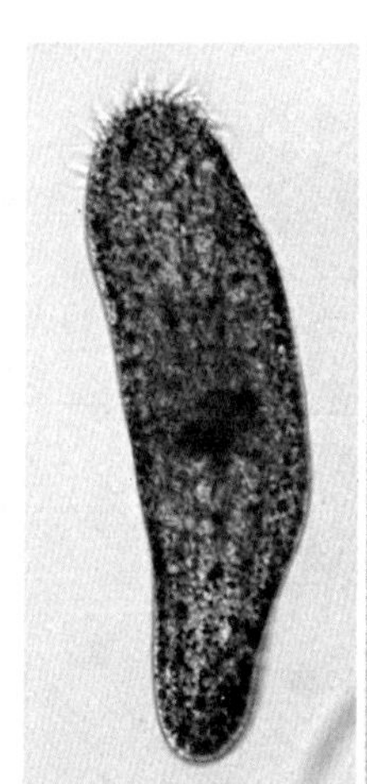
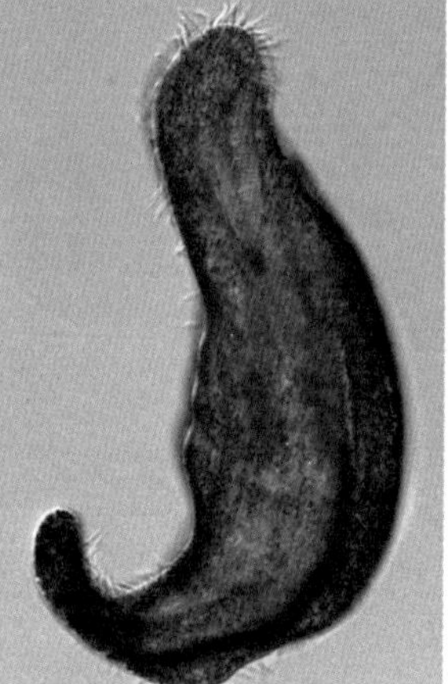
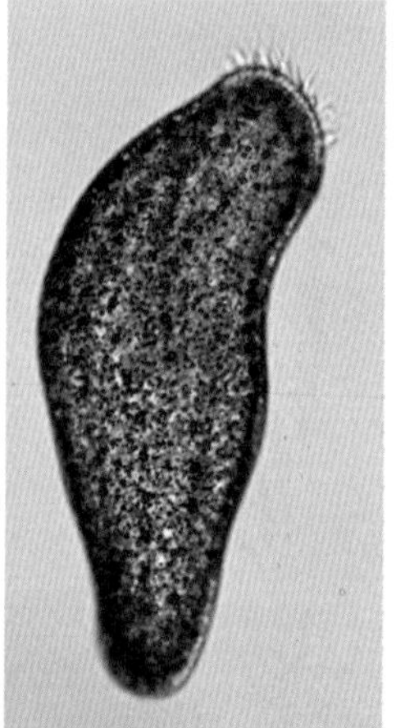

图 2-5-14　实验室培养的肉色伪角毛虫 *Pseudokeronopsis carnea*

六、作业

（1）识别常见的原生动物种类，写出常见种类的分类地位。

（2）绘图：绘制教师指定种类的形态图。

实验 6 浮游甲壳动物常见种类形态观察与分类

一、实验目的

掌握浮游甲壳动物的主要形态特征，识别常见种类。

二、实验材料

野外采集标本、室内培养样品、浮游甲壳动物装片。

三、实验仪器和用品

生物显微镜、体视显微镜、载玻片、盖玻片、镊子、擦镜纸、吸水纸、胶头滴管、样品瓶、鲁氏碘液、分析纯甲醛溶液。

四、实验方法与步骤

在生物显微镜或体视显微镜下观察浮游甲壳动物常见种类的主要形态特征，然后对照分类检索表鉴定所观察到的种类。

五、实验内容

浮游甲壳动物常见种类的形态观察与分类。

（一）枝角类的主要特征及常见种类

枝角类属于节肢动物门甲壳亚门鳃足纲枝角目，通称水蚤或溞，俗称红虫或鱼虫。枝角类躯体包被于两壳瓣中。体不分节（薄皮溞除外），头部有 1

只复眼。第一触角小；第二触角发达，双肢型，为主要的游泳器官。后腹部结构和功能复杂，胸肢 4 ~ 6 对。大多生活于淡水，仅少数产于海洋，一般营浮游生活。枝角类雌体结构见图 2-6-1。

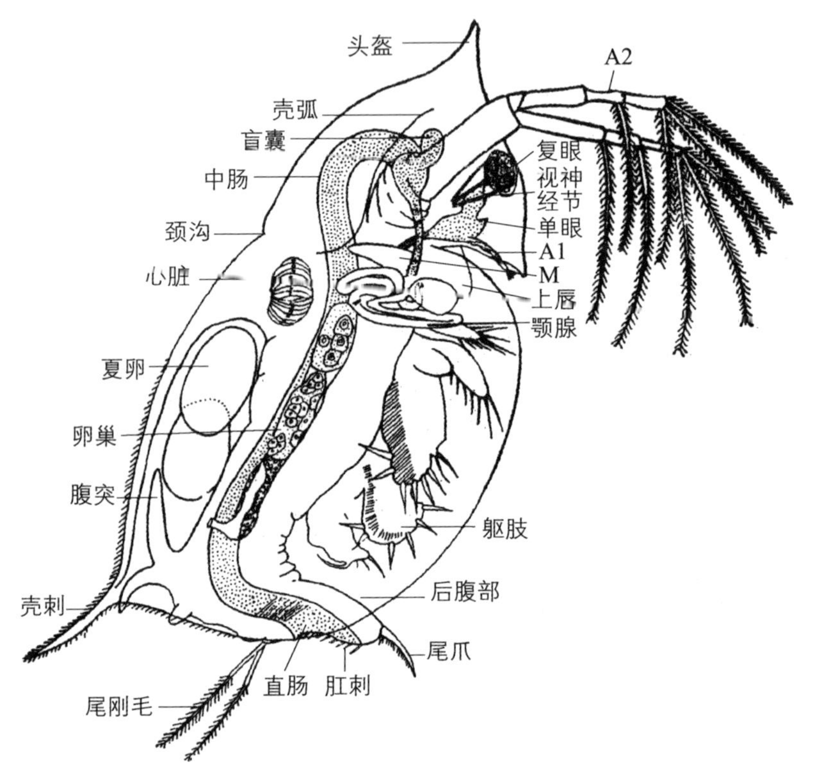

A1. 第一触角；A2. 第二触角；M. 大颚

图 2-6-1　枝角类雌体结构（自郑重等，1984）

1. 尖头溞属 *Penilia*

尖头溞属属于节肢动物门甲壳亚门鳃足纲枝角目仙达溞科。雌体体长 0.7 ~ 1.3 mm。体透明，头部小，额角尖细。第二触角刚毛式为 2-6/1-4。后腹部狭长，有短壳刺。尾爪细长，具 2 根尾刚毛。分布于海洋。

常见种类：鸟喙尖头溞 *Penilia avirostris*（图 2-6-2）。

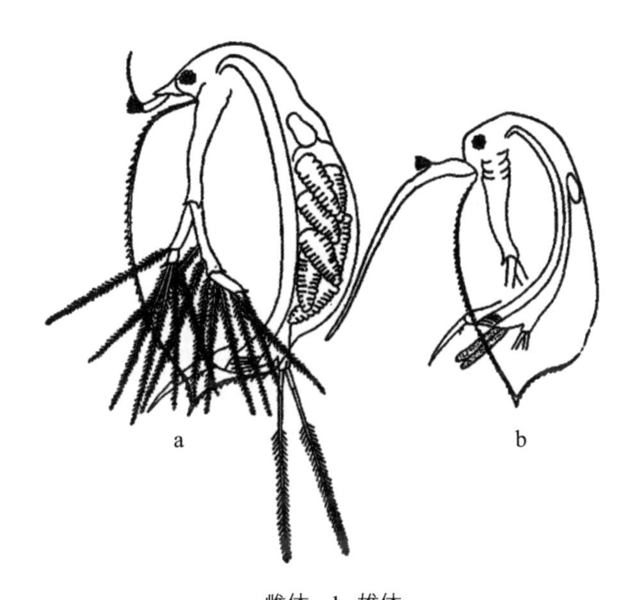

a. 雌体；b. 雄体

图 2-6-2　鸟喙尖头溞 *Penilia avirostris*（自郑重等，1984）

2. 大眼溞属 *Polyphemus*

大眼溞属属于节肢动物门甲壳亚门鳃足纲枝角目大眼溞科。体短，壳瓣不包被体躯和胸肢，只盖住孵育囊。头大，复眼大。无单眼。无壳弧。颈沟深而明显。第一触角小，能动。第二触角刚毛式为 0–1–2–4/0–1–1–5。孵育囊膨大，呈半球形。后腹突 1 个，棒状。分布于我国东北和西北地区的湖泊、池塘中。

常见种类：虱形大眼溞 *Polyphemus pediculus*（图 2–6–3）。

图 2-6-3　虱形大眼溞 *Polyphemus pediculus*（自郑重等，1984）

3. 裸腹溞属 *Moina*

裸腹溞属属于节肢动物门甲壳亚门鳃足纲枝角目裸腹溞科。体卵圆形，头部较大，颈沟深，无吻。复眼大，通常无单眼。壳瓣狭长，无壳刺。后腹部露出壳瓣之外，末端呈圆锥形。

蒙古裸腹溞
Moina mongolica
形态构造

蒙古裸腹溞
Moina mongolica
运动

常见种类：蒙古裸腹溞 *Moina mongolica*。

（二）桡足类的主要特征及常见种类

桡足类属于节肢动物门甲壳亚门六肢幼虫纲桡足亚纲，是一类小型、低等的甲壳动物。身体狭长（体长 1 ~ 4 mm），分节明显，全身由 16 ~ 17 个体节组成，但由于愈合的原因，通常见到的一般都不超过 11 节。身体分为前体部和后体部，在两者之间有 1 个活动关节。胸部具 5 对胸足，前 4 对构造相同，双肢型，第五对常退化，两性有异。腹部无附肢，末端具 1 对尾叉，其后具数根羽状刚毛。用鳃或皮肤表面进行呼吸作用。雌雄异体，个体发育一般经过变态，即有无节幼体期和桡足幼体期。雌性桡足类的一般结构见图 2-6-4。

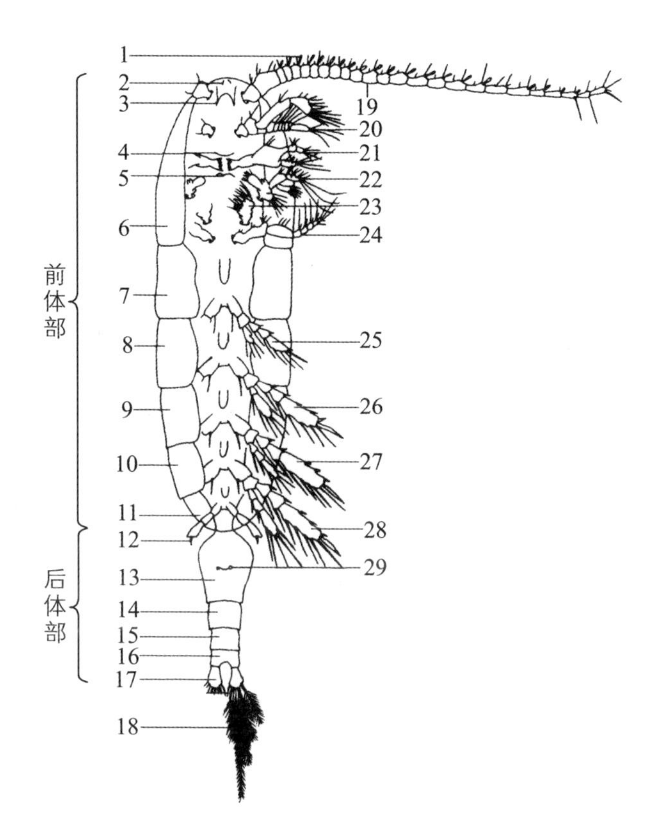

1. 感觉棒；2. 额器；3. 额角；4. 上唇；5. 下唇；6. 头部；7. 第一胸节；8. 第二胸节；9. 第三胸节；10. 第四胸节；11. 第五胸节；12. 第五胸足；13. 第一腹节（生殖节）；14. 第二腹节；15. 第三腹节；16. 尾节；17. 尾叉；18. 尾叉刚毛；19. 第一触角；20. 第二触角；21. 大颚；22. 第一小颚；23. 第二小颚；24. 颚足；25. 第一胸足；26. 第二胸足；27. 第三胸足；28. 第四胸足；29. 生殖孔

图 2–6–4　雌性桡足类腹面观（仿Giesbrecht et al.，1898）

1. 哲水蚤属 *Calanus*

哲水蚤属属于节肢动物门甲壳亚门六肢幼虫纲桡足亚纲哲水蚤目哲水蚤科。前体部大于后体部。活动关节位于最末胸节和第一腹节之间。胸足 5 对。第一触角通常比身体长。有心脏。卵直接产在水中，或产在 1 个卵囊内。

常见种类：中华哲水蚤 *Calanus sinicus*（图 2–6–5）。体长 2.6 ~ 3.0 mm，头胸部长圆筒形，胸部后侧角短而钝圆。为暖温带种，广泛分布于渤海、黄海、东海。是鲐等经济鱼类的重要饵料。

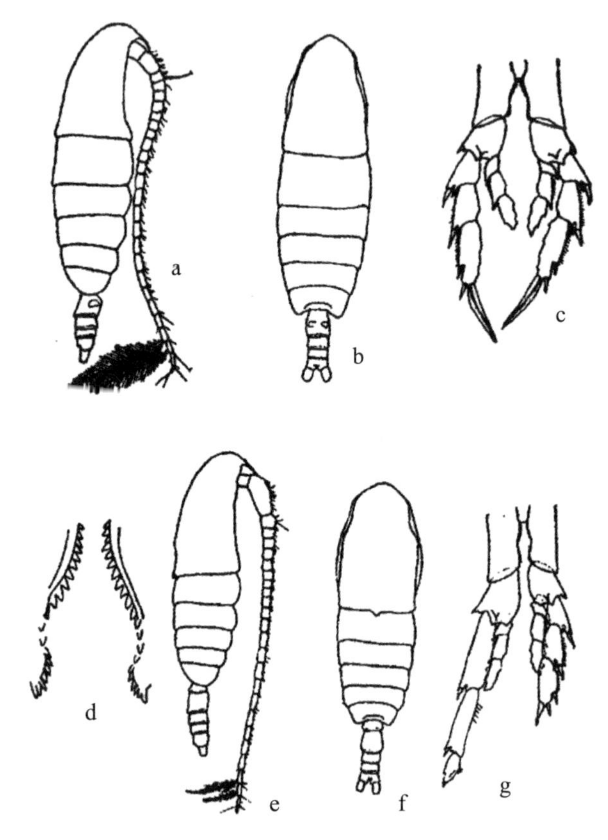

a. 雌性侧面观；b. 雌性背面观；c. 雌性第五胸足；d. 雌性第五胸足的B1 缘齿；
e. 雄性侧面观；f. 雄性背面观；g. 雄性第五胸足

图 2–6–5　中华哲水蚤 *Calanus sinicus*（仿李少菁，1963）

2. 长腹剑水蚤属 *Oithona*

长腹剑水蚤属属于节肢动物门甲壳亚门六肢幼虫纲桡足亚纲剑水蚤目长腹剑水蚤科。为小型桡足类，体细长，前、后体部分界明显，后体部狭长。活动关节位于第四、五胸节之间，因此第五胸节成为后体部的第一节。前体部 5 节，后体部雌性 5 节、雄性 6 节。生殖孔位于腹部第二节。第一触角较短，雌雄异形，雄性呈执握状。第二触角单肢型。第五胸足退化，很小，没有改变为钳状。无心脏，雌性有 2 个卵囊，卵产于卵囊中。

常见种类：大同长腹剑水蚤 *Oithona similis*（图 2-6-6），体长 0.6 ～ 0.8 mm。前、后体部分界明显，后体部狭长。雌性第一触角长，超过前体部。第五胸足雌雄都退化，只剩下 2 根刺毛。

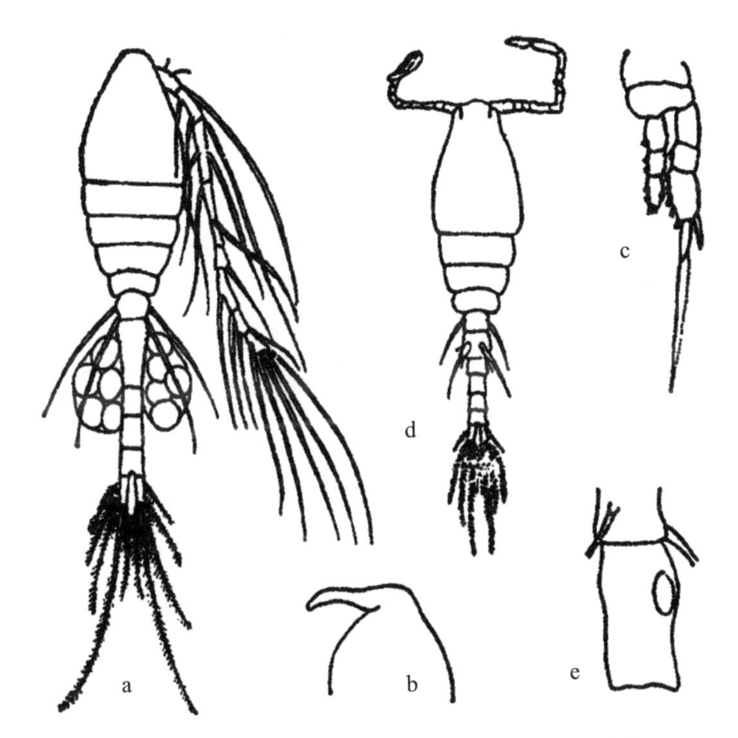

a. 雌性背面观；b. 雌性额部侧面观；c. 雌性第四胸足；d. 雄性背面观；
e. 雄性后体部前两节侧面观

图 2-6-6　大同长腹剑水蚤 *Oithona similis*（自郑重等，1984）

3. 大眼剑水蚤属 *Corycaeus*

大眼剑水蚤属属于节肢动物门甲壳亚门六肢幼虫纲桡足亚纲剑水蚤目大眼剑水蚤科。为小型桡足类，体长 0.9 ～ 1.1 mm。前、后体部分界明显，前体部呈长椭球形，头部与第一胸节分开或愈合，前端背面有 1 对大的晶体。第一触角短小，第二触角发达。第三胸节后侧角明显，第五胸足退化，只遗留 2 根刺毛。后体部较短、狭，由 1 ～ 2 节组成。

常见种类：近缘大眼剑水蚤 *Corycaeus affinis*（图 2–6–7），广泛分布于我国渤海、黄海。

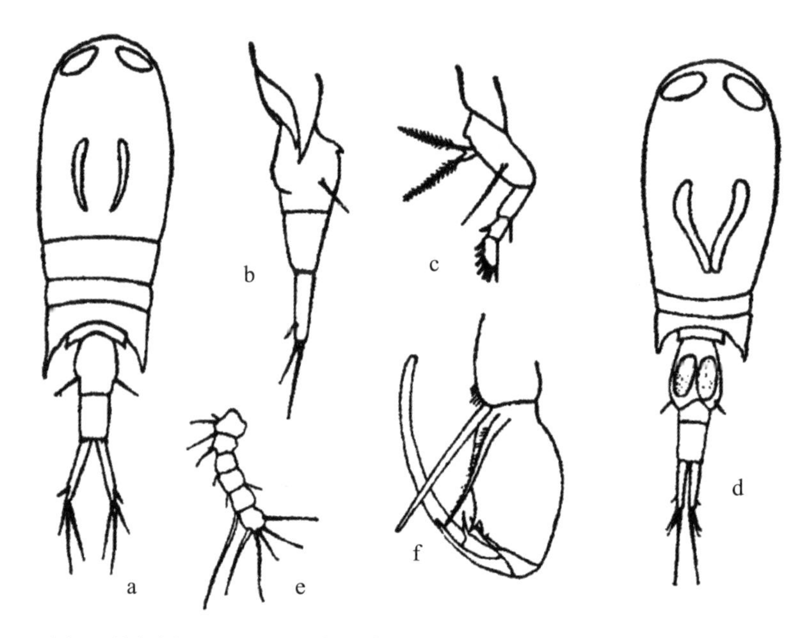

a. 雌性后体部侧面观；b. 雌性额部侧面观；c. 雌性第四胸足；d. 雄性背面观；
e. 雄性第一触角；f. 雄性第二触角

图 2–6–7　近缘大眼剑水蚤 *Corycaeus affinis*（自郑重等，1984）

4. 小星猛水蚤属 *Microsetella*

小星猛水蚤属属于节肢动物门甲壳亚门六肢幼虫纲桡足亚纲猛水蚤目同相猛水蚤科。身体细长，前体部略宽于后体部。活动关节不明显，位于第四、五胸节之间。第一触角较短，节数少，不超过体长 1/2。尾叉短，左右各具 1 根长刚毛，其余尾刚毛很短。无心脏，卵囊 1 个。常栖息于海水上层，在我国沿岸海域均有分布。

常见种类：挪威小星猛水蚤 *Microsetella norvegica*（图 2–6–8）。

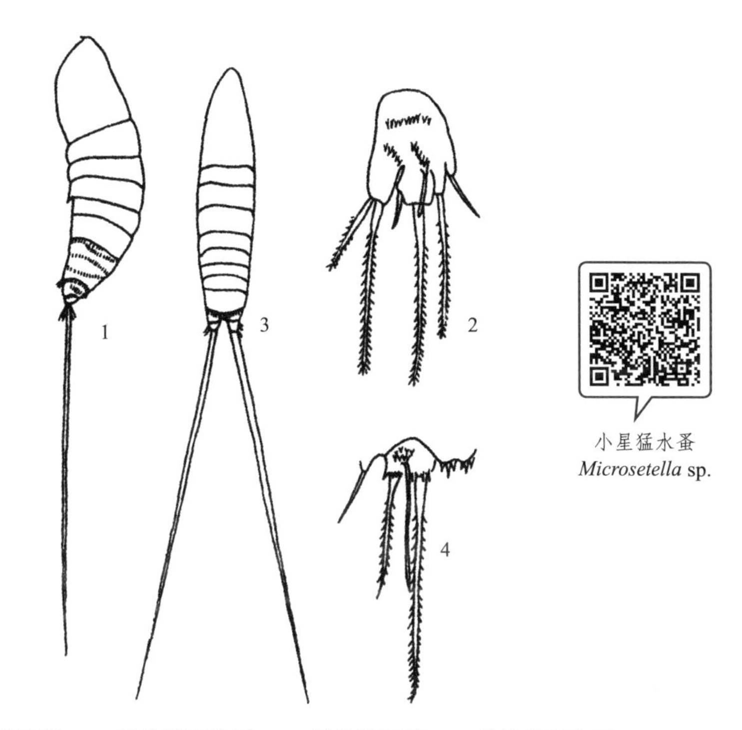

1. 雌性侧面观；2. 雌性第五胸足；3. 雄性背面观；4. 雄性第四胸足

图 2-6-8 挪威小星猛水蚤 *Microsetella norvegica*（自郑重等，1984）

六、作业

（1）识别常见的浮游甲壳动物种类，写出常见种类的分类地位。

（2）绘图：绘制教师指定种类的形态图。

实验7 其他浮游动物常见种类形态观察与分类

一、实验目的

掌握糠虾、毛虾、毛颚动物、浮游幼虫等的主要形态特征，识别常见种类。

二、实验材料

野外采集标本、室内培养标本、装片。

三、实验仪器和用品

生物显微镜、体视显微镜、载玻片、盖玻片、镊子、擦镜纸、吸水纸、胶头滴管、鲁氏碘液、分析纯甲醛溶液。

四、实验方法与步骤

在生物显微镜或体视显微镜下观察糠虾、毛虾、毛颚动物、浮游幼虫等的形态特征，然后对照分类检索表鉴定所观察到的种类。

五、实验内容

糠虾、毛虾、毛颚动物、浮游幼虫等常见种类的形态观察与分类。

（一）糠虾的主要特征及常见种类

糠虾的头胸甲不能覆盖头胸部的所有体节，末1～2个胸节常露于甲外。头胸甲前端具一额角。胸肢发达，全为双肢型。分颚足、鳃足和步足。腹部共 6 节，第六节狭长。腹肢常退化。尾肢双肢型、片状，与尾节组成尾扇，起平衡作用。直接发育（无变态），卵产于育卵囊中。

1. 节糠虾属 *Siriella*

节糠虾属属于节肢动物门甲壳亚门软甲纲糠虾目糠虾科。第二触角外肢有缝。在第二至第四腹肢，有时在第五腹肢间有假鳃。有 3 对复卵片。尾肢外肢分节。本属在潮间带水域常见，在我国分布于东海和黄海。

常见种类：中华节糠虾 *Siriella sinensis*（图 2-7-1），尾节细长，末端窄而截平，雄性第八胸肢内肢交接器的末端呈圆形。

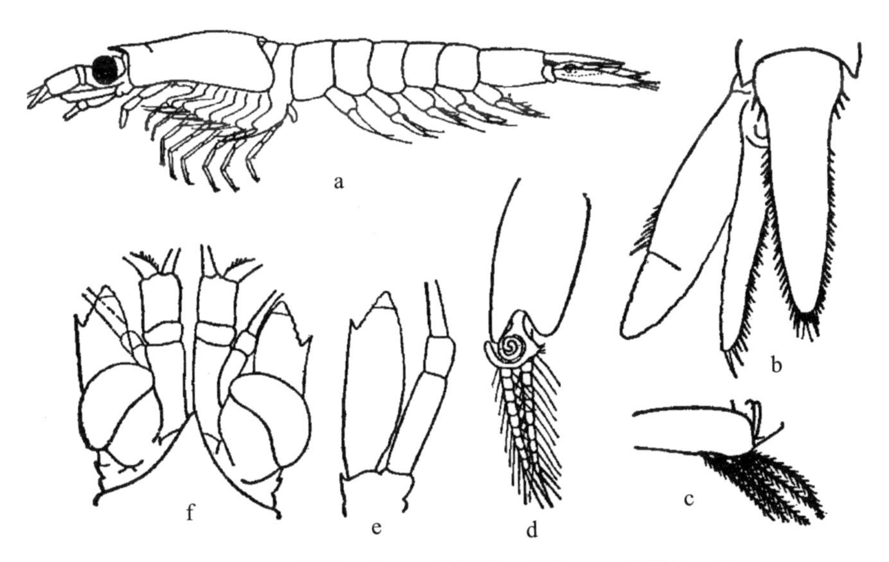

a. 雄性侧面观；b. 雄性尾扇；c. 雄性第二触角；d. 雄性第四腹肢；
e. 雄性第八胸肢基部交接器；f. 雌性头部背面观

图 2-7-1　中华节糠虾 *Siriella sinensis*（仿蔡秉及，1980）

2. 小井伊糠虾属 *Liella*

小井伊糠虾属属于节肢动物门甲壳亚门软甲纲糠虾目糠虾科。上唇前端中央突两侧各具刺 2 对以上，头胸甲后缘有深凹陷，额角小，末端圆钝。有 2 对复卵片。尾节末端有显著凹陷。雄性第三腹肢内肢由多节构成，外肢尖形；雌性腹肢皆为单肢。尾肢外肢不分节。本属广泛分布在我国沿海水域。

常见种类：

（1）漂浮小井伊糠虾 *Liella pelagica*（图 2–7–2）：尾节末端缺刻呈三角形，有 13 ~ 18 个侧缘刺。雄性第三腹肢外肢分 4 节。

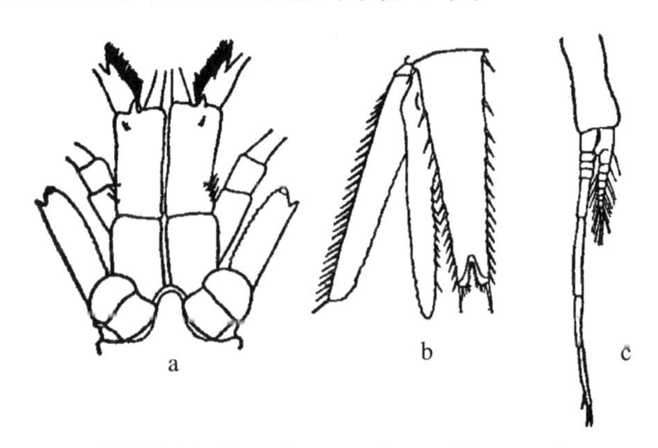

a. 雄性头部背面观；b. 尾扇；c. 雄性第三腹肢

图 2–7–2　漂浮小井伊糠虾 *Liella pelagica*（仿蔡秉及，1980）

（2）儿岛小井伊糠虾 *Liella kojimaensis*（图 2–7–3）：尾节末端缺刻深凹，第一触角柄部第二节外缘有 3 ~ 4 个小刺，第三节背面末端有 1 个尖刺。尾节有 9 ~ 16 个侧缘刺。雄性第三腹肢外肢特别伸长，分 4 节。

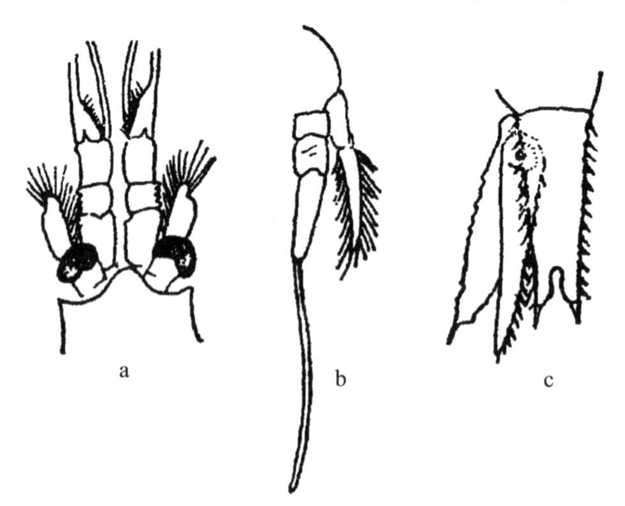

a. 雄性头部背面观；b. 雄性第三腹肢；c. 尾部

图 2–7–3　儿岛小井伊糠虾 *Liella kojimaensis*（仿蔡秉及，1980）

（二）毛虾的主要特征及常见种类

毛虾的头胸甲发达，完全包被头胸部的所有体节。额角短小。头胸甲具眼后刺、肝刺。第二小颚的外肢特别宽大，有助于呼吸。胸肢 8 对，前 3 对为颚足，后 5 对为步足。前 3 对步足皆呈极微小的螯状，后 2 对步足完全退化。间接发育，其过程中有变态现象。

毛虾属于十足目樱虾科动物，是重要的捕捞对象。

1. 中国毛虾 *Acetes chinensis*

中国毛虾（图 2-7-4）属于节肢动物门甲壳亚门软甲纲十足目樱虾科毛虾属。尾肢内肢有红点 3 ～ 10 个，排成一列，基部的大，末端的小，胸肢较长。雄性交接器末端极度膨大，呈果状；雌性生殖板末缘深凹，形成左、右 2 个乳状突起。为我国特有种，主要分布在渤海，是我国虾类中产量最大的一种。

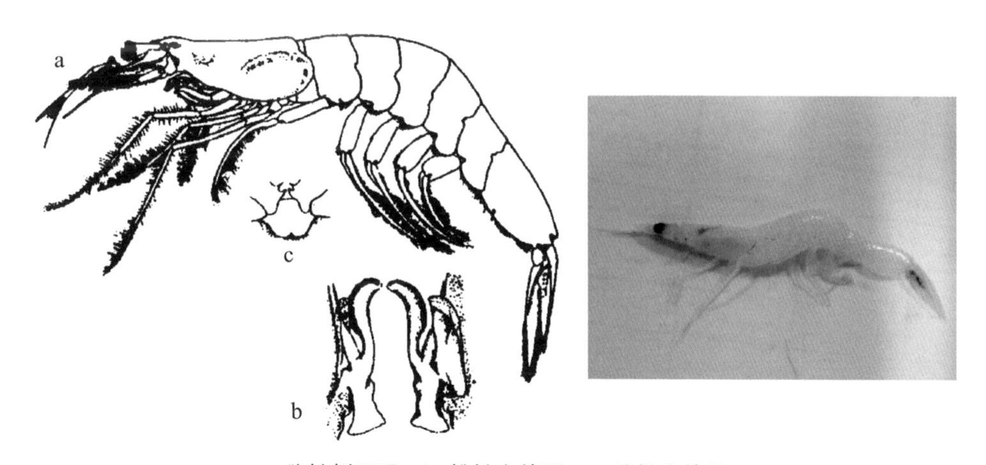

a. 雌性侧面观；b. 雄性交接器；c. 雌性交接器

图 2-7-4　中国毛虾 *Acetes chinensis*（自刘瑞玉，1955；彩照为本书作者拍摄）

2. 日本毛虾 *Acetes japonicus*

日本毛虾（图 2-7-5）属于节肢动物门甲壳亚门软甲纲十足目樱虾科毛虾属。尾肢内肢一般只有 1 个较大的红色圆点，胸肢较短。雄性交接器头状部膨大，具钩状小刺；雌性生殖板末缘中部凹陷较浅。分布于印度 - 西太平洋热带、亚热带海域，我国南海也有分布。

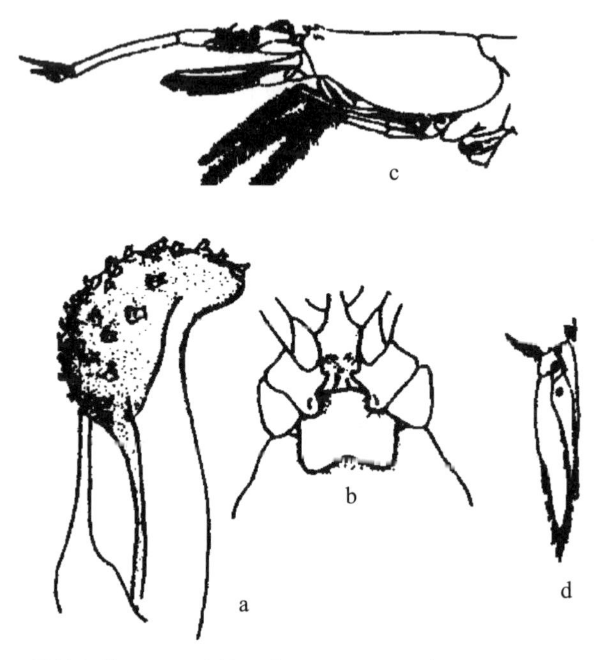

a. 雄性交接器；b. 雌性交接器；c. 头胸部侧面观；d. 尾部

图 2-7-5　日本毛虾 *Acetes japonicus*（自刘瑞玉，1955）

（三）毛颚动物的主要特征及常见种类

这类动物身体较透明、细长似箭、左右对称，故称为箭虫；身体前端具有颚刺，所以又称为毛颚动物。在胚胎发育上，毛颚动物属于后口动物。身体细长，有侧鳍和尾鳍。身体被横隔膜分为头部、躯干、尾部。体腔发达，体腔液起着循环的介质作用。无特殊的呼吸和排泄系统。肌肉发达。消化系统较为简单，包括口、食道、肠和肛门。神经系统十分复杂，主要包括脑神经节、腹神经节以及通往身体各处的神经。雌雄同体。

毛颚动物门是一个分类地位尚待确定的小门，主要包括箭虫科，不足 100 种。

1. 强壮滨箭虫 *Aidanosagitta crassa*

强壮滨箭虫（图 2-7-6）泡状组织很发达，延伸至尾部。纤毛冠丙型，两侧呈波浪状。贮精囊椭球形。颚刺 8 ～ 11 个。前、后齿分别为 6 ～ 14 枚和 15 ～ 43 枚。是沿岸低盐种，在我国渤海、黄海占优势。

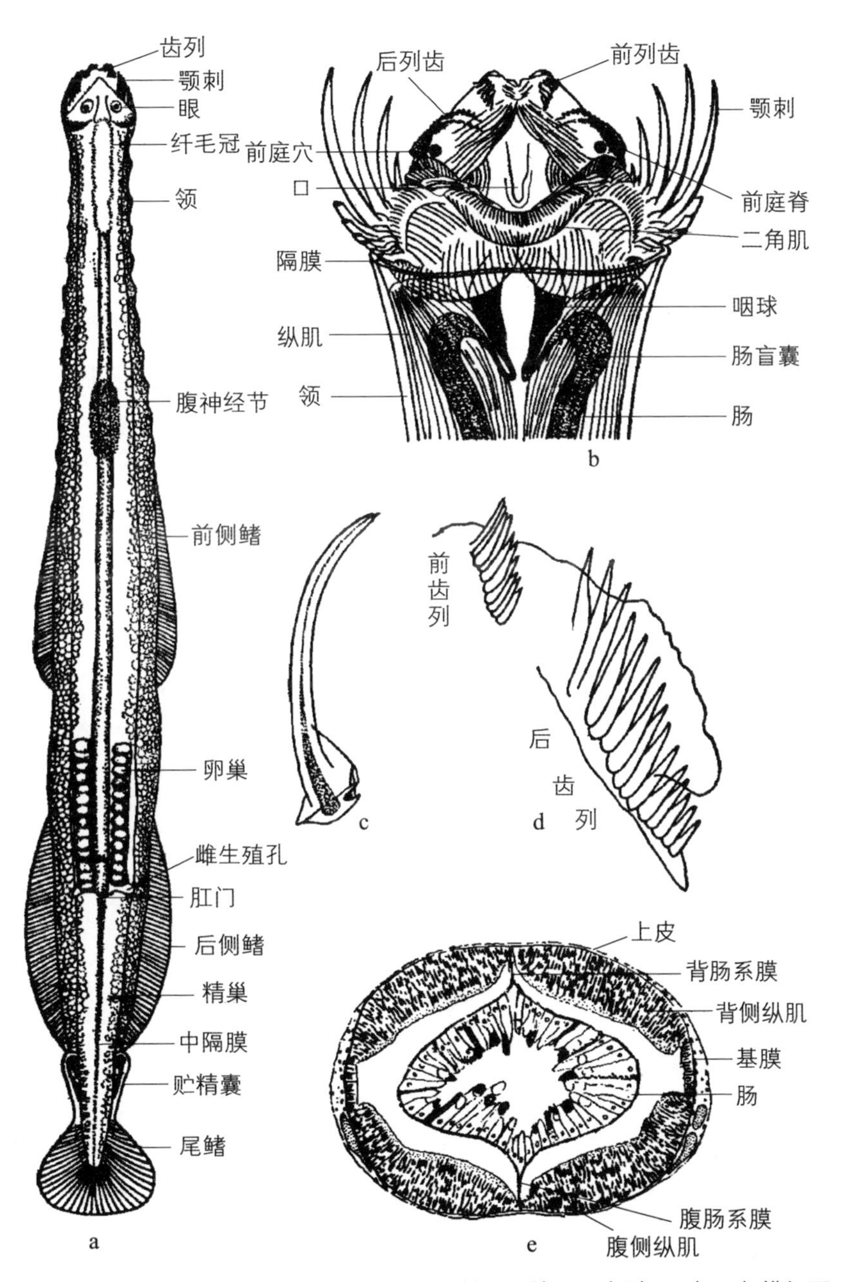

a. 强壮滨箭虫背面观；b. 头部背面观；c. 颚刺；d. 前、后齿列；e. 躯干部横切面

图 2-7-6　强壮滨箭虫 *Aidanosagitta crassa* 的结构

2. 百陶带箭虫 *Zonosagitta bedoti*

百陶带箭虫（图 2-7-7）体稍硬，通常较不透明。纤毛冠乙型。贮精囊略呈卵球形。颚刺 6 ~ 7 个。前齿 8 ~ 13 枚，后齿 16 ~ 29 枚。前侧鳍自腹神经节中央开始，略长于后侧鳍。是沿岸种，常在不同水团或海流交汇处大量繁殖，是我国东海、南海最占优势的毛颚动物。

3. 纳嘎带箭虫 *Zonosagitta nagae*

纳嘎带箭虫（图 2-7-7）体形与百陶箭虫相似，体长 21 ~ 26 mm，前齿 11 ~ 13 枚，后齿 21 ~ 24 枚。颈部的领发达，向后伸至纤毛环后端 1/5 处。前侧鳍自腹神经节稍前开始，略长于后侧鳍。在我国东海、南海常见。

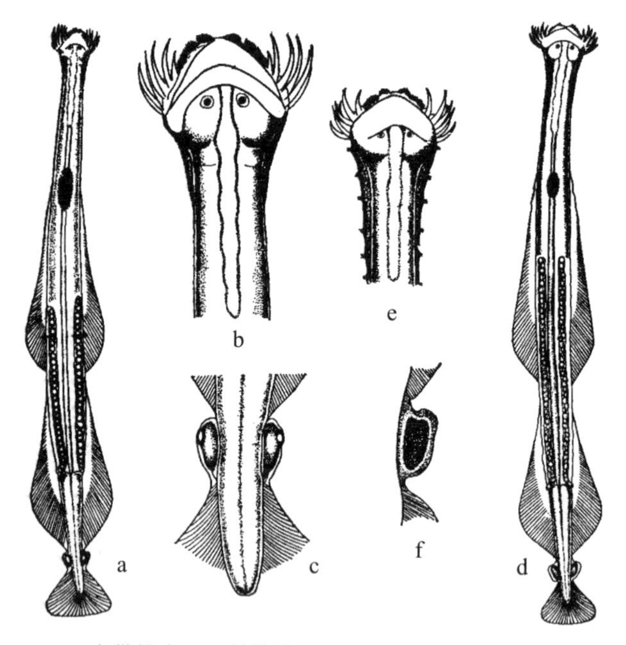

a ~ c. 百陶带箭虫：a. 整体背面观；b. 头部背面观；c. 贮精囊

d ~ f. 纳嘎带箭虫：d. 整体背面观；e. 头部背面观；f. 一侧贮精囊

图 2-7-7　百陶带箭虫 *Zonosagitta bedoti* 和纳嘎带箭虫 *Zonosagitta nagae* 的形态（自庄世德等，1978）

（四）浮游幼虫的常见种类

浮游幼虫种类繁多、数量庞大，是海洋浮游生物的重要组成部分。

1. 海绵动物

海绵动物的受精卵发育成囊胚，称为中实幼虫（图 2-7-8a）；继续发育，动物极的一端为具鞭毛的小细胞，而植物极的一端为不具鞭毛的大细胞，处于这个发育期的幼虫称为两囊幼虫（图 2-7-8b）。两囊幼虫离开母体后，在海中营浮游生活，不久转为固着生活。

2. 刺胞动物

刺胞动物的浮游幼虫有浮浪幼虫、辐射幼虫和碟状幼体。

（1）浮浪幼虫（图 2-7-8d）：为具世代交替的水螅水母和旗口水母的实原肠胚，长圆柱形，表面遍生纤毛。虫体由 2 个胚层组成，内胚层细胞集中于体内，没有空腔，故又称实囊幼虫。在海中浮游几小时至数日后，浮浪幼虫附着于物体上，继续发育、生长。

（2）辐射幼虫（图 2-7-8c）：为筒螅 *Tubularia* 的 1 个浮游幼虫阶段。经短期浮游后，辐射幼虫基盘触手的膨大末端分泌黏液，借此附着在物体上，营附着生活。

（3）碟状幼体：某些钵水母的水母叠生体长大后，逐一脱落母体，成为在水中浮游的碟状幼体。碟状幼体的伞缘具深凹。

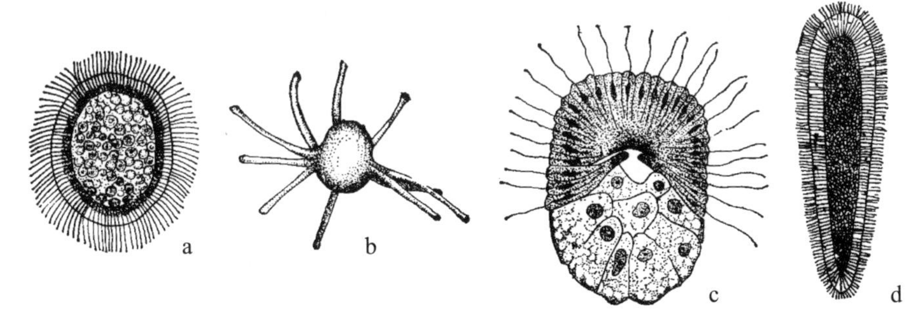

a. 中实幼虫；b. 两囊幼虫；c. 筒螅的辐射幼虫；d. 浮浪幼虫

图 2-7-8 海绵动物与刺胞动物的浮游幼虫

3. 软体动物

软体动物的浮游幼虫，比较常见的有腹足类和双壳类的担轮幼虫、面盘幼虫和后期幼虫。

（1）担轮幼虫：虫体近陀螺形。前端细胞层较厚，顶端有 1 束纤毛和眼点，内有集中的神经组织，称为顶板或感觉板。身体中部有 1 圈环绕虫体的纤毛细胞，称原担轮。口位于原担轮的后下方，有口的一侧为腹面。肛门开口在身体末端。虫体借助原担轮纤毛的颤动浮于水中。

（2）面盘幼虫（图 2–7–9）：由担轮幼虫发育而成。腹足类担轮幼虫的口前纤毛环向外发展成具有长纤毛的 2 个半球形的游泳器官，称为面盘。当游泳时，纤毛摆动如轮盘。同时，幼虫出现足、眼和触角。由于不等生长，贝壳螺旋增长，接着内脏出现扭转现象。双壳类面盘幼虫的结构基本上与腹足类的相似，但由于没有扭转，幼虫通常是对称的。

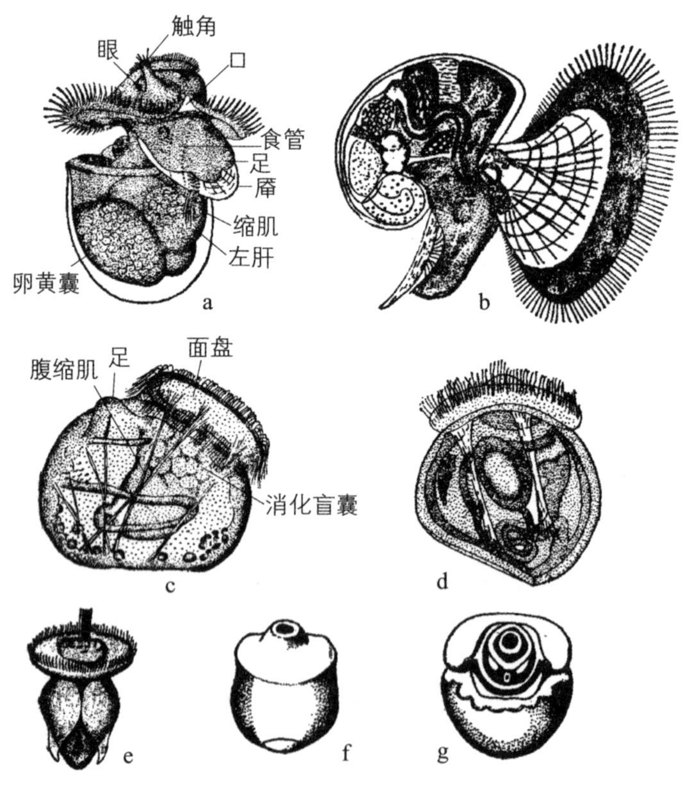

a. 红螺；b. 履螺；c. 贻贝；d. 牡蛎；e. 角贝；f、g. 枪乌贼

图 2–7–9　软体动物的面盘幼虫

（3）后期幼虫：一般这一时期幼体的面盘仍然存在，并具外壳。在腹足类中，贝壳进一步扭转，肛门转向右边，与口靠近。双壳类 2 片贝壳愈加发达，又名壳顶幼虫（图 2-7-10）。在变态过程中，面盘突然消失。到了后期，壳顶幼虫沉降，营底栖生活。

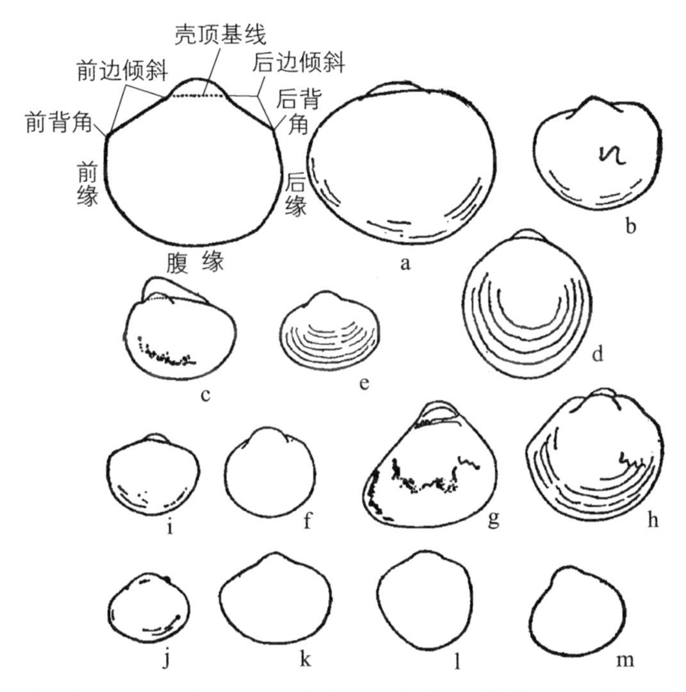

a. 贻贝；b. 厚壳贻贝；c. 长牡蛎；d. 日本船蛆；e. 泥蚶；f. 海笋；g. 江珧；h. 帘蛤；i. 鸟蛤；j. 缢蛏；k. 刀蛏；l. 栉孔扇贝，m. 马氏珠母贝

图 2-7-10　双壳类壳顶幼虫的贝壳（仿Miyazaki，1962）

4. 甲壳类

大多数甲壳动物发育要经过变态。它们经历的发育期因种而异，不同种类的不同幼虫期的形态也各不相同。现就常见桡足类介绍如下。

桡足类的幼虫包括无节幼体和桡足幼体。它们不但种类多、分布广，并且数量大，在海洋生态系统中占有重要地位。

（1）无节幼体（图 2-7-11）：虫体呈卵球形，具有 3 对附肢和 1 个单眼。一般分为 6 期：前 3 期以卵黄为生；第四期以后，肛门开口，开始摄食。各期无节幼体的区别在于个体大小、附肢刚毛数和尾刺数。

（2）桡足幼体：虫体分前、后体部，基本上具备了成体的外形特征，所不同的是，身体较小，体节和胸足数较少。一般分为5期。体节和胸足数随发育而增多。第五期桡足幼体基本上已出现雌雄区别，但尚未成熟。

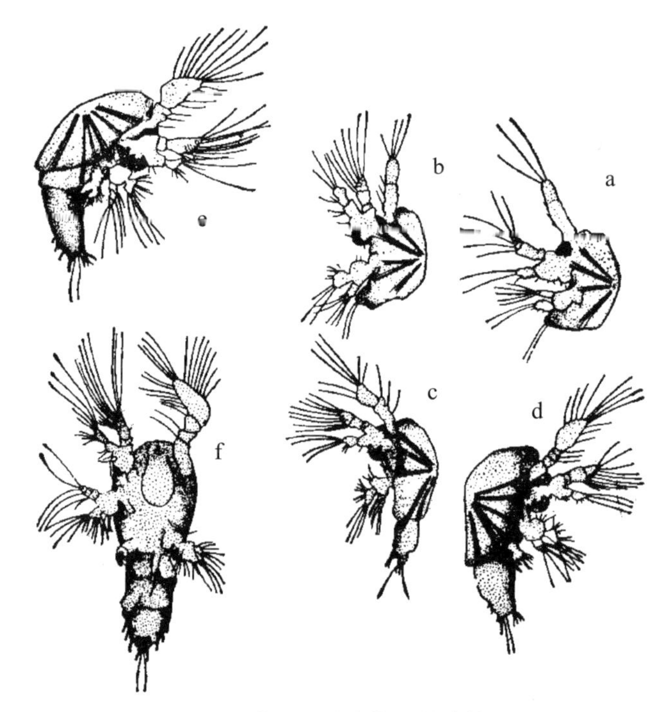

a ~ f. 第一至第六期无节幼体

图2-7-11　飞马哲水蚤 *Calanus finmarchicus* 的无节幼体（自Marshall等，1955）

5. 棘皮动物

棘皮动物幼虫的主要特征是具腕，每条腕上有纤毛沟。不同纲的棘皮动物的幼虫形态并不相同，并有各自的幼虫名称。

（1）海星纲羽腕幼虫（图2-7-12）：虫体左右对称。口位于腹面中央，肛门开口于后端，具有口前纤毛环和口后纤毛环，纤毛环在一定的部位向外突出而形成细长的腕。羽腕幼虫一般生活几星期后，经过变态成为短腕幼虫而沉落海底。

（2）蛇尾纲长腕幼虫：有 4 对细长的口腕，外侧 1 对最长、对称，为后侧腕。它们的排列使虫体略称三角形。口位于底部。肛门开在三角形顶端的腹面。

（3）海胆纲长腕幼虫（图 2–7–12）：这类幼虫与蛇尾纲长腕幼虫基本相似，但口腕较多。它们经历几个月的浮游生活，等骨骼形成后才沉入海底。

（4）海百合纲樽形幼虫：虫体长圆形，顶端具 1 束感觉纤毛。体外具 5 个纤毛环。

（5）海参纲耳状幼虫：这类幼虫的外形与海星纲羽腕幼虫的很相似，但 2 个纤毛环并未完全分开，且各腕较短小。

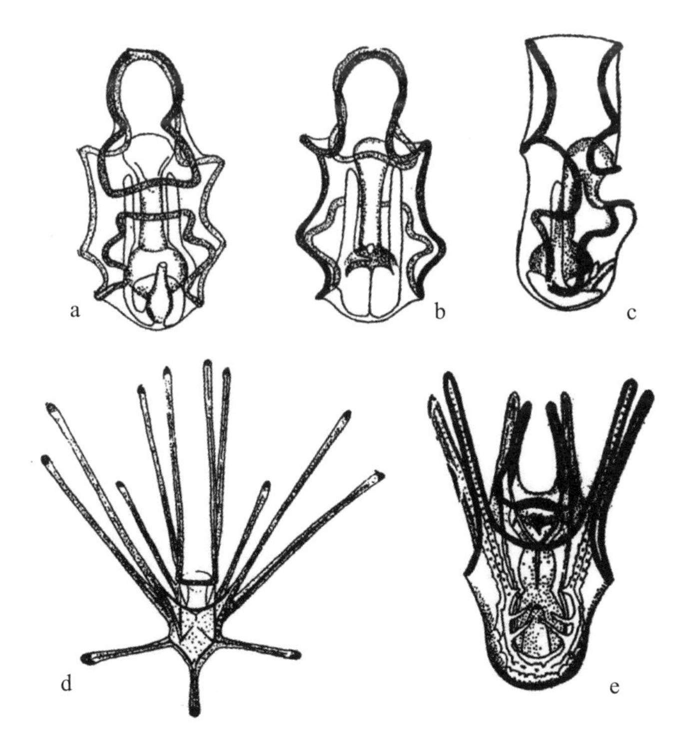

a. 海星羽腕幼虫腹面观；b. 海星羽腕幼虫背面观；c. 海星羽腕幼虫右侧面观；
d. 心形海胆长腕幼虫；e. 豆海胆长腕幼虫

图 2–7–12　棘皮动物幼虫

六、作业

（1）识别糠虾、毛虾、毛颚动物、浮游幼虫等常见种类，写出常见种类的分类地位。

（2）绘图：绘制教师指定种类的形态图。

实验 8 浮游植物叶绿素含量的测定——分光光度法

一、实验目的

学习用分光光度法测定浮游植物叶绿素含量。

二、实验原理

浮游植物含有多种色素，叶绿素是其最重要的色素，主要有叶绿素a、叶绿素b、叶绿素c 3种。叶绿素不溶于水，溶于有机溶剂，可用多种有机溶剂如丙酮、乙醇或二甲基亚砜等研磨提取或浸泡提取。叶绿素在特定提取溶液中对特定波长的光有最大吸收，用分光光度计测定在该波长下叶绿素溶液的吸光度，根据公式即可计算出溶液中叶绿素浓度。不同溶剂所提取的叶绿素吸收光谱有差异，因此应使用不同的计算公式。本实验以体积分数为90%丙酮溶液提取浮游植物叶绿素，用分光光度计依次在波长664 nm、647 nm、630 nm下测定丙酮提取液的吸光度值，按照Jeffrey–Humphrey公式，分别计算出叶绿素a、叶绿素b、叶绿素c的含量。

三、实验材料

浮游植物水样（海水、湖水、河水、微藻培养液等）。

四、实验仪器和用品

分光光度计、分析天平、冷冻离心机（4 000 r/min）、具塞和刻度的离心管若干（10 mL或15 mL）、冰箱、抽滤装置、滤膜（孔径0.45 μm，直径50 mm）、干燥器、棕色试剂瓶（100 mL、200 mL、1 000 mL各1个）、容量瓶（100 mL、1 000 mL各1个）、移液器或移液管（5 mL）、镊子、丙酮溶液（体积分数90%）、碳酸镁悬浊液（10 g/L）。

五、实验方法与步骤

（一）试剂配制

所用试剂为分析纯，水为蒸馏水。

（1）丙酮溶液（体积分数90%）：量取900 mL丙酮于1 000 mL的容量瓶中，定容到1 000 mL，保存在棕色试剂瓶中。

（2）碳酸镁悬浊液（10 g/L）：用分析天平称取1 g碳酸镁，加水至100 mL，搅匀，保存在试剂瓶中待用，用时需再摇匀。

（二）测定步骤

1. 样品制备

量取一定体积的待测水样，混匀后，用孔径0.45 μm的滤膜抽滤。每个样品即将抽滤结束时，加入2 mL碳酸镁悬浊液。抽滤结束后，将滤膜对折2次，放于干燥器中，编号后进行下一步测定。如不能马上测定，则保存于−10℃待测定。

2. 样品叶绿素的萃取

将带有样品的滤膜放入具塞离心管中，加入体积分数为90%的丙酮溶液10 mL，摇荡，盖上盖子，放于0 ~ 4℃冰箱中20 ~ 24 h，提取叶绿素。叶绿素见光容易被氧化破坏，因此以上操作步骤及以下操作步骤尽量在弱光下进行，必要时用黑布遮盖样品。

3. 样品离心

20 ~ 24 h后，将样品从冰箱取出，用冷冻离心机离心，离心速度为4 000 r/min，离心时间为10 min。

4. 样品测定

取厚度为 1 cm的洁净比色皿（注意不要用手接触比色皿的光面），先用少量离心后的上清液清洗 2 ～ 3 次，注意清洗时要使液体接触比色皿内壁的所有部分，然后将离心后的上清液加入比色皿中，液面高度约为比色皿高度的 4/5，用滤纸将沾在比色皿外壁的液体吸掉（注意不能擦），再用擦镜纸擦干净。将比色皿放至分光光度计的比色皿架上，用丙酮作为参比，分别在750 nm、664 nm、647 nm、630 nm波长处测定吸光值。每个样品重复测 3 次。其中，750 nm处的测定，用以校正提取液的浊度。当测定池 1 cm光程的吸光度超过 0.005 时，提取液应重新离心。

5. 计算

分别用波长 664 nm、647 nm、630 nm下测得的吸光值减去 750 nm下的吸光值，得到校正后的吸光值E_{664}、E_{647}和E_{630}，再按以下公式计算出叶绿素 a、叶绿素 b、叶绿素 c 的含量。

$$\rho_a=(11.85\,E_{664}-1.54\,E_{647}-0.08\,E_{630})\,V_0/V\times L \quad (2\text{-}8\text{-}1)$$

$$\rho_b=(21.03\,E_{647}-5.43\,E_{664}-2.66\,E_{630})\,V_0/V\times L \quad (2\text{-}8\text{-}2)$$

$$\rho_c=(24.52\,E_{630}-1.67\,E_{664}-7.60\,E_{647})\,V_0/V\times L \quad (2\text{-}8\text{-}3)$$

式中，ρ_a、ρ_b、ρ_c分别为叶绿素 a、叶绿素 b、叶绿素 c 的含量，即质量浓度（μg/L）；V_0 为样品丙酮提取液的体积（mL）；V为抽滤样品的体积（L）；L 为测定池光程（cm）。

六、作业

（1）测出所给样品的叶绿素含量，并将实验数据填写在表 2-8-1 中。

表 2-8-1 数据记录及结果

重复	吸光值			叶绿素含量/（μg/L）		
	E_{664}	E_{647}	E_{630}	ρ_a	ρ_b	ρ_c
1						
2						
3						

（2）思考题：

1）叶绿素 a 和叶绿素 b 在红光和蓝光区都有吸收峰，可否在蓝光区的吸收峰波长下进行叶绿素 a 和叶绿素 b 的定量分析？原因何在？

2）在强光下提取叶绿素对测定结果会有什么样的影响？为什么？

3）为什么要测定 750 nm下的吸光值？

浮游植物叶绿素a含量的测定——荧光分光光度法

一、实验目的

学习用荧光分光光度法测定浮游植物叶绿素 a 的含量。

二、实验原理

叶绿素 a 是估算初级生产力和生物量的重要指标。叶绿素 a 的丙酮萃取液受蓝光激发产生红色荧光。过滤一定体积水样所得到的浮游植物的叶绿素用体积分数为 90% 的丙酮溶液提取。使用荧光分光光度计测定提取液酸化前、酸化后的荧光值，可计算出水样中叶绿素 a 的含量。

三、实验材料

浮游植物水样（海水、湖水、河水、微藻培养液等）、亚心形四爿藻培养液。

四、实验仪器和用品

荧光分光光度计、分析天平、冷冻离心机（4 000 r/min）、具塞刻度离心管若干（10 mL 或 15 mL）、冰箱、抽滤装置、滤膜（孔径 0.45 μm，直径 50 mm）、干燥器、棕色试剂瓶（100 mL、1 000 mL 各 1 个）、量筒（100 mL、200 mL、1 000 mL 各 1 个）、移液器或移液管（5 mL）、滴瓶（100 mL 1 个）、镊子、丙酮溶液（体积分数 90%）、碳酸镁悬浊液（10 g/L）、盐酸溶液（体积分数 5%）。

五、实验方法与步骤

（一）样品制备

量取一定体积的待测水样，混匀后，用孔径 0.45 μm的滤膜抽滤。每个样品即将抽滤结束时，加入 2 mL碳酸镁悬浊液。抽滤结束后，将滤膜对折 2 次，放于干燥器中，编号后进行下一步测定。如不能马上测定，则保存于−10℃。

（二）样品叶绿素的萃取

将带有样品的滤膜放入具塞离心管中，加入体积分数为 90%的丙酮溶液 10 mL，摇荡，盖上盖子，放于 0 ～ 4℃冰箱中 20 ～ 24 h，提取叶绿素。叶绿素见光容易被氧化破坏，因此以上操作步骤及以下操作步骤尽量在弱光下进行，必要时用黑布遮盖样品。

（三）样品离心

20 ～ 24 h后，将样品从冰箱取出，用冷冻离心机离心，离心速度为 4 000 r/min，离心时间为 20 min。

（四）仪器校准和标准曲线荧光值的测定

1. 叶绿素标准溶液的制备

取一定体积的正处于指数生长期的亚心形四爿藻培养液，经抽滤、丙酮提取、离心，按实验 8 的方法用分光光度计测定、计算该提取液的叶绿素a含量ρ_{a1}。

2. 叶绿素标准系列

根据计算结果，将丙酮提取液的叶绿素a含量调到荧光分光光度计的线性测定范围（叶绿素a的质量浓度为 0.8 μg/mL左右），然后将此质量浓度的叶绿素a提取液稀释 3 ～ 4 个梯度，作为标准溶液，用于仪器的校准和标准曲线荧光值的测定。

3. 叶绿素标准系列荧光值的测定

设定荧光分光光度计的激发波长为 436 nm，发射波长为 670 nm。用丙酮溶液进行零点调节，使荧光分光光度计指针指零。依次将标准溶液注入比色皿，仔细擦净比色皿外壁，装入测定池。选择相应量程，测定标准溶液的荧光值R_1。滴加 2 滴体积分数为 5% 的盐酸溶液，摇匀，30 s后再测定相应的荧光值R_1'。

4. 换算系数F的计算

按下列公式计算换算系数F，并计算标准曲线的F的平均值$\overline{F}$：

$$F=\rho_{a1}/(R_1-R_2) \qquad (2-9-1)$$

式中，ρ_{a1}为标准溶液的叶绿素 a 含量（μg/L），F为换算系数（μg/L）。

（五）样品测定

设定荧光计的激发波长为 436 nm，发射波长为 670 nm。将已离心好的样品依次注入测定池，测定其荧光值R_2。然后滴加 2 滴体积分数为 5% 的盐酸溶液，摇匀，30 s后再测定其荧光值R_2'。记录实验数据，按以下公式计算水样中的叶绿素 a 含量ρ_{a2}。

$$\rho_{a2}=\overline{F}\times(R_2-R_2')\times(V_0/V) \qquad (2-9-2)$$

式中，ρ_{a2}为样品中的叶绿素 a 含量（μg/L），$\overline{F}$为换算系数F的平均值（μg/L），R_2为酸化前样品的荧光值，R_2'为酸化后样品的荧光值，V_0为样品丙酮提取液的体积（mL），V为抽滤样品的体积（L）。

六、作业

（1）测出所给样品的叶绿素 a 含量，并将实验数据填写在表 2-9-1 中。

表 2-9-1　数据记录及结果

重复	$\overline{F}$/（μg/L）	R_2	R_2'	V_0/mL	V/L	叶绿素 a 含量/（μg/L）
1						
2						
3						

（2）思考题：

1）水样抽滤时为什么要加入碳酸镁悬浊液？

2）荧光分光光度法测定叶绿素a含量时对玻璃器皿有什么要求？

浮游植物采集和定量

一、实验目的

掌握浮游植物的采集、沉淀浓缩及定量的常用方法。

二、实验材料

浮游植物水样。

三、实验仪器和用品

生物显微镜、载玻片、盖玻片、擦镜纸、吸水纸、分析天平、采水器、浮游生物计数框（0.1 mL）、计数器、移液器或移液管或定量吸管（0.1 mL）、浮游生物沉淀器、广口瓶（1 000 mL）、定量瓶（50 mL）、量筒（100 mL）、容量瓶（100 mL）、虹吸管、标签纸、鲁氏碘液、分析纯甲醛溶液、记录本。

四、实验方法与步骤

（一）采样

浮游植物定量采集一般用采水器。常见的采水器有颠倒采水器、有机玻璃采水器（图 2-10-1）、卡盖式采水器（图 2-10-2）等。在需调查的水体中，用合适的采水器采集水样 1 000 mL，倒入 1 000 mL 的广口瓶中，立即加入 15 mL 的鲁氏碘液固定。

采集水样时，每瓶样品必须贴上标签，标签上要记录采集的时间、地点、采水体积等。其他详细内容应另行做好记录，以备查对，避免错误。

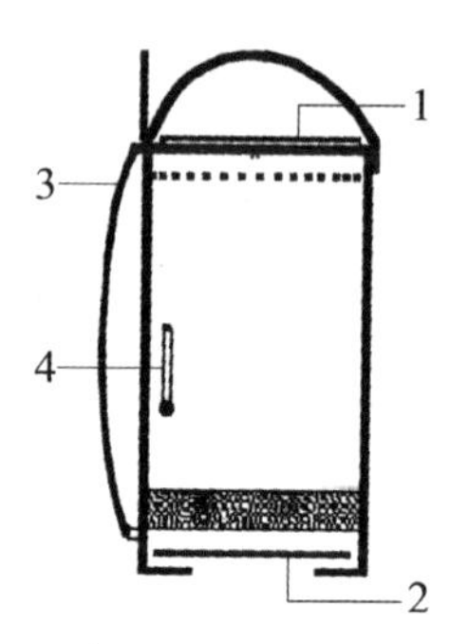

1. 进水活门；2. 出水活门；3. 乳胶管；4. 温度计

图 2-10-1　有机玻璃采水器

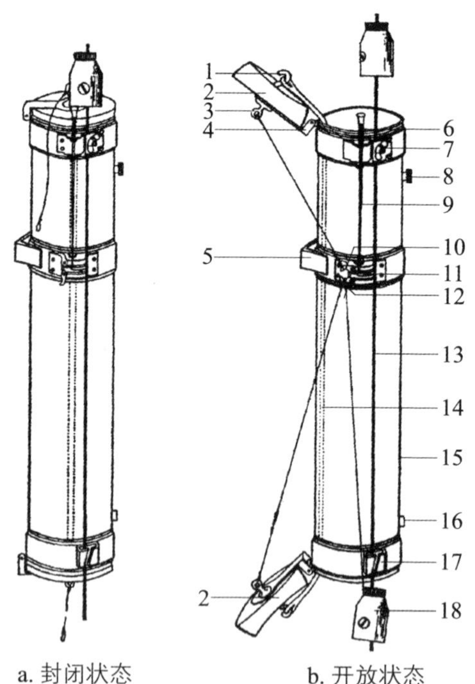

1. 内侧拉钩；2. 球盖；3. 金属环；4. 金属活页；5. 把手；6. 弹簧；7. 固定夹螺丝；8. 气门；9. 触杆；10. 上挂钩；11. 弹簧片；12. 下挂钩；13. 钢丝绳；14. 橡皮筋；15. 采水筒；16. 出水嘴；17. 钢丝绳槽；18. 使锤

图 2-10-2　卡盖式采水器

（二）沉淀浓缩

将上述水样带回实验室，摇匀后倒入 1 000 mL 浮游生物沉淀器中，经 24 ~ 36 h 沉淀后，用虹吸管小心吸出不含浮游植物的“上清液”。注意虹吸时切不可搅动底部，万一搅动了，应重新静置沉淀。剩余 30 ~ 50 mL 沉淀物转入 50 mL 的定量瓶中，再用上述虹吸出来的“上清液”少许冲洗浮游生物沉淀器 3 次，冲洗液转入定量瓶中。

浓缩的体积视浮游植物的多少而定。也可根据水的肥瘦确定浓缩体积。浓缩的标准是每个视野里有十几个浮游植物个体为宜。

凡以鲁氏碘液固定的水样，瓶塞要拧紧。还要加入分析纯甲醛溶液使其体积分数为 2% ~ 4%，即每 100 mL 样品需另加 2 ~ 4 mL 分析纯甲醛溶液，以利于长期保存。

（三）计数

将浓缩沉淀后的水样充分摇匀后，立即吸取 0.1 mL 样品，注入 0.1 mL 计数框内（计数框的表面积最好是 20 mm × 20 mm），小心盖上盖玻片。在盖盖玻片时，要求计数框内没有气泡，样品不溢出计数框。然后在 400 ~ 600 倍生物显微镜下计数。计数时可按需要分成大类，或分属、分种计数。优势种类尽可能鉴别到种，其余鉴别到属。根据标本的多寡及浮游植物的个体大小，可选择全部计数，或计数若干方格或若干视野。对于个体较大的浮游植物，可选择全片计数；对于个体较小的浮游植物，可选择计数若干视野，每片计数 50 ~ 100 个视野。视野数可按浮游植物的多少而酌情增减。例如，平均每个视野有 1 ~ 2 个浮游植物时，要数 200 个视野以上；平均每个视野有 5 ~ 6 个浮游植物时，要计数 100 个视野；平均每个视野有十几个浮游植物时，计数 50 个视野即可。

在计数过程中，常碰到某些个体一部分在视野中，另一部分在视野外，这时可规定出现在视野上半圈者计数，出现在下半圈者不计数，或者出现在视野左半圈者计数，出现在右半圈者不计数，依此类推。浮游植物的数量最好用细胞数来表示；对不宜用细胞数表示的群体或丝状体，可求出其平均细胞数。

每瓶样品计数2片，取其平均值。如果同一样品的2片计算结果和平均值之差不超过平均值的15%，则可将平均值视为有效结果；否则还必须测第三片，直至3片平均值与相近2个值之差不超过平均值的15%为止，这2个相近值的平均值，即可视为计算结果。

（四）数量的计算

1 L水中浮游植物的数量（N）可用下列公式计算：

$$N=(S_c\times V)/(S_f\times n\times U)\times n_p \quad (2-10-1)$$

式中，S_c为计数框面积（mm^2），一般为400 mm^2；V为1 L水样经沉淀浓缩后的体积（mL）；S_f为显微镜每个视野的面积（mm^2），用台微尺或已标定好的目微尺测出某个视野的半径r，按$S_f=\pi r^2$求出视野的面积（指在该物镜、目镜下视野的面积）；n为计数过的视野数；U为计数框的容积（mL）；n_p为计数出的浮游植物个数。

如果计数框、显微镜固定不变，浓缩后的水样体积和观察的视野数也不变，则S_c、V、S_f、n、U也固定不变，公式中的（$S_c\times V$）/（$S_f\times n\times U$）可视为常数，此常数用K表示，则上述公式可简化为

$$N=K\times n_p \quad (2-10-2)$$

若n_p代表某类浮游植物的个数，则计算结果N只表示1 L水中这类浮游植物的数量；若n_p代表各类浮游植物的总数，计算结果N则表示1 L水中各类浮游植物的总数。若n_p为前者，则求浮游植物的总数时，将各类浮游植物的计算结果相加即可。

（五）生物量的换算

浮游植物个体小，直接称取其质量较困难，且其细胞密度多接近于1，因此浮游植物生物量一般按体积来换算。可用形态相近似的几何体积公式计算细胞体积。细胞体积的毫升数相当于细胞质量的克数。这样体积值（μm^3）可直接换算为质量值（mg），即体积为10^9 μm^3的浮游植物鲜重约为1 mg。

每种浮游植物至少随机测量20个个体以上，求出这些个体质量的平均

值（一般都制成附表供查找）。此平均值乘以 1 L 水样中该种浮游植物的数量，即得到 1 L 水样中该种浮游植物的生物量（mg/L）。

同一种类的浮游植物细胞大小可能有较大的差别，同一属内的差别就更大了，因此必须实测每次水样中主要种类（即优势种）的细胞大小并计算平均质量。

浮游植物的生物量可直接作为初级生产力的一种指标。定量结果应列出浮游植物总生物量、各门生物量、优势种属生物量。

五、作业

（1）写出浮游植物采集和定量的操作步骤。

（2）将计数的结果加以整理，计算出 1 L 水样中各种属浮游植物的数量、生物量，以及各门浮游植物的数量、生物量，并将实验数据填写在表 2-10-1 中。

（3）根据自己的体会，说明在浮游植物采集和定量过程中应注意哪些问题。

表 2-10-1　浮游植物数量、生物量定量记录表

样品名称：　采样日期：　采样体积：1 L　浓缩体积/mL：　取样计数体积/mL：

计数过的视野数：			视野直径：		视野面积：	
种类	第一片个数	第二片个数	2 片平均个数	数量/（个/升）	平均湿重/mg	生物量/（mg/L）
硅藻门						
甲藻门						
其他门类						

浮游动物采集和定量

一、实验目的

掌握浮游动物的采集、沉淀浓缩及定量的常用方法。

二、实验材料

浮游动物水样。

三、实验仪器和用品

生物显微镜、体视显微镜、载玻片、盖玻片、擦镜纸、吸水纸、分析天平、25 号浮游生物网、采水器、浮游生物计数框（0.1 mL、1 mL）、计数器、移液器或移液管或定量吸管（0.1 mL、1 mL）、浮游生物沉淀器、1 000 mL 广口瓶、定量瓶（50 mL、100 mL）、虹吸管、标签纸、鲁氏碘液、分析纯甲醛溶液、记录本。

四、实验方法与步骤

（一）采样

采集水体中的浮游动物有 2 种方法：一为用采水器采水后沉淀分离；二为用网过滤。前者适用于原生动物、轮虫等小型浮游动物；后者可用于枝角类、桡足类等浮游甲壳动物。要根据浮游动物的个体大小、在水体中的数量而采集适量水样。目前常用的采水量，计数原生动物、轮虫以 1 L 为宜，枝角类、桡足类则以 10 ~ 50 L 较好。

对于浮游动物样品的固定，原生动物和轮虫可用鲁氏碘液或甲醛溶液，加量同浮游植物（一般可与浮游植物合用同一样品）。枝角类和桡足类一般用体积分数为 5%的甲醛溶液固定。原生动物、轮虫的种类鉴定需活体观察，为方便起见，可加适当的麻醉剂，如普鲁卡因、苏打水等。

（二）沉淀滤缩

浓缩水样中的浮游动物一般采用沉淀和过滤的方法。

1. 沉淀法

沉淀法适用于计数小型浮游动物（原生动物、轮虫等）的水样（1 L）。操作方法与浮游植物定量样品的沉淀和浓缩方法相同，即在 1 000 mL 浮游生物沉淀器中沉淀水样 24 ~ 36 h，之后用虹吸管小心吸出“上清液”，把沉淀浓缩样品放入试剂瓶中，最后定量为 50 mL。一般的计数可与浮游植物的计数合用同一水样。

2. 过滤法

浮游甲壳动物等一般个体较大，在水体中的密度也较低。用于大型浮游动物定量的 10 ~ 50 L 水样通常用 25 号浮游生物网现场过滤浓缩，存于 100 mL 的广口瓶中，加入甲醛溶液固定。市售分析纯甲醛溶液的体积分数为 40%左右，用时每 100 mL 样品加入 5 mL 左右。

（三）计数

1. 原生动物、轮虫、桡足类无节幼体的计数

将浓缩沉淀后的水样充分摇匀后，立即吸取 0.1 ~ 1 mL 样品，注入相应的计数框内，小心盖上盖玻片，在低倍生物显微镜或体视显微镜下进行全片计数。在盖盖玻片时，要求计数框内没有气泡，样品不溢出计数框。一般计数 3 片，取其平均值，然后换算成 1 L 水中的含量。

2. 大型浮游动物的计数

标本数量较少的应全部计数；若标本数量较大，应先将个体大的标本（如水母、虾类、箭虫等）全部拣出，分别计数，将其余样品摇匀，从中取出一

定体积的水样，在低倍生物显微镜或体视显微镜下直接计数，再利用所得的结果，推算单位体积中浮游动物的个体数。计数时以种为单位计数优势种、常见种，应力求鉴定到种。残损个体按有头部的计数。

（四）数量的计算

1 L 水中浮游动物的个体数（N）可用下列公式计算：

$$N=(n \times V_1)/(V \times V_2) \tag{2-11-1}$$

式中，N为 1 L 水中浮游动物的个体数（个/升），n为取样计数的个体数（个），V_1为水样浓缩的体积（mL），V为采样体积（L），V_2为取样计数的体积（mL）。

例如，取 1 L 水样，浓缩至 50 mL，计数之前充分摇匀后吸取 0.1 mL 样品，计数原生动物 2 片，获得个体数平均值为 60 个。吸取 1 mL 样品计数轮虫，计数 2 片，获得个体数平均值为 40 个，则

原生动物的个体数=（60×50）/（1×0.1）= 30 000（个/升）；

轮虫的个体数=（40×50）/（1×1）= 2 000（个/升）。

又如，取 30 L 水样，经 25 号浮游生物网过滤后，滤缩标本全部计数得各种枝角类 60 个，桡足类 120 个。则枝角类的个体数为 60/30=2（个/升），桡足类的个体数为 120/30=4（个/升）。

（五）生物量的换算

由于浮游动物大小极为悬殊，因此不分大小、类别而只列出一个浮游动物总数有较强的片面性，不能客观地对浮游动物进行定量。为了正确地评价浮游动物在水域生态系统中的作用，生物量的测算显得尤为必要。目前，测定浮游动物生物量的方法主要有体积法、排水容积法和直接称重法。但此项工作量很大，一般都制成附表供查找。

五、作业

（1）写出浮游动物采集和定量的操作步骤。

（2）将计数的结果加以整理，计算出 1 L 水样中浮游动物优势种属、常见种属的数量、生物量，以及各大类浮游动物的数量、生物量，并将实验数据

填写在表 2-11-1 中。

（3）根据自己体会，说明在浮游动物采集和定量过程中应注意哪些问题。

表 2-11-1 浮游动物数量、生物量定量记录表

样品名称： 采样日期： 采样体积：1 L 浓缩体积/mL： 取样计数体积/mL：

种类	第一片/个	第二片/个	2 片平均个体数/个	数量/（个/升）	平均湿重/mg	生物量/（mg/L）
合计						

养殖水体常见浮游生物的分离与种类鉴定

一、实验目的

（1）了解养殖水体中常见浮游生物的形态结构、主要特征及生态功能。

（2）掌握浮游生物的采集、分离、观察以及鉴定方法。

二、背景知识及实验原理

（一）背景知识

在养殖水体中，种类复杂、数量众多的浮游生物是水产养殖中食物链和生态链的最重要环节，在能量流动和物质循环中发挥着决定性作用。浮游生物主要包括浮游植物和浮游动物。养殖水体中的浮游植物主要有金藻、黄藻、甲藻、硅藻、隐藻、绿藻、蓝藻和裸藻 8 个门类，它们是浮游动物、虾、蟹和其他经济水生动物的直接或间接的饵料基础。此外，由于浮游植物大都具有叶绿体，水体中约 80% 的溶解氧都是由它们的光合作用产生的，它们在此过程中还会吸收利用氮、磷等营养物质，有效改善水质并促进物质循环。养殖水体中的浮游动物主要以藻类、细菌、有机碎屑和小型浮游动物为食，可分为原生动物、轮虫、枝角类以及桡足类四大类。大部分浮游动物可作为水产经济动物如鱼、虾的天然饵料，其中，轮虫、卤虫等还可作为育苗活饵料，原生动物和箭虫还可以分别作为水质和海流的指示生物。

（二）实验原理

浮游生物的分离与鉴定是指在体视显微镜及生物显微镜下将不同浮游生

物进行分离，并对其形状、大小、细胞结构以及运动方式等特征进行观察记录，再对照分类检索表并查阅资料对所观察到的浮游生物进行物种鉴定。

三、实验材料

淡水养殖水体样品、海水养殖水体样品、浅海滩涂养殖水体样品。

四、实验仪器和用品

生物显微镜、体视显微镜、采水器、25号浮游生物网、培养皿、不同口径的玻璃微吸管、多孔凹玻板、载玻片、盖玻片、胶头滴管、采样瓶、擦镜纸、标签纸、记号笔、鲁氏碘液、分析纯甲醛溶液。

五、实验方法与步骤

（一）样品采集

由于不同类型养殖水体的水面大小、水深、水流等条件不尽相同，可根据具体情况适当选择采样方法（有条件时可适当多设一些采样点）。用采水器在采样点水下0.5 m处采集3 ～ 5 L水样，用25号浮游生物网过滤浓缩水样并将水样保存于普通采样瓶（水样不可装满，以免造成水体缺氧）或带透气阀的采样瓶，样品应尽快带回实验室并及时观察研究。另需直接采集500 mL水样单独保存以备用。

（二）物种分离

备好多孔凹玻板以及不同口径的玻璃微吸管，将盛有浓缩后水样的采样瓶缓缓上下颠倒6次左右并倒出适量水样至培养皿中（若生物密度过大可加入适量从采集地直接采集的水样进行稀释，以避免部分种类过快消亡），将培养皿置于体视显微镜下观察，用合适口径的玻璃微吸管将具有相同形态特征的浮游生物分别吸入不同的凹玻板凹孔中并进行标记（每种生物分离不少于10个个体）。

（三）物种鉴定

用合适口径的玻璃微吸管分别吸取不同凹孔中的样品，按照本书第一部分中的“浮游生物标本的镜检方法”，在显微镜下观察其形态特征，然后按照分类检索表鉴定所观察到的种类。图 2-12-1 为部分海洋常见单胞藻。

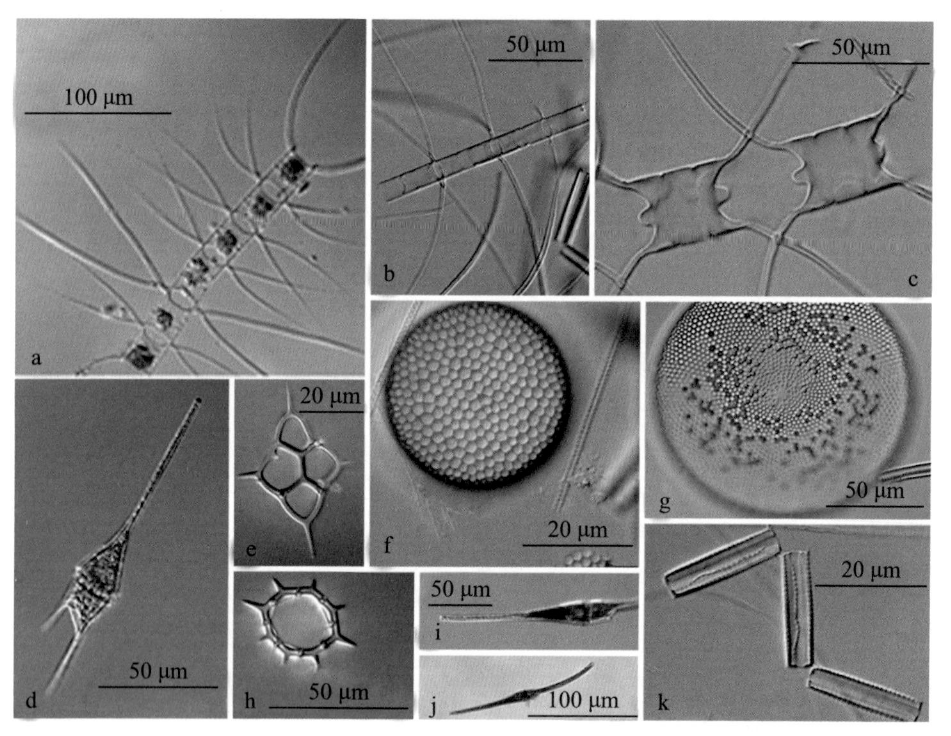

a. 洛氏角毛藻 *Chaetoceros lorenzianus*；b. 并基角毛藻 *Chaetoceros decipiens*；c. 双突角毛藻 *Chaetoceros didymus*；d. 叉角藻 *Ceratium furca*；e. 小等刺硅鞭藻 *Dictyocha fibula*；f. 辐射圆筛藻 *Coscinodiscus radiatus*；g. 孔圆筛藻 *Coscinodiscus perforatus*；h. 六异刺硅鞭藻 *Distephanus speculum*；i. 梭角藻 *Ceratium fusus*；j. 膨角藻 *Ceratium inflatum*；k. 菱形海线藻 *Thalassionema nitzschioides*

图 2-12-1　海洋常见单胞藻

六、作业

（1）识别养殖水体常见浮游生物种类，写出它们的分类地位。

（2）绘图：绘制教师指定种类的形态图。

实验13 浮游生物分子生态学样品的制备与DNA提取

一、实验目的

掌握真核浮游生物分子生态学样品的制备以及DNA的提取方法。

二、实验材料

预设采样站点的水样。

三、实验仪器和用品

真空泵、抽滤支架、抽滤漏斗、抽滤收集瓶、小型高速离心机、涡旋振荡仪、移液器（0.1 mL、1 mL）、强力土壤DNA提取试剂盒（PowerSoil DNA Isolation Kit；品牌：MOBIO；产品编号：12888-50/100；下述试剂Solution C1 ~ C6均包含在此试剂盒中）、滤膜（品牌：Millipore；产品编号：DVPP04700；孔径：0.65 μm）、采水瓶、洗瓶、镊子、手术剪、一次性橡胶手套、一次性聚乙烯（PE）手套、冻存管、封口膜、记号笔、液氮。

四、实验方法与步骤

（一）样品制备

（1）在预设的采样点和采样层采集少许水样：润洗采水器和采水瓶，用采水器采集水下1 m处水样5 L，转移至采水瓶中并记好样品采集的水层及生境信息。样品采集完成后应尽快带回实验室进行下一步处理。

（2）连接真空泵与抽滤装置。

（3）用蒸馏水润洗抽滤漏斗和抽滤头，然后打开真空泵开关和抽滤阀门，将抽滤通道的蒸馏水抽去。

（4）戴一次性橡胶手套，用灭菌的镊子小心夹取一片滤膜放置于抽滤头的网板上，然后将抽滤漏斗安装在抽滤头上（左旋拧紧），安装时注意将抽滤漏斗上的刻度面向操作者，以便观察数据。

注意

取滤膜时应注意避免污染其余滤膜，取出一张滤膜后应立即盖上滤膜盒盖；滤膜与网板大小（通常直径 47 mm）刚好契合，因此放置时应注意把握好位置，避免偏移。

（5）先将水样倒入抽滤漏斗中，然后打开真空泵开关和抽滤支架阀门，进行抽滤，待抽滤速度明显降低或者达到目标抽滤水量时，不再倒入水样，记录抽滤水样的总体积（mL），停止抽滤。

注意

水样应少量多次地加入抽滤漏斗；在抽滤时应注意收集瓶中的水位变化，当超过 2/3 时，立刻关闭真空泵和抽滤阀门，弃去收集瓶中的水，以免水位过高，水被吸入真空泵中，造成真空泵损坏。

（6）待抽滤结束后，戴上PE手套（避免不同样品之间的交叉污染），一手持镊子，一手配合镊子轻柔地将滤膜折叠数次后，装入灭菌的冻存管中。

（7）将装有滤膜的冻存管做好标记，用封口膜封口后置于 −80℃或液氮中保存。

（8）每次实验结束后，用自来水清洗采水器、采水瓶与抽滤装置并晾干，以便下次实验使用。

（二）样品DNA提取方法与步骤

使用强力土壤DNA提取试剂盒进行浮游生物总DNA的提取，提取方法参照试剂盒说明书并稍做修改，具体步骤如下。

（1）准备好灭菌并冷却的镊子和手术剪，将滤膜剪碎，放入含有缓冲液和研磨珠的试剂管中。

（2）加入 60 μL 无沉淀的试剂 Solution C1，上下颠倒数次摇匀后，将试剂管固定在涡旋振荡仪适配器上，在 3 200 r/min 转速下涡旋振荡 10 min，再在室温 13 400 r/min 转速下离心 30 s。

（3）转移上清液至干净的收集管中，加入 250 μL 试剂 Solution C2 后在涡旋振荡仪上混匀，时长约 5 s，然后在 4℃孵育 5 min，再在室温 13 400 r/min 转速下离心 1 min。

（4）转移上清液（≤ 600 μL）至新的收集管中，加入 200 μL 试剂 Solution C3 后在涡旋振荡仪上混匀，时长约 5 s，然后在 4℃孵育 5 min，再在室温 13 400 r/min 转速下离心 1 min。

（5）转移上清液（≤ 750 μL）至新的收集管中，加入 1 200 μL 摇匀的试剂 Solution C4，在涡旋振荡仪上混匀，时长约 5 s。

（6）吸取 675 μL 上清液至吸附柱中，在室温 13 400 r/min 转速下离心 1 min，离心后弃去滤液，再吸取 675 μL 上清液至此吸附柱中并离心，重复操作直至离心完所有上清液。

（7）向吸附柱中加入 500 μL 试剂 Solution C5，在室温 13 400 r/min 转速下离心 1 min，离心后弃去收集管中的液体，再在室温 13 400 r/min 转速下离心 2 min。

（8）弃去收集管，转移吸附柱至新的收集管中，随后晾干 3 ～ 5 min。

（9）加入 80 μL 试剂 Solution C6 到吸附柱中央的滤膜上，室温静置 2 min 后，在室温 13 400 r/min 转速下离心 2 min，然后弃去吸附柱。此时收集管中的液体即为总DNA提取液，将其放置于−80℃冰箱中储存。

五、作业

简述浮游生物分子生态学样品的制备与DNA提取的步骤。

第三部分

大型水生动植物实验

实验14　软体动物门腹足纲常见种类形态特征与综合比较
实验15　软体动物门双壳纲常见种类形态特征与综合比较
实验16　软体动物门头足纲常见种类形态特征与综合比较
实验17　节肢动物门枝鳃亚目常见种类形态观察和综合比较
实验18　节肢动物门腹胚亚目常见种类形态观察和综合比较
实验19　环节动物门常见种类形态特征与综合比较
实验20　刺胞动物门常见种类形态特征与综合比较
实验21　棘皮动物门常见种类形态特征与综合比较
实验22　水生维管束植物根、茎、叶、花的形态特征与综合比较
实验23　水生维管束植物常见种类形态特征与综合比较

实验 14 软体动物门腹足纲常见种类形态特征与综合比较

一、实验目的

（1）掌握腹足纲的外部形态结构及各部位的名称。

（2）通过观察，识别腹足纲常见种类并掌握其形态特征和分类地位。

二、实验仪器和用品

体视显微镜、培养皿、尖头镊子、解剖针、擦镜纸。

三、实验方法与步骤

观察软体动物门腹足纲常见种类的外部形态结构，分析鉴定不同物种，掌握其分类地位和主要形态特征，编制检索表。

四、实验内容

腹足纲外部形态特征和常见种类形态观察与综合比较。

（一）腹足纲的主要特征

腹足纲动物（图 3-14-1）身体分为头、足、内脏囊 3 个部分。头部发达，具 1 ~ 2 对触角；口腔形成口球，内有齿舌，齿舌极发达，形态随种类而异，为分类主要依据。足面（足底）宽，因足常位于身体的腹侧，故又称腹足类。内脏囊发生期间经过旋转，使两侧发育不平衡而左右不对称；心脏位于身体背侧；神经系统由脑、足、脏和胃肠神经节构成，脏神经节及其派生的神经排列不对称；外套膜分泌形成的螺旋形贝壳1枚，故又名单壳类或螺类。

螺旋部最上的一层称壳顶，有的尖，有的呈乳头状。贝壳每旋转1周成为1个螺层，两螺层之间的间缝称缝合线（图3–14–2）。有些种类螺层上常有花纹、突起物，如棘、肋、疣状突等。螺层的数目也随种类而异。通常计算螺层数目时，壳口向下，数缝合线的数目然后加1即是。壳口为身体外伸的开口。壳口靠螺轴的一侧称为内唇，相对的一侧称为外唇。脐为螺轴旋转时在基部遗留下来的小窝。腹足纲动物足的后端常能分泌出1个角质的或石灰质的保护物，称为厣。当其身体全部缩入壳内时，厣可把壳口盖住。厣的形状和大小一般与壳口一致，但有些种类厣小或极小。在厣的上面生有环状或旋状的生长纹，生长纹围绕着的中心称核，核的位置在不同种类是不同的。

贝壳的旋转有右旋和左旋之分，绝大多数种类是右旋的。确定方法是将壳顶向上，壳口向观察者，壳口在螺轴右侧即为右旋；反之，如在左侧，则为左旋。

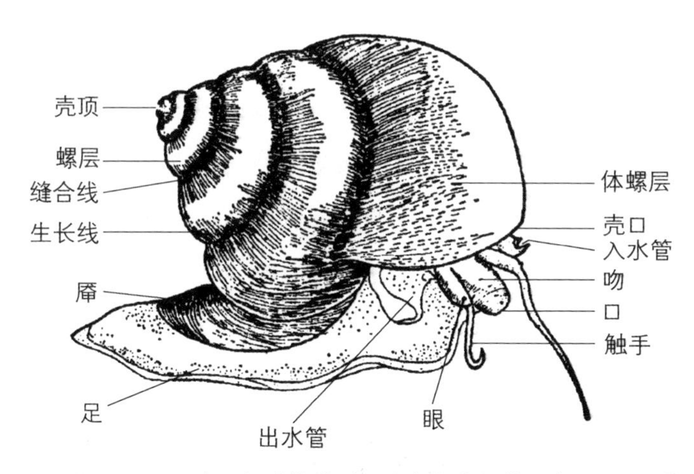

图3–14–1 腹足纲动物外形图（自华中师范学院等，1983）

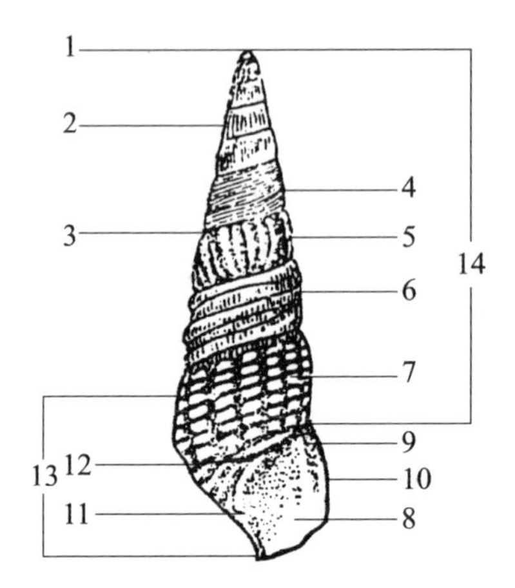

1. 壳顶；2. 螺层；3. 缝合线；4. 螺旋纹；5. 纵肋；6. 螺棱；7. 瘤状节；8. 壳口；9. 内唇；10. 外唇；11. 轴唇；12. 脐；13. 体螺层；14. 螺旋部

图 3-14-2 腹足纲动物贝壳各部位名称（自李永函等，2002）

（二）腹足纲的常见种类

1. 扁玉螺 *Neverita didyma*

扁玉螺属于中腹足目玉螺科扁玉螺属。贝壳呈半球形，壳质坚厚，背腹扁平，壳宽大于壳长（图 3-14-3）。螺层约 5 层，螺旋部低平，体螺层特别宽大。壳面光滑无肋，生长纹明显，有时形成褶皱。壳面呈淡黄褐色，贝壳基部白色，壳顶多呈深褐色，自壳顶沿着缝合线下面常有 1 条彩虹色螺带。壳口大，向外侧倾斜；外唇薄，完整；内唇滑层较厚，中部形成与脐相连的褐色胼胝，中央具 1 条明显的沟痕。脐孔大而深。厣角质，褐色，核位于基部内侧。

扁玉螺
Neverita didyma

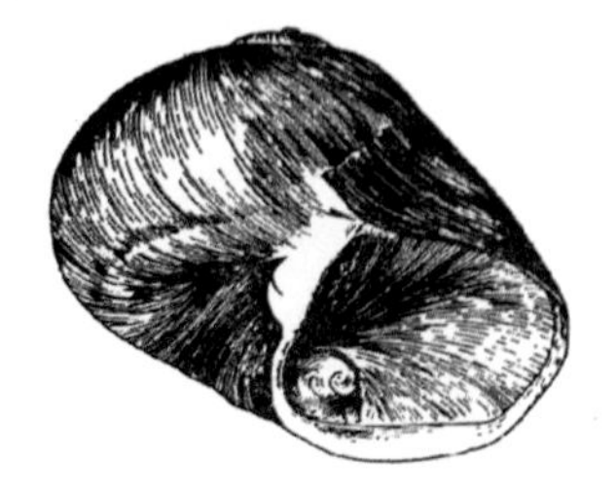

图 3-14-3 扁玉螺 *Neverita didyma*（自吕豪，1994；彩照为本书作者拍摄）

2. 广大扁玉螺 *Glossaulax reiniana*

广大扁玉螺属于中腹足目玉螺科扁玉螺属。贝壳略近球形。本种的螺旋部比扁玉螺的高，长度与宽度近乎相等（图 3–14–4）。螺层约 6 层，缝合线清晰，螺旋部短小，体螺层宽大。壳表平滑，缝合线下部略有压缩，生长纹明显，在体螺层上有时形成褶皱。壳面呈淡黄褐色至淡褐色，在螺层上有 1 条界线不清晰的淡黄色螺带。壳口大；外唇完整，边缘薄；内唇上部滑层厚，至脐孔处形成 1 个发达的胼胝结节，在 1/3 处具有 1 条沟痕，胼胝通常为白色。脐孔大而深，内具有 1 条较弱的半环状肋。厣角质，黄褐色，核位于基部内侧。

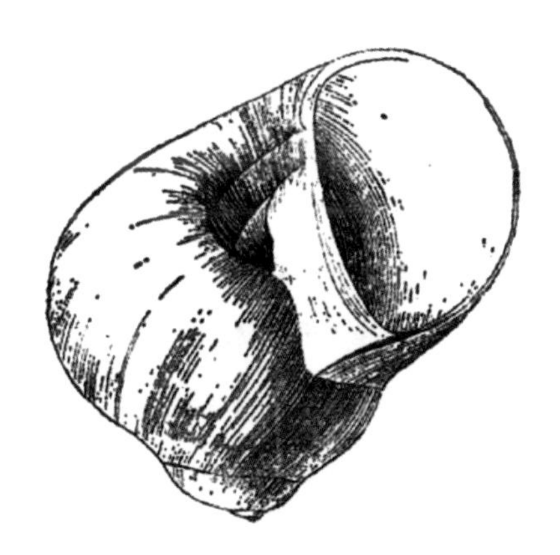

图 3–14–4 广大扁玉螺 *Glossaulax reiniana*（自李军德等，2013）

3. 纵肋织纹螺 *Nassarius variciferus*

纵肋织纹螺属于新腹足目织纹螺科织纹螺属。贝壳长卵形，壳质结实。螺层约 9 层，缝合线较深（图 3–14–5）。螺旋部呈圆锥状，体螺层大。各螺层有精致的纵肋和细的螺旋纹。纵肋接近肩部有 1 环结节突起。纵肋常在各螺层不同的部位出现。螺旋纹在贝壳上部较弱，在体螺层基部较发达。壳面淡黄色或黄白色，具有褐色螺带，通常在体螺层中部的 1 条螺带较明显。壳口为卵圆形，内侧黄白色。外唇内缘有齿状肋；内唇弧形，上部滑层薄，下部滑层稍厚。前沟短。厣角质，黄褐色，外缘具齿状缺刻。

图 3-14-5　纵肋织纹螺 *Nassarius variciferus*（自蔡如星，1991；彩照自张素萍，2008）

4. 管角螺 *Hemifusus tuba*

管角螺属于新腹足目盔螺科管角螺属。贝壳大型，纺锤状（图 3-14-6）。螺层约 8 层，缝合线弯曲。螺旋部较低，体螺层膨大，每层中部扩张形成肩角，上有 10 个发达的角状突起。螺肋较粗，生长线明显。壳面肉色，被有带绒毛的褐色壳皮。壳口上方扩张，下方收窄，外唇具缺刻，内唇紧贴于壳轴。前沟宽长。厣角质。

图 3-14-6　管角螺 *Hemifusus tuba*（自蔡英亚等，2006；彩照自张素萍，2008）

5. 香螺 *Neptunea cumingii*

香螺属于新腹足目蛾螺科香螺属。贝壳较大，近菱形，壳质结实（图3-14-7）。螺层约7层，缝合线明显，壳顶呈乳头状。螺旋部的螺层中部和体螺层的上部扩张形成肩角，肩角上具结节或翘起的鳞片状突起，整个壳面具有许多细而低平的螺肋和螺纹。壳面通常黄褐色，有的个体具有细的白色螺带或纵行褐色螺带，颜色有变化，常被有褐色壳皮。壳口大，内侧灰白色或淡褐色。外唇弧形，内唇微曲。前沟宽短，前段稍曲。无脐。厣角质，梨形，核位于前端。

图3-14-7　香螺 *Neptunea cumingii*（自赵汝翼等，1965；彩照为本书作者拍摄）

6. 脉红螺 *Rapana venosa*

脉红螺属于新腹足目骨螺科红螺属。贝壳较大，拳头形，壳质坚厚（图3-14-8）。螺层约7层，缝合线浅。螺旋部低小，体螺层膨大，基部收窄。在螺旋部每螺层的中部及体螺层的上部有肩角。壳表具有略低平的螺肋，在体螺层上通常有4条粗壮的螺肋突出壳面，以肩角上的1条最强，向下逐渐减弱。肩部及粗螺肋上具有或强或弱的角状突起。壳面黄褐色，具有棕色或紫褐色点线花纹，花纹在不同个体中有变化。壳口大，内侧呈鲜杏红色。外唇边缘随着壳面的螺肋形成棱角；内唇上部薄，下部厚，向外伸展，与绷带（位于体螺层前端、脐孔的上方）共同形成假脐。厣角质，核位于外侧。

图 3-14-8　脉红螺*Rapana venosa*（自蔡如星，1991；彩照为本书作者拍摄）

7. 经氏壳蛞蝓*Philine kinglipini*

经氏壳蛞蝓属于头楯目壳蛞蝓科壳蛞蝓属。贝壳中小型，呈长卵形，壳质薄而脆，半透明（图 3-14-9）。螺层 2 层。螺旋部向内卷，旋入体螺层内。体螺层大，其长为贝壳的全长。壳面白色，有珍珠光泽，外被白色壳皮，壳表有细微的螺旋沟。生长线明显，常聚集成皱褶。壳口大，上部稍狭，底部扩张。外唇薄，上部圆，稍凸出壳顶部，底部圆；内唇滑层薄而宽。

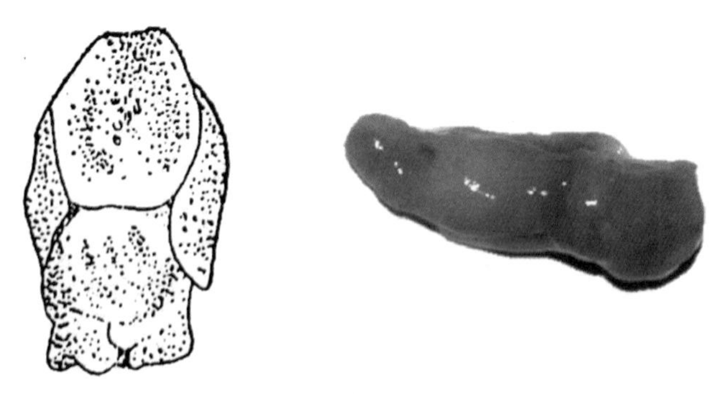

图 3-14-9　经氏壳蛞蝓*Philine kinglipini*（自杨德渐等，1999；彩照为本书作者拍摄）

8. 皮氏蛾螺*Buccinum perryi*

皮氏蛾螺属于新腹足目蛾螺科蛾螺属。贝壳呈卵形，壳质薄，易破损（图 3-14-10）。螺层约 6 层，缝合线细，稍深。螺旋部低小，体螺层大而圆。壳面具有纵横交叉的细的线纹，线纹在次体螺层以下不明显，被有带绒毛的黄褐色壳皮，壳皮易脱落。生长纹细，有时呈皱褶状。壳口大，内侧灰白色。外唇薄，弧形；内唇较扩张，紧贴于体螺层上。前沟短，呈V形缺刻，绷带发达，具假脐。厣角质，小，卵圆形，位于足的背部末端附近，核位于近中央。

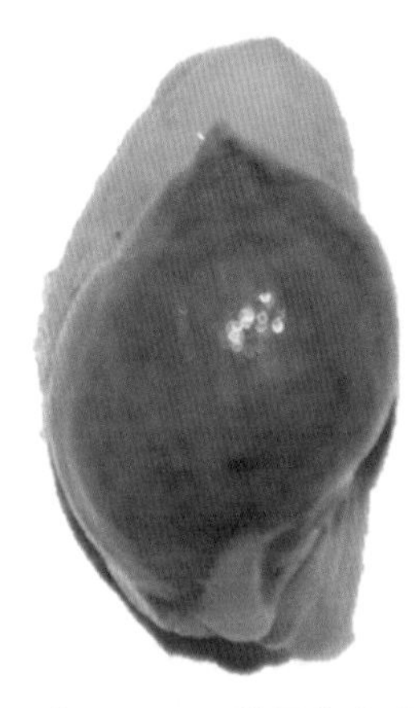

图 3-14-10　皮氏蛾螺 *Buccinum perryi*（自吕豪，1994；彩照为本书作者拍摄）

五、作业

（1）绘图：绘制腹足纲动物贝壳的外部结构图，并标注各部位的名称。

（2）编制检索表：从本实验观察的腹足纲种类中任选 6 ~ 8 种，编制检索表。

实验 15 软体动物门双壳纲常见种类形态特征与综合比较

一、实验目的

（1）掌握双壳纲的外部形态结构及各部位的名称。

（2）通过观察，识别双壳纲常见种类并掌握其形态特征和分类地位。

二、实验仪器和用品

体视显微镜、培养皿、尖头镊子、解剖针、擦镜纸。

三、实验方法与步骤

观察软体动物门双壳纲常见种类的外部形态结构，分析鉴定不同物种，掌握其分类地位和主要形态特征，编制检索表。

四、实验内容

双壳纲外部形态特征和常见种类形态观察与综合比较。

（一）双壳纲的主要特征

双壳纲动物身体由躯干、外套膜和足 3 个部分组成（图 3-15-1）。头部退化，故又名无头类；身体左右扁平，两侧对称，具有从两侧合抱身体的 2 个外套膜和 2 个贝壳；壳的背缘以韧带相连，两壳间有 1 个或 2 个横行肌柱（闭壳肌），以此开闭两壳；在体躯与外套膜之间，左右均有外套腔，内有瓣状鳃，故又名瓣鳃类；足位于体躯腹侧，通常侧扁，呈斧状，伸出于两壳之间，故又称为斧足类。

消化管的始部没有口球、齿舌、颚片和唾液腺等，有胃和肝脏，肠多迂回；心脏由一心室、两心耳构成，心室常被直肠穿过；肾 1 对，一端开口于围心腔，另一端开于外套腔内；神经系统有 3 对神经节（脑神经节、脏神经节和足神经节），感觉器官极不发达；大多数为雌雄异体，少数为雌雄同体，生殖腺 1 对，开口于外套腔中（图 3-15-2）。发育经过担轮幼虫期和面盘幼虫期，淡水产者多数种类有钩介幼虫期，很少直接发育。

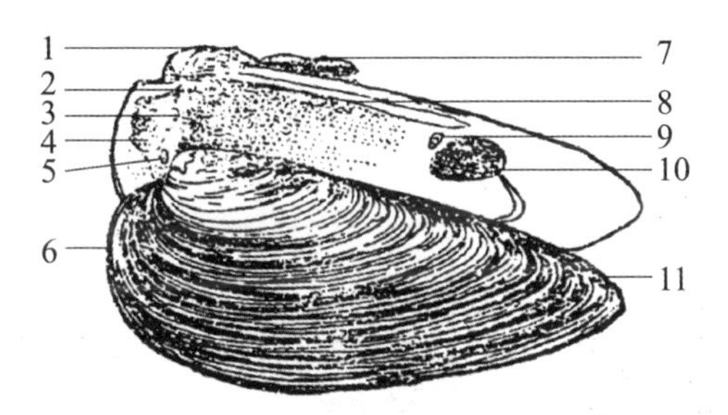

1. 壳顶；2. 拟主齿；3. 前缩足肌痕；4. 前闭壳肌痕；5. 前伸足肌痕；6. 前端；
7. 韧带；8. 侧齿；9. 后缩足肌痕；10. 后闭壳肌痕；11. 后端

图 3-15-1　圆头楔蚌 *Cuneopsis heudei* 贝壳各部位名称（自李永函，1993）

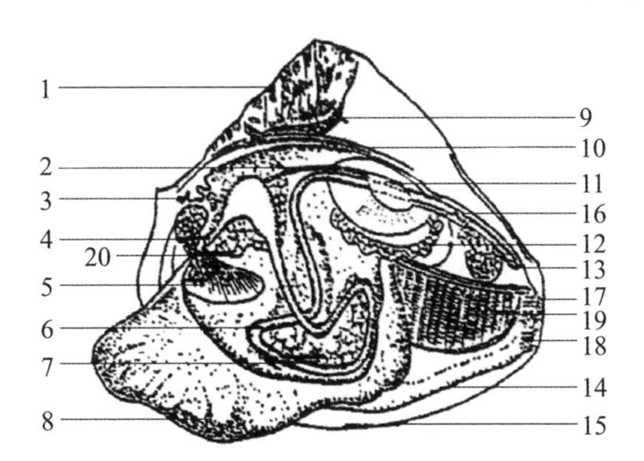

1. 贝壳的翼状突起；2. 前大动脉；3. 拟主齿；4. 口；5. 唇瓣；6. 肠；7. 生殖腺；8. 足；9. 韧带；10. 侧齿；11. 心脏；12. 肾；13. 肛门；14. 外套膜；15. 贝壳；16. 后大动脉；17. 出水管；18. 进水管；19. 鳃；20. 肝脏（消化腺）

图 3-15-2　三角帆蚌 *Hyriopsis cumingii* 内部结构及各部位名称（自赵文，2016）

（二）双壳纲的常见种类

1. 菲律宾蛤仔 *Ruditapes philippinarum*

菲律宾蛤仔属于帘蛤目帘蛤科蛤仔属。贝壳卵圆形；壳顶钝，前倾，位于背部中央之前；小月面宽，呈梭形，楯面也呈梭形；壳的前端略尖，后端近截形；壳面具同心生长线和放射线，两者相交形成网状刻纹（图 3-15-3）。壳内面多为灰白色或淡黄色；前闭壳肌痕半圆形，后闭壳肌痕圆形；外套窦较深，未达到壳的中央，顶端圆。左壳 3 枚主齿中，中主齿分叉，右壳也有 3 枚主齿，两壳均无侧齿。

图 3-15-3　菲律宾蛤仔 *Ruditapes philippinarum*（自杨德渐等，1996；彩照为本书作者拍摄）

2. 中国蛤蜊 *Mactra chinensis*

中国蛤蜊属于帘蛤目蛤蜊科蛤蜊属。贝壳中等大，略呈三角形，壳质较薄但较坚硬（图 3-15-4）。壳顶位于背部中央之前；小月面和楯面宽大，呈长心脏形，壳的前、后端略尖，前后背缘微凸，腹缘弓形。壳面具黄色壳皮，具光泽；壳面生长线较粗，无放射线，但有时具放射色带。壳内面白色，有时呈蓝色，闭壳肌痕明显，外套窦较短而宽。左壳主齿“人”字形，右壳主齿“八”字形，左壳前、后侧齿各 1 枚，右壳侧齿双齿型。外韧带小，内韧带强大。

图 3-15-4　中国蛤蜊*Mactra chinensis*（自吕豪，1994；彩照自张素萍，2008）

3. 栉孔扇贝*Azumapecten farreri*

栉孔扇贝属于海扇蛤目海扇蛤科*Azumapecten*属。贝壳呈扇形，两壳低扁，壳高略大于壳长（图 3-15-5）。背缘直，腹缘圆，壳顶尖，顶角约为 60°。壳顶的前、后方具有壳耳，前耳大。右壳前耳下有足丝孔，并有 6 ~ 10 枚小栉齿。两壳大小近乎相等，但右壳较平，左壳较凸。左壳有放射肋 10 条左右，两肋间还有数条小肋；右壳有 20 余条较粗的放射肋，两肋间也有小肋。肋上伴生有棘状突起。壳色有变化，一般为浅褐色。壳内面颜色浅，多呈粉红色，有与壳面相同的肋纹。铰合部直，无齿。内韧带位于三角形韧带槽中。

图 3-15-5　栉孔扇贝*Azumapecten farreri*（自马平，2005；彩照为本书作者拍摄）

4. 毛蚶 *Anadara kagoshimensis*

毛蚶属于蚶目蚶科粗饰蚶属。两壳膨胀，壳顶突出，位于中央之前（图3-15-6）。壳的前部短。前端圆，后部大，近斜截形；壳表放射肋 31 ~ 34 条，肋平，肋间沟有生长刻纹，左壳略粗糙；壳表白色，被以棕色毛状壳皮，在边缘处的肋间沟内更明显；前肌痕近菱形，后肌痕顶端尖，略呈扇形。

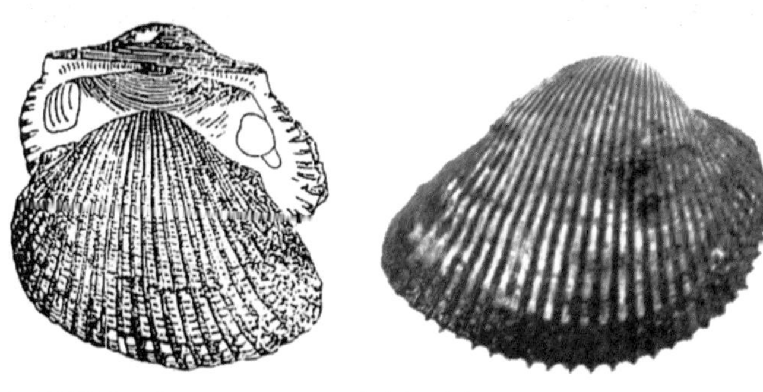

图 3-15-6　毛蚶 *Scapharca subcrenata*（自杨德渐等，1996；彩照为本书作者拍摄）

5. 长牡蛎 *Magallana gigas*

长牡蛎属于牡蛎目牡蛎科 *Magallana* 属。贝壳背缘延长（图 3-15-7）。右壳扁平，盖状，壳面布有鳞片，鳞片在边缘处疏松，在近壳顶处趋向愈合；放射肋不明显；壳面淡黄色，有紫色和淡紫色斑块。左壳凹，有数条放射肋。铰合面小，韧带细长，壳顶腔较深。两壳内缘无粒状或蠕虫状嵌合体。

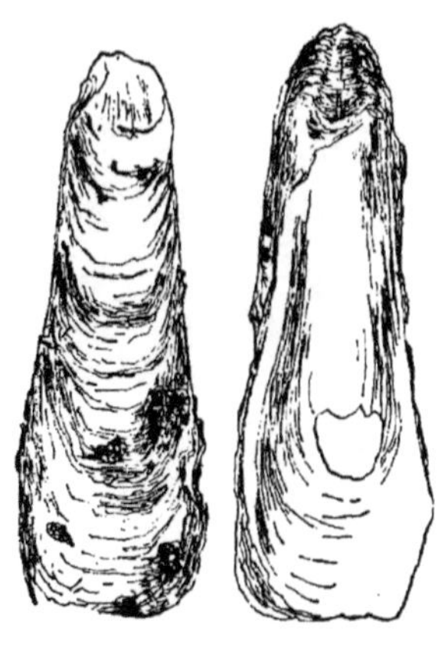

图 3-15-7　长牡蛎 *Magallana gigas*（自纪加义等，1979；彩照自张素萍，2008）

6. 栉江珧 *Atrina pectinata*

栉江珧属于牡蛎目江珧科无裂江珧属。贝壳大型，壳质薄，呈三角形，两壳相等，两侧极不等（图 3-15-8）。壳顶尖，位于壳的最前端。背缘直或中部微凹，后缘截形，后端开口；腹缘前部窄，后部扩张。壳面较凸，黑褐色，有放射肋 10 条左右，肋上着生有三角形的小棘，壳后部者较明显；生长线细密，在腹缘呈褶状。壳内前半部具有珍珠光泽。前闭壳肌痕小，卵圆形，位于壳尖；后闭壳肌痕大，卵圆形，位于壳的中部。铰合部长，占据壳背缘的全长，无铰合齿。足丝孔不显著，位于壳的前部。

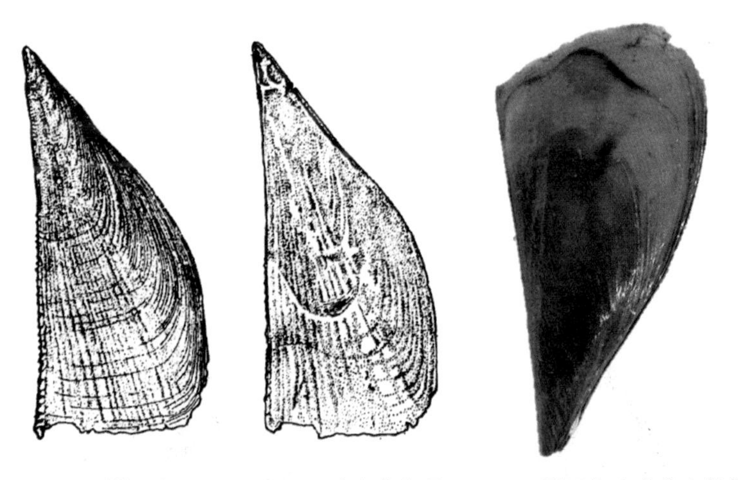

图 3-15-8　栉江珧 *Atrina pectinata*（自蔡如星，1991；彩照为本书作者拍摄）

7. 缢蛏 *Sinonovacula constricta*

缢蛏属于贫齿蛤目刀蛏科缢蛏属。贝壳略呈长方形。壳顶低平，位于背部前端约 1/3 处；壳的前、后端均圆，背腹缘较平直，两者平行（图 3-15-9）。壳表被 1 层较粗糙的黄色或暗绿色壳皮，同心纹粗糙，自壳顶向中腹缘有 1 条稍下陷的缢沟。壳内面白色，壳顶下面有 1 条与壳表缢痕相对的隆起；前、后闭壳肌痕均呈三角形；外套窦宽大，顶端圆。铰合部右壳有 2 枚齿，左壳 3 枚，中央者较粗大，顶端分叉。外韧带黑褐色，短小而突出于铰合部。

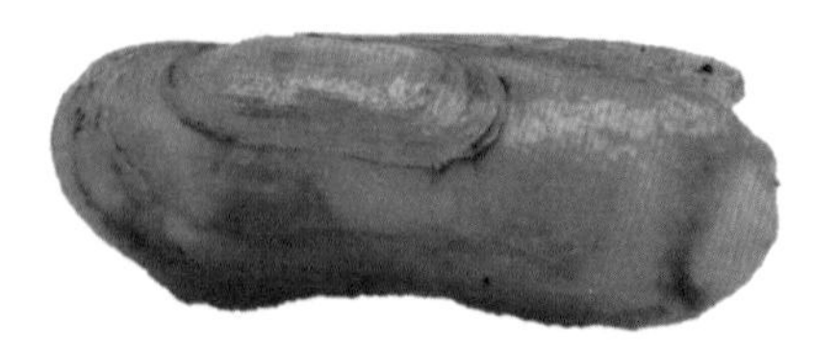

图 3-15-9　缢蛏 *Sinonovacula constricta*（自纪加义等，1979；彩照为本书作者拍摄）

8. 紫贻贝 *Mytilus edulis*

紫贻贝属于贻贝目贻贝科贻贝属。壳质较轻薄而坚硬，个体较大。壳顶尖细，位于贝壳的最前端。腹缘稍直；背缘圆，在壳顶处以 30° 角延伸，到中部又转向下方，形成后背角；后缘圆（图 3-15-10）。贝壳由壳顶向后腹缘极凸，形成 1 条隆起脊；壳表光滑，具光泽，壳皮黑色或黑褐色，无放射线刻痕，具细而不规则的同心刻纹。壳内面灰白色或蓝黑色。前闭壳肌痕极小，位于近壳顶的腹面；后闭壳肌痕大，椭圆形，位于后部近后背缘。缩足肌与后足丝收缩肌相连，呈带形，与后闭壳肌相连。铰合齿不发达，有 2 ~ 5 枚粒状小齿。韧带细长。足丝孔位于腹面，足丝细而发达，黄色。

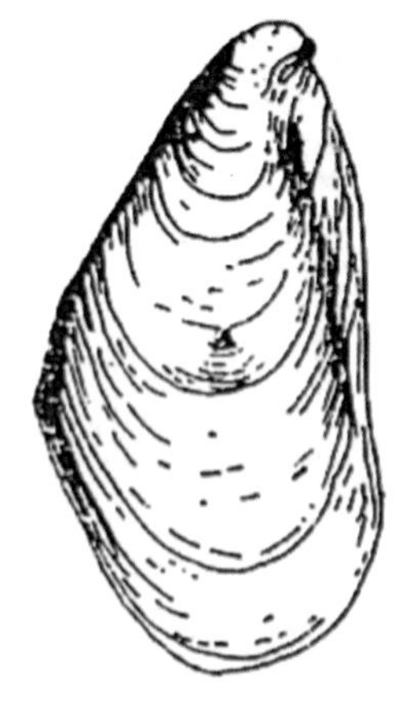

图 3-15-10　紫贻贝 *Mytilus edulis*（自杨德渐等，1996；彩照自张素萍，2008）

9. 大竹蛏 *Solen grandis*

大竹蛏属于贫齿蛤目竹蛏科竹蛏属。壳形粗大，圆柱状，壳质较薄，两端开口（图 3-15-11）。壳顶不明显，位于背缘的最前端。壳的前端截形，后端近截形，背、腹缘平直，二者平行。壳表平滑，在后背区有淡红色带；被 1 层具有光泽的黄色壳皮，在壳顶附近常脱落。生长线细弱。壳内面白色，在后背区常可见与壳表相应的淡红色带。铰合齿短小，左、右壳各 1 枚；外韧带黑褐色，前端细，后端粗。

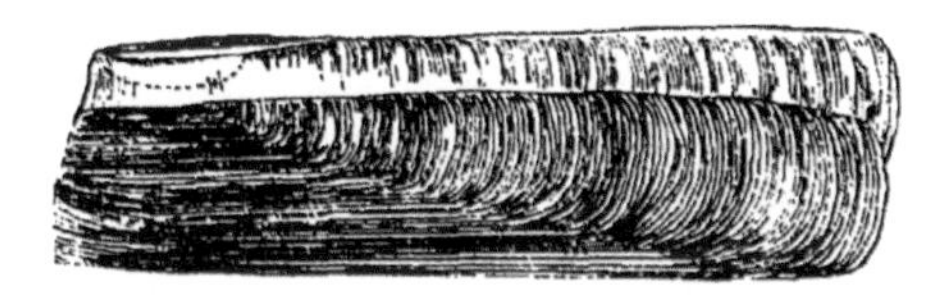
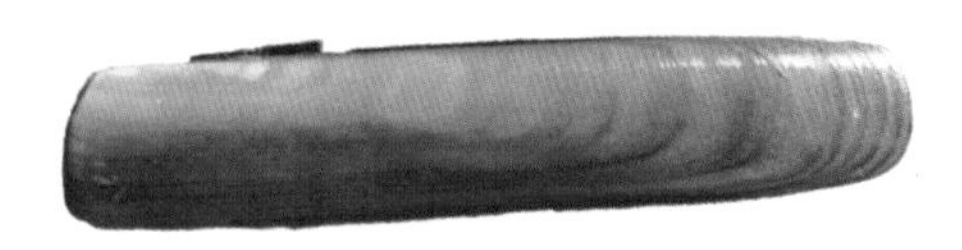

图 3-15-11　大竹蛏 *Solen grandis*（自纪加义等，1979；彩照自张素萍，2008）

10. 魁蚶 *Anadara broughtonii*

魁蚶属于蚶目蚶科粗饰蚶属。两壳极膨胀，左壳大于右壳（图 3-15-12）。壳顶膨大，突出，位于背部中央之前。壳的背部直，前、后形成棱角；壳的前缘和前腹缘之间无明显的界线，略呈圆形，后端斜截形。壳表具有较平滑的放射肋 42 条左右，左壳者较右壳者更粗壮宽大些；壳表被以褐色壳皮，在肋间沟内更明显。壳内面白色，内缘齿状缺刻强壮；前肌痕较小，后肌痕较大。铰合部的齿细小，排列紧密；韧带面菱形，较大。

图 3-15-12　魁蚶 *Anadara broughtonii*（自赵汝翼等，1965；彩照自张素萍，2008）

五、作业

（1）绘图：绘制双壳纲贝壳的外部结构图，并标注各部位的名称。

（2）编制检索表：从本实验观察的双壳纲种类中任选 6 ~ 8 种，编制检索表。

实验 16 软体动物门头足纲常见种类形态特征与综合比较

一、实验目的

（1）掌握头足纲的外部形态结构及各部位的名称。

（2）通过观察，识别头足纲常见种类并掌握其形态特征和分类地位。

二、实验仪器和用品

体视显微镜、培养皿、尖头镊子、解剖针、擦镜纸。

三、实验方法与步骤

观察软体动物门头足纲常见种类的外部形态结构，分析鉴定不同物种，掌握其分类地位和主要形态特征，编制检索表。

四、实验内容

头足纲外部形态特征和常见种类形态观察与综合比较。

（一）头足纲的主要特征

头足类身体两侧对称，分为头部、足部和躯干部（胴部），因足在头前而得名（图 3-16-1）。具有高度特化的眼，足分化为腕和漏斗。原始种类具外壳，如鹦鹉螺；其他种类具内壳或内壳完全退化。心耳和鳃的总数相同，为 2 个或 4 个。口内有颚片和齿舌。神经系统高度集中，有复杂的脑的结构。全部海生。

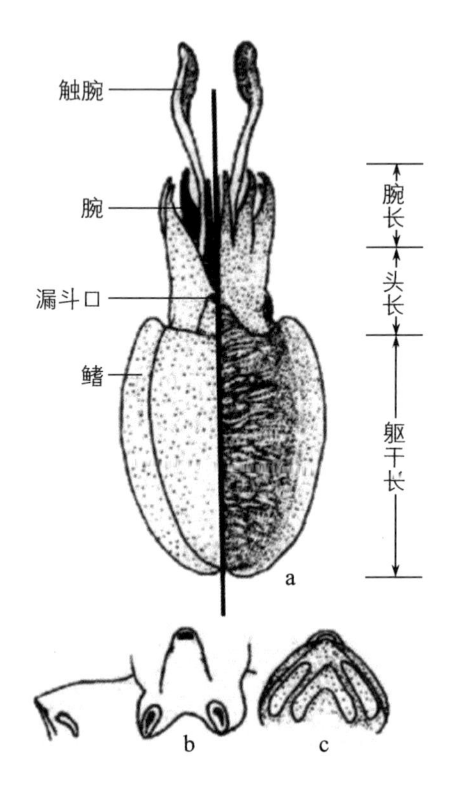

a. 外形（左，腹面观；右，背面观）；b. 闭锁器（右外套剖开）；c. 漏斗器
图 3-16-1　头足类形态特征（自杨德渐等，1999）

（二）头足纲的常见种类

1. 金乌贼 *Sepia esculenta*

金乌贼属于软体动物门头足纲蛸亚纲乌贼目乌贼科乌贼属。金乌贼头部为圆筒形，左、右两侧各有 1 个发达的眼，眼后方有 1 个椭圆形的嗅觉窝。头的顶端是口，有口端即前端，其相对端即后端。足部由头前部的腕和头腹位的漏斗组成。躯干为囊状袋，胴腹后缘具骨针，体背表面具紫褐色斑点及相间的白色花纹（图 3-16-2）。在浅海生活，主要群体栖居于暖温带海区。春季集群从越冬的深水区向浅水区进行生殖洄游，繁殖场主要位于离岸较远、水清藻密、底质较硬的岛屿周围，但在盐度较高、藻类较多的内湾也有繁殖场所。肉食性，能主动掠食各种中上层和底层甲壳类、小鱼及其他游泳动物。

当遇敌害时，放射墨汁，使水变黑，乘机逃遁。分布在我国各海域，以及日本、菲律宾海域。

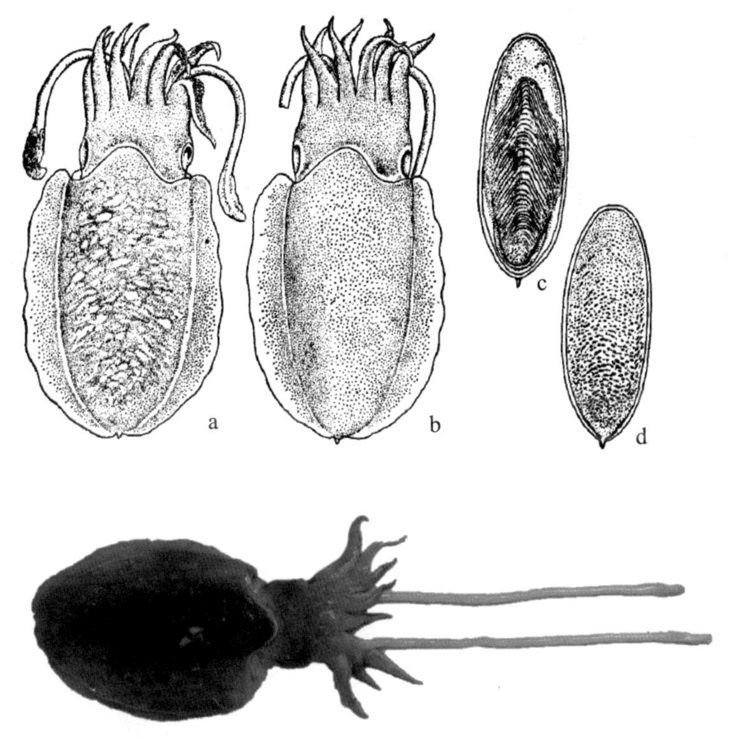

a. 雄性背面；b. 雌性背面；c. 内壳腹面；d. 内壳背面

图 3-16-2　金乌贼 *Sepia esculenta*（自董正之，1988；彩照为本书作者拍摄）

2. 四盘耳乌贼 *Euprymna morsei*

四盘耳乌贼属于软体动物门头足纲蛸亚纲乌贼目耳乌贼科四盘耳乌贼属。体圆袋形，背部前缘与头部愈合。体彩虹色至紫色，体表具黑色素体。鳍宽圆，呈耳状（图 3-16-3）。触腕穗具大量排列紧密的微小吸盘，吸盘球形，吸盘柄长。腕吸盘 4 列。雌性吸盘较小，大小相近；雄性第二至四腕腹列第三至四吸盘后的约 10 个吸盘扩大。无角质内壳。墨囊具 1 对豆状发光器。为温带海域小型底栖及中上层种，在沿岸砂质底海域产卵，卵径小。分布在我国东海、日本南部、菲律宾、印度尼西亚等海域。

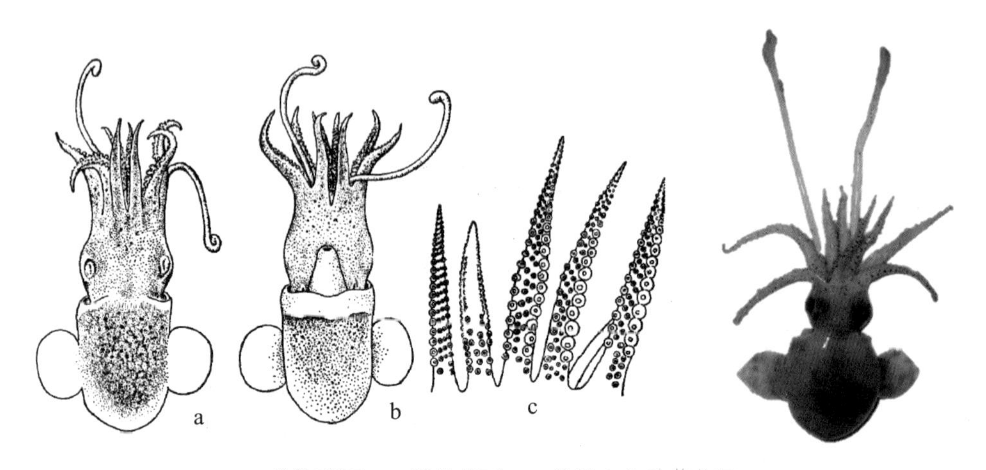

a. 雌体背面；b. 雄体背面；c. 雄性个体的茎化腕

图 3-16-3　四盘耳乌贼 *Euprymna morsei*（自董正之，1988；彩照为本书作者拍摄）

3. 双喙耳乌贼 *Lusepiola birostrata*

双喙耳乌贼属于软体动物门头足纲蛸亚纲乌贼目耳乌贼科耳乌贼属。体圆袋形，体表具大量褐色或黑色素体。鳍较大，近圆形，位于外套两侧（图 3-16-4）。触腕纤长；触腕穗短，略弯；触腕穗吸盘微小，大小相近，近端为 4 列大吸盘，向远端增至 16 列小吸盘，背列吸盘较腹列吸盘略大；边膜远端甚窄，近端厚，与掌部相对处具 1 个半月形膜片。为浅海温水底栖种，主要栖息在大陆架区水深 400 ～ 500 m的海底，甚至可达水深 1 000 m的大陆架斜坡区。早春繁殖，向沿岸和内湾进行生殖洄游，群体较密；秋后，新生代离开沿岸向深水越冬洄游。分布在我国黄海、渤海、东海，以及千岛群岛、朝鲜半岛、日本列岛北部等海域。

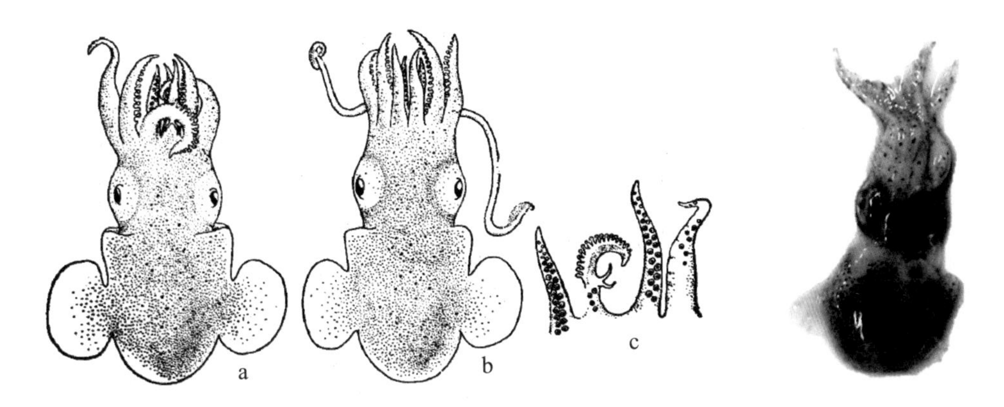

a. 雌体背面；b. 雄体背面；c. 雄性个体的茎化腕

图 3-16-4　双喙耳乌贼 *Lusepiola birostrata*（自董正之，1988；彩照为本书作者拍摄）

4. 火枪乌贼 *Loliolus (Nipponololigo) beka*

火枪乌贼属于软体动物门头足纲蛸亚纲枪形目枪乌贼科小枪乌贼属。体圆锥形，后部直，末端钝。体表具大小相间的近圆形色素斑，分布较分散。鳍纵菱形，侧角圆（图 3-16-5）。触腕穗窄小，吸盘 4 列，尺寸较小。茎化部吸盘柄特化为 2 列尖的乳突，约 50 个，其中腹列乳突增粗；背列和少数腹列远端乳突具退化的小吸盘；腹列吸盘柄与腹侧保护膜愈合形成腹膜突。内壳羽状，后端略圆，柄中轴粗壮，边肋细弱。为浅海种类，近岸半浮游生活，繁殖场多位于内湾清澈的水域。分布在我国各海域以及日本南部海域。

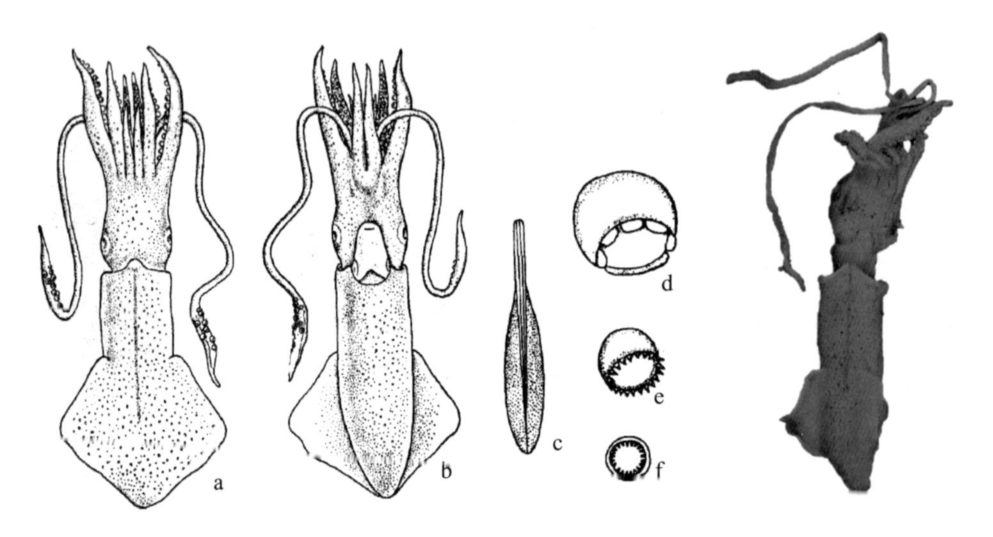

a. 雌体背面；b. 雌体腹面；c. 内壳；d. 腕吸盘；e. 触腕穗大吸盘；f. 触腕穗小吸盘

图 3–16–5　火枪乌贼 *Loliolus (Nipponololigo) beka*（自董正之，1998；彩照自李新正等，2016）

5. 日本枪乌贼 *Loliolus (Nipponololigo) japonica*

日本枪乌贼属于软体动物门头足纲蛸亚纲枪形目枪乌贼科小枪乌贼属。体圆锥形，后部削直，粗壮，体表具大小相间的近圆形色素斑（图 3–16–6）。两鳍相接，略呈纵菱形。触腕穗膨大，吸盘 4 列，中间 2 列约 12 个吸盘扩大，边缘、指部和腕骨部吸盘小。各腕长度略有差异，吸盘 2 列，第二和第三腕吸盘较其他各腕的大，吸盘内角质环具 7 ~ 8 个宽板齿。内壳角质，羽状，后部略狭，中轴粗壮，边肋细弱，脉细密。多栖息于沿岸浅水水域，分布在我国渤海、黄海、东海以及日本列岛海域。

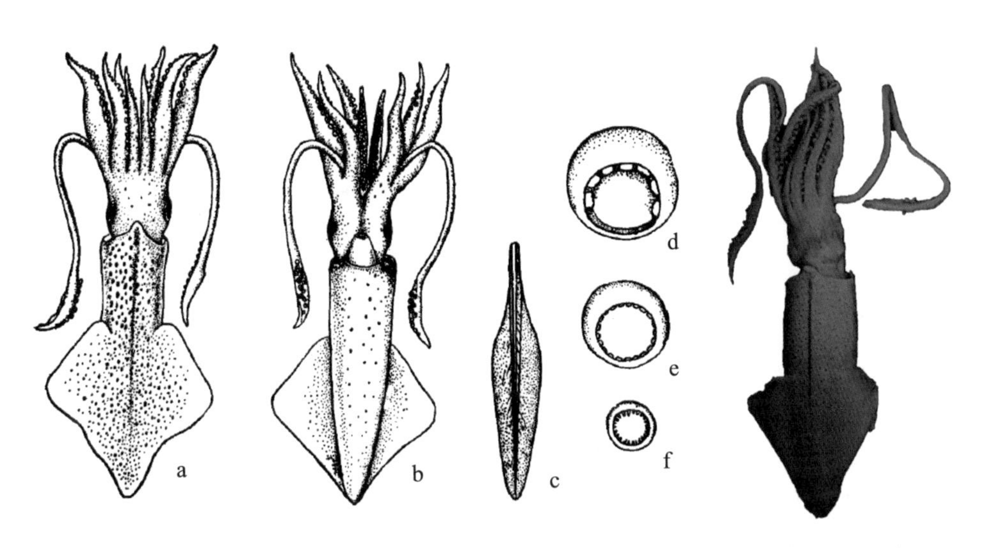

a. 雌体背面；b. 雌体腹面；c. 内壳；d. 腕吸盘；e. 触腕穗大吸盘；f. 触腕穗小吸盘
图 3-16-6　日本枪乌贼 *Loliolus (Nipponololigo) japonica*（自董正之，1998；彩照自李新正等，2016）

6. 剑尖枪乌贼 *Uroteuthis (Photololigo) edulis*

剑尖枪乌贼属于软体动物门头足纲蛸亚纲枪形目枪乌贼科尾枪乌贼属。体圆锥形，中等粗壮，后部直，雄性腹部中线具纵皱；体表具大小相间的近圆形色素斑。鳍较长，后缘略凹，两鳍相接，略呈纵菱形（图 3-16-7）。触腕穗膨大，吸盘 4 列，掌部中间列约 16 个吸盘扩大。各腕长度略有差异，吸盘 2 列，第二和第三腕吸盘较大。内壳角质，羽状，后部略尖，中轴粗壮，边肋细弱，脉细密。直肠两侧各具 1 个纺锤形发光器。浅海种，分布水深 30 ~ 170 m。分布在我国各海域，以及澳大利亚北部、菲律宾群岛、日本中部海域等。

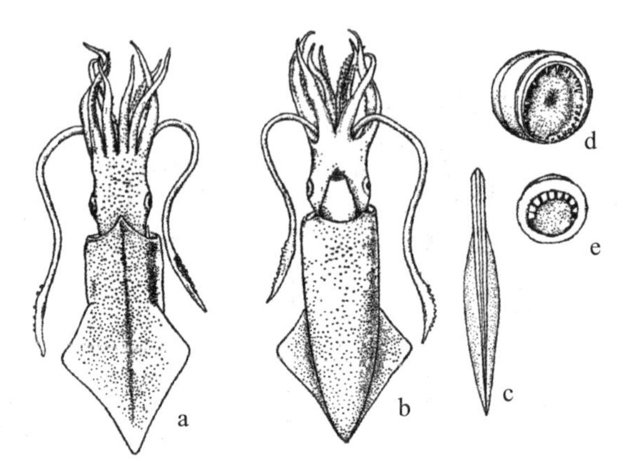

a. 雌体背面；b. 雌体腹面；c. 内壳；d. 触腕穗大吸盘；e. 腕吸盘

图 3-16-7 剑尖枪乌贼 *Uroteuthis (Photololigo) edulis*（自董正之，1988）

7. 短蛸 *Amphioctopus fangsiao*

短蛸属于软体动物门头足纲蛸亚纲八腕目蛸科蛸属。体卵形，体表具很多近球形颗粒，背面两眼附近有 2 个近纺锤形的浅色斑（图 3-16-8）。漏斗器W形。腕短，各腕长度相近，腕吸盘 2 列。角质颚下颚喙长为头盖长的 2/3，喙顶端钝，开口；脊突直，长度为头盖长的 2.5 倍。分布在我国各海域以及日本列岛海域。

短蛸
Amphioctopus fangsiao

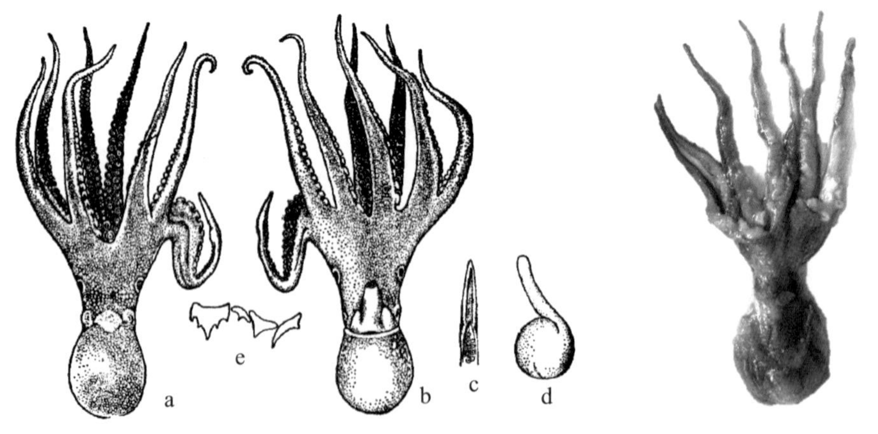

a. 雄体背面；b. 雄体腹面；c. 端器；d. 阴茎；e. 齿舌（中央齿及单侧侧齿）

图 3-16-8 短蛸 *Amphioctopus fangsiao*（自董正之，1988；彩照为本书作者拍摄）

8. 长蛸 *Octopus variabilis*

长蛸属于软体动物门头足纲蛸亚纲八腕目蛸科蛸属。体长卵形，松软，体表具有大小不规则的疣突与乳突（图 3-16-9）。颈部窄，向内收缩。漏斗器 VV形。腕长，为胴长的 7 ~ 8 倍，各腕长度不等。端器勺形，大而明显；舌叶长，为腕长的 1/7 ~ 1/4，顶端圆，凹槽深，具 10 ~ 14 个横脊；交接基相对较大，圆锥形，顶端钝。鳃小片总数 20 ~ 24 个。为沿海底栖种，主要在内湾和内海生活，栖息水深至 200 m。分布在我国各海域，以及朝鲜半岛西海岸、日本列岛海域。

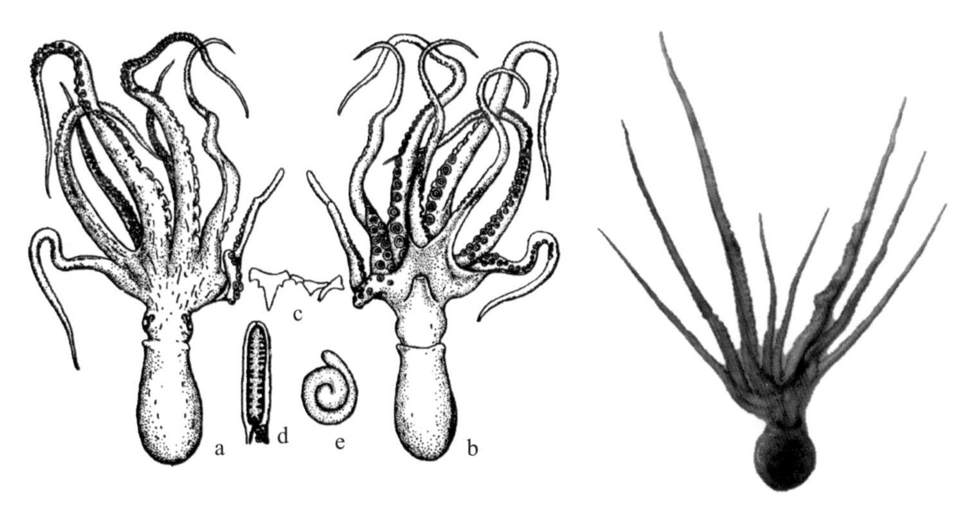

a. 雄体背面；b. 雄体腹面；c. 齿舌（中央齿及单侧侧齿）；d. 端器；e. 阴茎

图 3-16-9　长蛸 *Octopus variabilis*（自董正之，1988；彩照为本书作者拍摄）

五、作业

（1）绘图：绘制头足纲的外形结构图（背面观和腹面观），并标注各部位的名称。

（2）编制检索表：从本实验观察的头足纲种类中任选 6 ~ 8 种，编制检索表。

节肢动物门枝鳃亚目常见种类形态观察和综合比较

一、实验目的

（1）掌握枝鳃亚目的外部形态结构及各部位的名称。

（2）通过观察，识别枝鳃亚目常见种类并掌握其形态特征和分类地位。

二、实验仪器和用品

体视显微镜、培养皿、尖头镊子、解剖针、擦镜纸。

三、实验方法与步骤

观察节肢动物门枝鳃亚目常见种类的外部形态结构，分析鉴定不同物种，掌握其分类地位和主要形态特征，编制检索表。

四、实验内容

节肢动物门枝鳃亚目外部形态特征和常见种类形态观察与综合比较。

（一）节肢动物门枝鳃亚目的主要特征

枝鳃亚目动物体侧扁，略呈圆筒形。腹部发达。第三颚足分 7 节。前 3 对步足呈螯状。腹肢发达，6 对，用于游泳，故亦称游泳肢（图 3-17-1）。鳃枝状。雄性第一腹肢变为交接器。尾节末端尖细。雌性生殖孔开口在第三步足的底节上，雄性生殖孔位于第五步足底节或体壁的关节膜上。全为海产，直接产卵于水中，是重要的经济虾类。

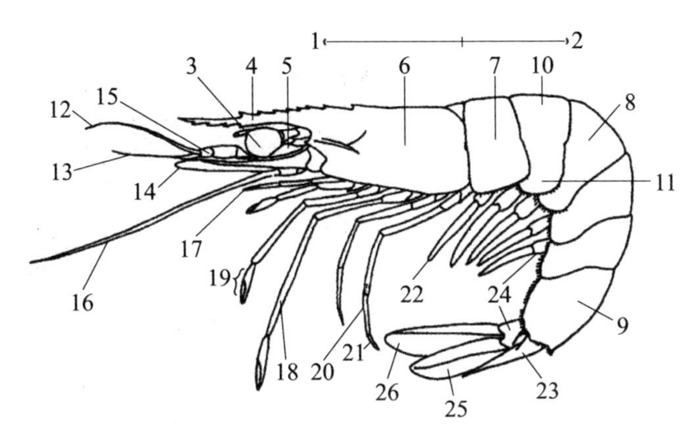

1. 头胸部；2. 腹部；3. 眼；4. 额角；5. 第一触角柄刺；6. 头胸甲；7. 第一腹节；8. 第三腹节；9. 第六腹节；10. 背甲；11. 侧甲；12. 第一触角上鞭；13. 第一触角下鞭；14. 第二触角鳞片；15. 第一触角柄；16. 第二触角；17. 第三颚足；18. 第三胸足；19. 掌节和指节；20. 第五胸足；21. 指节；22. 第一腹足；23. 尾节；24. 基肢；25. 尾肢内肢；26. 尾肢外肢

图 3–17–1　虾的外部形态（自游祥平等，1986）

（二）节肢动物门枝鳃亚目的常见种类

1. 中国对虾 *Penaeus chinensis*

额角长，基部隆起很低，上缘具 7 ~ 9 枚齿，下缘具 3 ~ 5 枚齿（图 3–17–2）。额角侧脊不超过头胸甲中部，无额胃脊。头胸甲无肝脊。第一触角上鞭约等于头胸甲长的 4/3。第三步足伸不到第二触角鳞片的末端。雄性第三颚足指节与掌节约等长。仅分布于我国沿海，属地方性特有种，是我国沿海的主要养殖品种。主要产于渤海，在渤海湾生长、繁殖。

图 3–17–2　中国对虾 *Penaeus chinensis*（自刘瑞玉，1955；彩照为本书作者拍摄）

2. 鹰爪虾 *Trachysalambria curvirostris*

体表粗糙，具浓密的细毛。额角仅上缘具齿，齿 7 枚（图 3–17–3）。头胸甲具短纵缝，伸至肛刺上方。第二至六腹节背面有纵脊。尾节后部两侧具 3 对活动刺，但无固定刺。步足皆具外肢。第三步足无肢鳃。雄性交接刺略呈 T 形。广泛分布于我国沿海，是重要的中小型经济虾类。

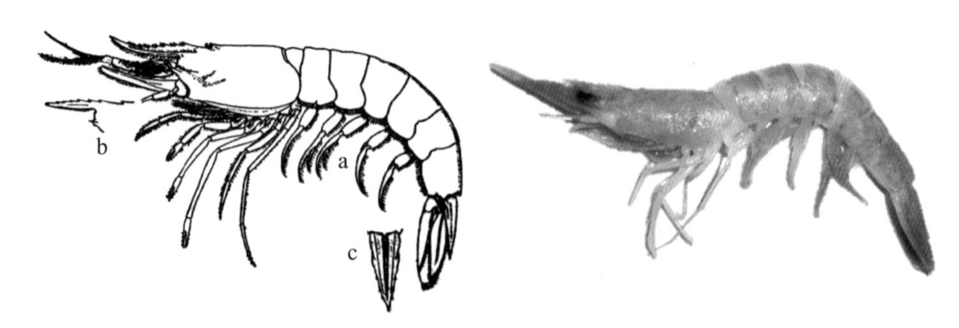

a. 雌性侧面；b. 雄性额角；c. 尾节背面

图 3–17–3　鹰爪虾 *Trachysalambria curvirostris*（自董聿茂等，1982；彩照为本书作者拍摄）

3. 周氏新对虾 *Metapenaeus joyneri*

甲壳甚薄，表面有许多凹下部分，上生短毛。额角上缘基部 2/3 具 6 ~ 8 枚齿，末端 1/3 及下缘无齿（图 3–17–4）。头胸甲不具眼上刺及颊刺，额角后脊伸至头胸甲后缘附近，颈沟及肝沟明显，肝沟的下缘很深。尾节稍长于腹部第六节，末端甚尖，不具侧刺。第一至三对步足各具 1 枚底节刺。第五步足很细长，其末端与第三步足末端相齐。雄性末 3 对步足形态有改变：第三步足底节刺基部极为延长，其顶端扁平而宽大，边缘突出，前下方形成 1 枚尖刺；第四步足掌节腹缘中部突出；第五步足长节腹缘基部有 1 个小突起。

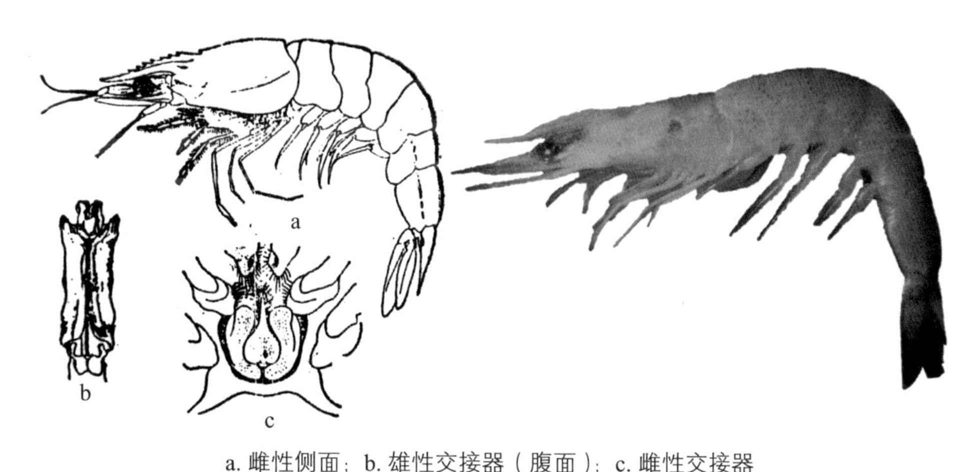

a. 雌性侧面；b. 雄性交接器（腹面）；c. 雌性交接器

图 3–17–4　周氏新对虾 *Metapenaeus joyneri*（自杨德渐等，1996；彩照为本书作者拍摄）

4. 哈氏仿对虾 *Mierspenaeopsis hardwickii*

额角呈弧形，比头胸甲稍长，超过第一触角柄和第二触角鳞片，前端尖细，向上升（图 3–17–5）。上缘仅后半部具 8 枚齿。纵缝自眼眶边缘向后延伸至头胸甲 3/4 处，颈沟、肝沟明显，具触角刺、肝刺。鳃区中部有 1 条短的横缝，位于第三步足上方。第五步足具外肢。雄性交接器对称，末端两侧斜生尖的突起。分布于我国各海域，为我国重要的经济虾类，资源丰富。

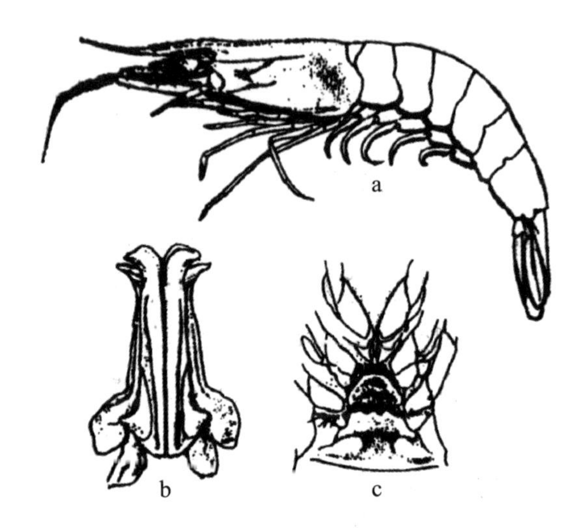

a. 雌性侧面；b. 雄性交接器（腹面）；c. 雌性交接器

图 3–17–5　哈氏仿对虾 *Mierspenaeopsis hardwickii*（自刘瑞玉，1955）

5. 细巧仿对虾 *Parapenaeopsis tenella*

体形细长，甲壳薄而平滑。额角短而直，上缘基部微突，全长皆有锯齿，齿 6 ~ 8 枚（图 3–17–6）。头胸甲不具胃上刺，眼上刺小。触角刺上方有后伸的纵缝，其长度约为头胸甲的 2/3；鳃区中部有短的横缝。腹部第三至六节背面有弱的纵脊。第一、二步足具基节刺，第五步足细长。雄性交接器略呈锚状。雌性交接器的前板宽大，中央有深的纵沟，前板与后板间有膜质的间隙，后板不覆于前板的上方。头胸甲及腹部各节散布有棕红色斑点，头胸甲前、后缘及各腹节后缘颜色较深。生活于泥沙底的浅海，多与鹰爪虾混杂于一起被捕获。本种分布于我国山东半岛以南各海区。

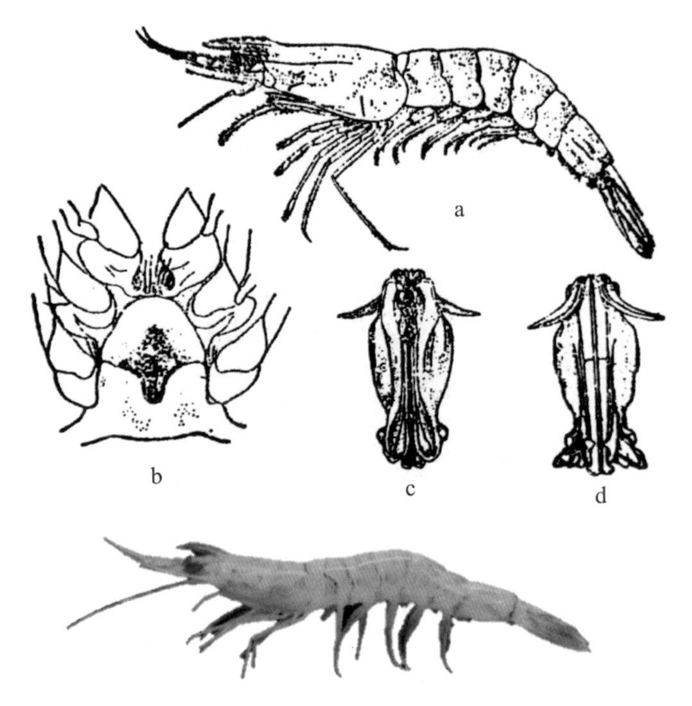

a. 雌性侧面；b. 雌性交接器；c. 雄性交接器（腹面）；d. 雄性交接器（背面）

图 3-17-6　细巧仿对虾 *Parapenaeopsis tenella*（自杨德渐等，1996；彩照为本书作者拍摄）

6. 斑节对虾 *Penaeus monodon*

额角上缘具 7 ~ 8 枚齿，下缘具 2 ~ 3 枚齿。有肝脊，无额胃脊。额角侧沟短，向后超不过头胸甲中部。第五步足无外肢。雌性交接器盘状，宽大于长，中央开口边缘厚。雄性交接器侧叶较宽，顶端圆，明显超出中叶（图 3-17-7）。暗绿色、深棕色和浅黄色横斑相间排列，构成腹部鲜艳的斑纹。是目前东南亚一带最主要的养殖种类，在我国广东、台湾大量养殖。

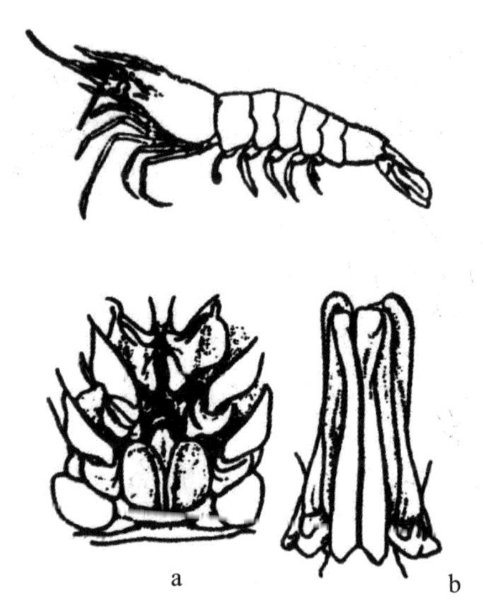

a. 雌性交接器；b. 雄性交接器（背面）

图 3-17-7 斑节对虾 *Penaeus monodon*（自刘瑞玉，1955）

7. 戴氏赤虾 *Metapenaeopsis dalei*

甲壳厚而粗糙，表面生有密毛。额角短，末端尖，上缘具 5 ~ 8 枚齿（图 3-17-8）。头胸甲具胃上刺、眼上刺及颊刺。腹部第二至六节背面中央具强脊。尾节长，其后部两侧具 3 对活动刺及 1 对不动刺。第三颚足及第二步足各具基节刺，第一步足具基节刺及座节刺。雄性交接器不对称：右半部较大，扭向腹面左方，末端宽而圆；左半部扭向背面右方，末端较细，具刺状突起 3 ~ 4 个，其形状数目常有变化。雌性交接器由前板、中板、后板构成：前板前缘隆起，中央向前突出或呈刺状；中板两侧向前突出，中间有 2 个隆起部分；后板前缘有 3 个尖突，呈笔架形。体表可见斜行排列的红色斑纹。为亚热带近岸种类，分布在我国浙江以北的东海、黄海、渤海，以及韩国、朝鲜、日本近海。

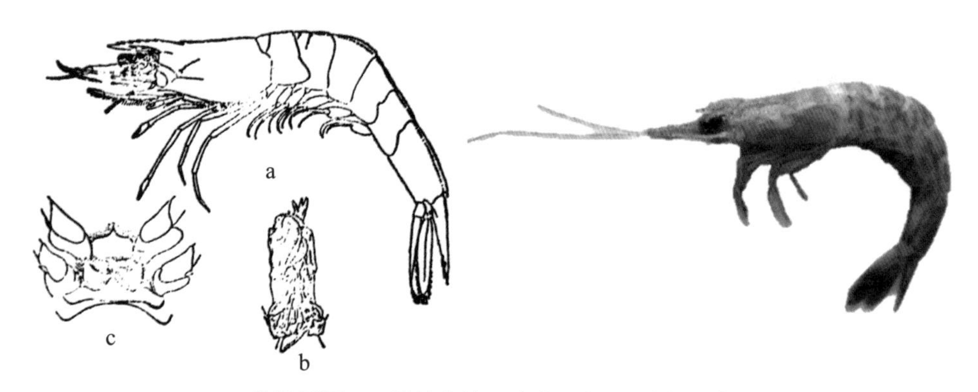

a. 雌性侧面；b. 雄性交接器（腹面）；c. 雌性交接器

图 3-17-8 戴氏赤虾 *Metapenaeopsis dalei*（自杨德渐等，1996；彩照为本书作者拍摄）

8. 凡纳滨对虾 *Penaeus vannamei*

额角具 1 ~ 2 枚腹缘齿，后齿位于背齿处或在其前，胃上齿前的齿式常为（8 ~ 9）/（1 ~ 2）（图 3-17-9）。额角侧沟和侧脊短，止于胃上齿处或稍超出。无额胃脊。雌性交接器为开放型，在第十四胸节腹甲前部有 1 对斜锐脊，脊的中部向腹面突出成锐角，第十三胸节腹甲有大的半圆形至亚方形中央突。雄性交接器无末中突，侧叶游离部分长（显著超出中央叶），亚椭圆形。为引进种，对盐度适应范围广，在我国南方大量人工养殖。

凡纳滨对虾

Penaeus vannamei

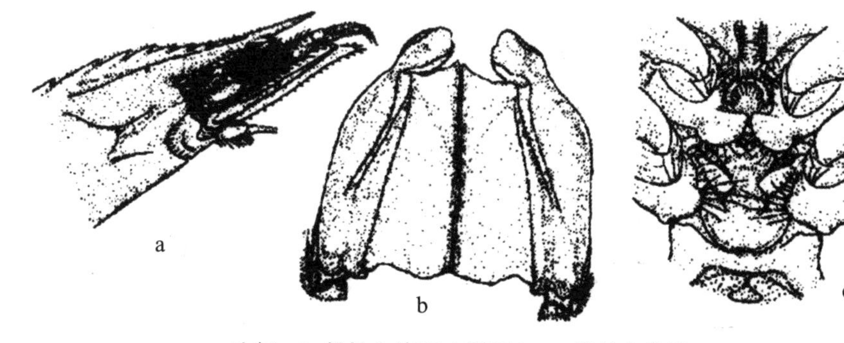

a. 头部；b. 雄性交接器（腹面）；c. 雌性交接器

图 3-17-9 凡纳滨对虾 *Penaeus vannamei*（自 Boone，1931）

五、作业

（1）绘图：绘制虾类的外部形态图，并标注各部位的名称。

（2）编制检索表：从本实验观察的虾类种类中任选 6 ~ 8 种，编制检索表。

实验 18 节肢动物门腹胚亚目常见种类形态观察和综合比较

一、实验目的

（1）掌握腹胚亚目的外部形态结构及各部位的名称。

（2）通过观察，识别腹胚亚目常见种类并掌握主要形态特征和分类地位。

二、实验仪器和用品

体视显微镜、培养皿、尖头镊子、解剖针、擦镜纸。

三、实验方法与步骤

观察节肢动物门腹胚亚目常见种类的外部形态结构，分析鉴定不同物种，掌握其分类地位和主要形态特征，编制检索表。

四、实验内容

节肢动物门腹胚亚目外部形态特征和常见种类形态观察与综合比较。

（一）节肢动物门腹胚亚目的主要特征

1. 真虾下目

真虾下目动物体多侧扁，头胸甲较发达，腹部较短小。第二腹节侧甲覆盖于第一节侧甲的后缘上方。第三对步足不呈螯状，第三颚足由 4 ~ 6 节构成。鳃叶状。卵产出后抱于雌性的腹肢间。真虾类也称小虾类，腹部较对虾类细小，游泳能力差，善于在底部爬行，主要为海产，淡水种类少。真虾类是虾类中种类最多的一个类群，产量较大。在水产经济上比较重要的是长臂虾科的种类。

2. 螯虾下目

螯虾下目动物体呈圆筒状，额角发达，头胸甲不与口前板愈合。前 3 对步足呈螯状，后 2 对为爪状。腹肢缺内附肢，雄性第一、二腹肢具交接器，雌性第一对为单肢型。尾肢的外肢有 1 条横缝，中间有活动关节，少数例外。螯虾类在世界分布很广，海洋和淡水中均有。在欧美各国种类较多，是当地的重要经济虾类，有些已发展为养殖品种。在我国分布的种类不多。

3. 龙虾下目

龙虾下目动物体较平扁，头胸部比较发达，头胸甲与口前板愈合。5 对步足构造相同，简单或全为螯状，但末对常有变化。两性多不具第一腹肢，雌性具内附肢。尾肢的外肢不具横缝。幼体发育经过叶状幼体期。

4. 短尾下目

短尾下目动物是真正的蟹类。腹部明显退化，曲折于头胸部的下方，因而其能更好地适应不同的栖息地。绝大多数生活于海洋中，少数生活于淡水中，还有少数种类为水陆两栖或在陆上穴居，但产卵和幼体发育仍须回到海水中进行。

（二）节肢动物门腹胚亚目的常见种类

1. 鲜明鼓虾 *Alpheus digitalis*

鲜明鼓虾属于真虾下目。额角呈短刺状，后脊伸至头胸甲中部附近（图 3-18-1）。头胸甲光滑无刺。眼完全覆盖于头胸甲下。第一步足的大螯掌部边缘无缺刻、无刺。第二步足细小，亦呈钳状，其腕由 5 节构成。身体鲜艳美丽，有明显的棕黄色花纹。雄性第一腹肢内肢不特别膨大。雄性附肢细小，呈棒状。

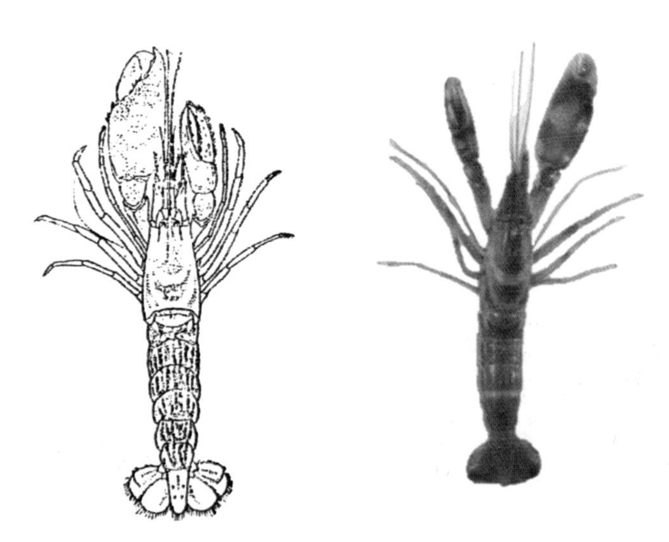

图 3-18-1　鲜明鼓虾 *Alpheus digitalis*（自杨德渐等，1996；彩照为本书作者拍摄）

2. 日本鼓虾 *Alpheus japonicus*

日本鼓虾属于真虾下目。第一步足的大螯掌部内外缘皆有 1 个缺刻，掌部背腹两面外缘近活动指的基部各有 1 枚刺。大螯细长，长为宽的 3 ~ 4 倍，掌部为指长的 2 倍左右。小螯长为宽的 10 倍左右（图 3-18-2）。

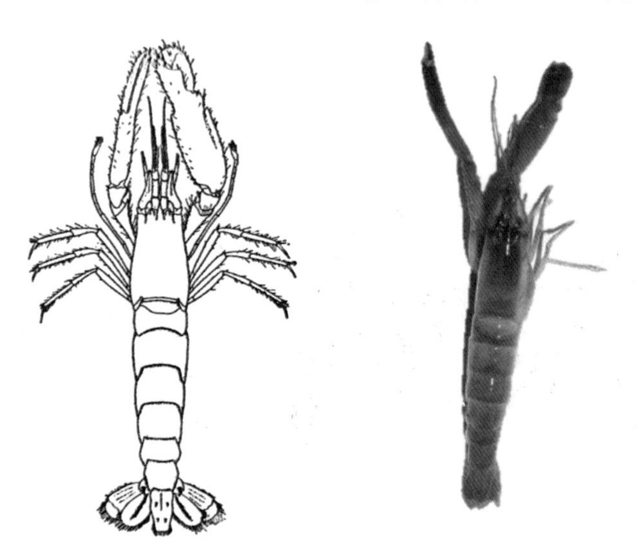

图 3-18-2　日本鼓虾 *Alpheus japonicus*（自刘瑞玉，1955；彩照为本书作者拍摄）

3. 葛氏长臂虾 *Palaemon gravieri*

葛氏长臂虾属于真虾下目。额角发达，上缘基部平直，不具鸡冠状隆起，末端 1/3 极细，稍向上翘起（图 3–18–3）。大颚触须 3 节。末 3 对步足甚细长，掌节后缘无明显的活动刺。具较高的经济价值，分布于我国渤海、黄海、东海，是我国近海的地方性特有种。

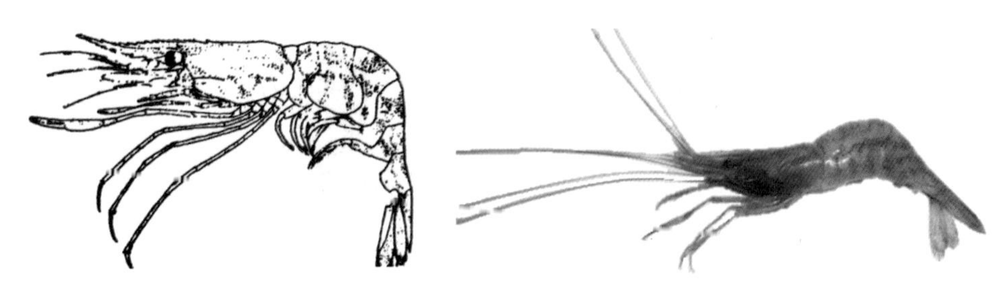

图 3–18–3　葛氏长臂虾 *Palaemon gravieri*（自刘瑞玉，1955；彩照为本书作者拍摄）

4. 脊尾白虾 *Palaemon carinicauda*

脊尾白虾属于真虾下目。头胸甲平滑，具触角刺、鳃甲刺，无肝刺，鳃甲沟明显。额角末端有附加齿，基部的鸡冠部短于末端的细尖部（图 3–18–4）。第二步足的指节长，腕节短于指节。由于腹部的背面具有一条纵脊而得名。生活于沿海地区，在我国以渤海的产量最大，是我国近海的重要经济虾类。

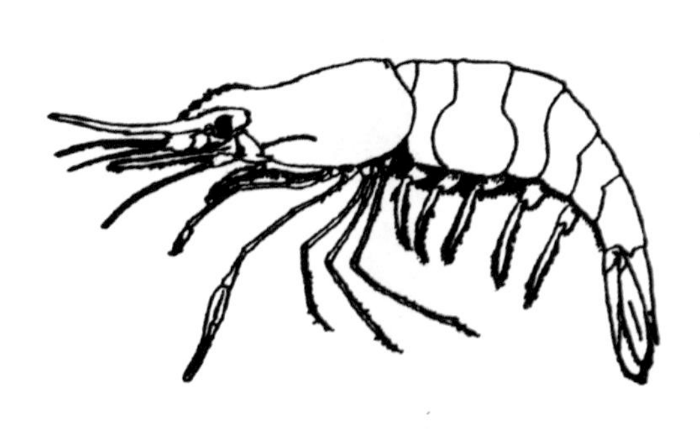

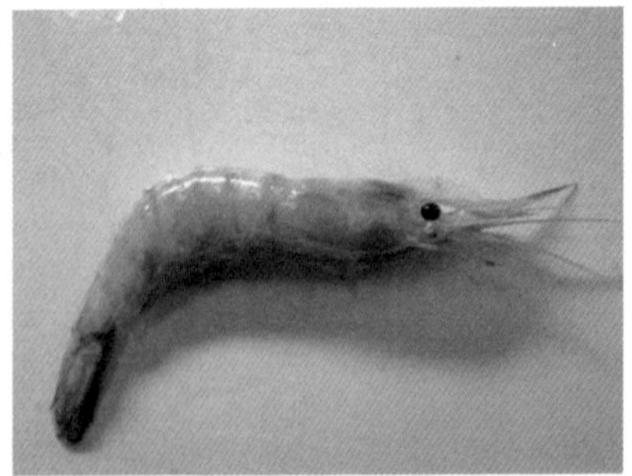

图 3–18–4　脊尾白虾 *Palaemon carinicauda*（自刘瑞玉，1955；彩照为本书作者拍摄）

5. 脊腹褐虾 *Crangon affinis*

脊腹褐虾属于真虾下目。头胸甲较硬厚，具带刺的脊，额角短小、平扁（图 3-18-5）。第一步足强大，呈半钳状，第二步足细小，钳状，指节短于掌节的 1/2，腕不分节。步足不具肢鳃。末 4 对腹肢内肢甚短，不具内附肢。腹部第三至五节背面有明显的纵脊，第六腹节及尾节背面有纵沟。是寒温带的重要经济虾类。

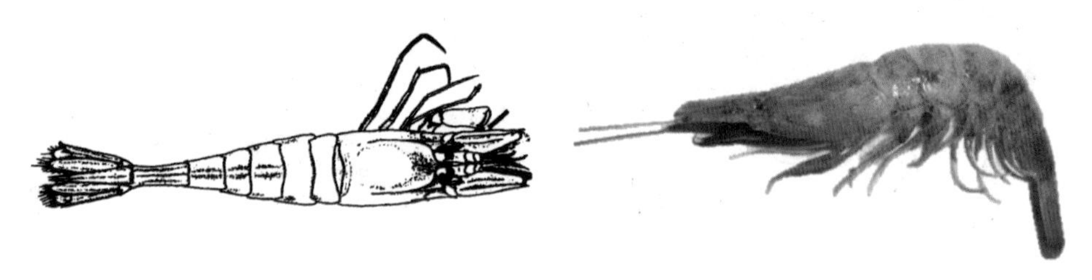

图 3-18-5　脊腹褐虾 *Crangon affinis*（自刘瑞玉，1955；彩照为本书作者拍摄）

6. 中华安乐虾 *Eualus sinensis*

中华安乐虾属于真虾下目。体形粗短，额角短，其长度短于头胸甲，上缘具 4 ~ 8 枚齿，下缘仅末端有 2 ~ 4 枚齿（图 3-18-6）。头胸甲仅具触角刺。腹部第三节背面稍弯曲；第六节短，其长为高的 1.5 倍。尾节背面两侧具 4 对活动刺。第一触角上鞭略短于下鞭，粗大。第二触角鳞片短宽，其长为宽的 2.5 倍。第三颚足长，末端超出第二触角鳞片。第一步足螯状，粗短。第二步足钳小，腕节由 7 节构成。体表浓绿色及棕黄色斑纹相间，卵棕绿色。生活在有岩石的浅水，退潮后可在潮间带的石块间找到。

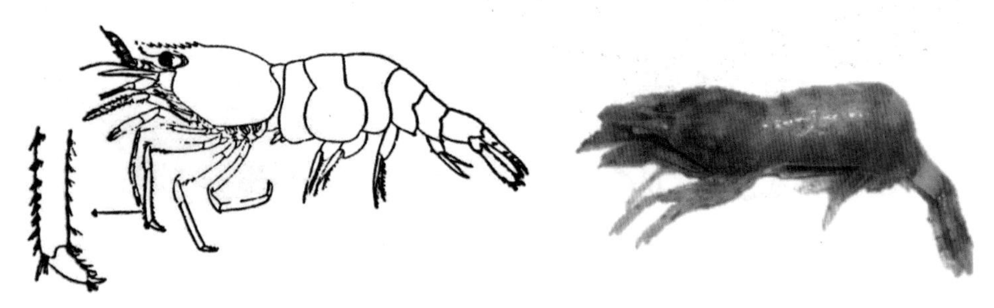

图 3-18-6　中华安乐虾 *Eualus sinensis*（雌性）（自杨德渐等，1996；彩照为本书作者拍摄）

7. 日本关公蟹*Heikeopsis japonica*

日本关公蟹属于短尾下目。头胸甲后方稍宽，略呈梯形（图 3–18–7）。额窄，具 2 枚中央齿。头胸甲各区隆起明显，光滑，鳃区中部隆起尤其明显。整个头胸甲表面的凹痕和隆起似人脸，故名之。雄性第一腹肢末端几丁质突起分 3 叶。

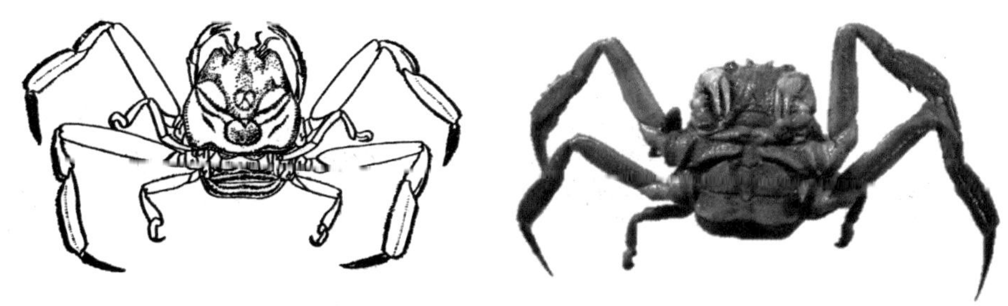

图 3–18–7　日本关公蟹*Heikeopsis japonica*（自董聿茂等，1982；彩照为本书作者拍摄）

8. 强壮菱蟹*Enoplolambrus validus*

强壮菱蟹属于短尾下目。头胸甲呈菱形（图 3–18–8），头胸甲及螯足表面具疣状突起。螯足壮大，指与掌节长轴相对，明显向内侧扭曲。螯足长节呈三棱形，背面具 1 列疣状突起，前后缘及腹面具锯齿；掌节外缘、背缘各具 11 ~ 12 枚三角形锯齿。步足各节背、腹缘均具齿。

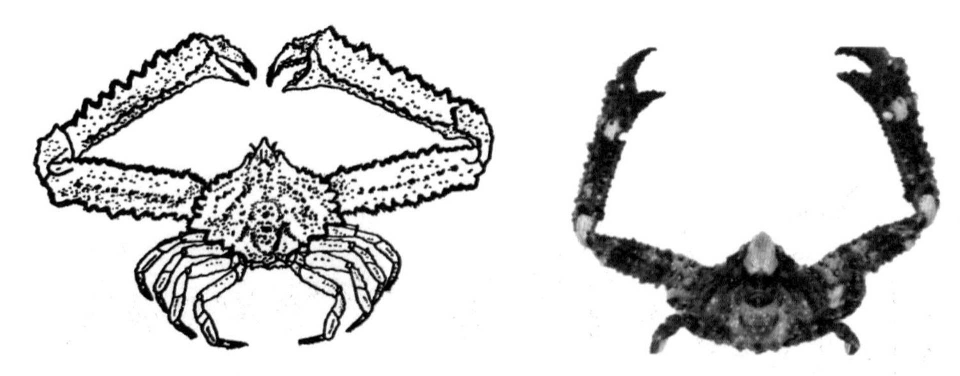

图 3–18–8　强壮菱蟹*Enoplolambrus validus*（自董聿茂等，1982；彩照为本书作者拍摄）

9. 三疣梭子蟹 *Portunus trituberculatus*

三疣梭子蟹属于短尾下目。头胸甲呈梭形，分区明显，表面中央具3个疣状突起，1个在中胃区，2个在心区（图3-18-9）。前侧缘具9枚齿，最后1枚特别大。雌性呈深紫色，雄性呈蓝绿色。生活在水深10 ~ 30 m的泥沙质海底，4—7月产卵。分布于我国、韩国、朝鲜和日本沿海，是我国重要的经济蟹类。

三疣梭子蟹
Portunus trituberculatus

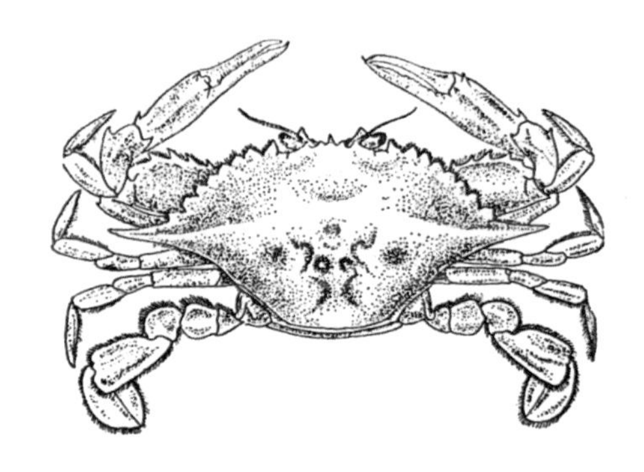

图3-18-9　三疣梭子蟹 *Portunus trituberculatus*（自董聿茂等，1982；彩照为本书作者拍摄）

10. 日本蟳 *Charybdis (Charybdis) japonica*

日本蟳属于短尾下目。头胸甲横卵圆形，表面具横行的隆线。额具6枚齿，前侧缘具6枚齿，第六枚较大，齿尖均呈深紫色(图3-18-10)。螯足掌节具5枚刺，两指为深紫色，指尖呈黑色。是我国沿海的重要经济蟹类，在华北的产量仅次于三疣梭子蟹。

日本蟳
Charybdis japonica

图 3-18-10 日本蟳 *Charybdis (Charybdis) japonica*（自董聿茂等，1982；彩照为本书作者拍摄）

11. 中华绒螯蟹 *Eriocheir sinensis*

中华绒螯蟹属于短尾下目。又名河蟹、大闸蟹，是我国传统的水产珍品。体形较大，头胸甲呈圆方形，边缘有细颗粒（图 3-18-11）。前半部窄于后半部，背面较隆起，前面有 6 个突起，前后排列，前者 2 个较大，后者 4 个较小，居中间 2 个较小而不明显，各突起均有细颗粒。额具 4 枚齿，齿缘有锐颗粒，眼窝缘近中部的颗粒较锐；前侧缘具 4 枚齿，第一枚最大，末齿最小，由此向内后侧方引入 1 条斜行颗粒隆线，侧缘附近也具同样隆线；后缘宽而平直。螯足粗壮；长节背缘近末端有 1 个齿突，内、外缘有小齿；腕节内缘后半部具 1 条颗粒隆线，向后伸至背面基部，内末角具 1 枚锐刺，刺后又有颗粒。雄性掌、指节基半部的内、外面均密具绒毛；而雌性的绒毛只在外侧存在，内侧无毛。是我国经济价值较高的一种淡水蟹，分布于沿海各地，在江河湖泊中或在水田周围的水沟中穴居生活。杂食性，喜食螺、蚌和各种动物尸体。由于其肉味鲜美而深受人们的喜爱。每年秋冬之交，性成熟的个体洄游到近海繁殖，直到大眼幼体再溯江河而上，回到淡水中继续成长。

图 3-18-11 中华绒螯蟹 *Eriocheir sinensis*（自董聿茂等，1982；彩照为本书作者拍摄）

12. 双斑蟳 *Charybdis (Gonioneptunus) bimaculata*

双斑蟳属于短尾下目。头胸甲具分散的颗粒，前胃区、中胃区及后胃区各具 1 条横行的短的颗粒脊（图 3–18–12）。额区具 2 条横脊，前鳃区的 1 条为最长而弯，其他鳃区及心区无脊。额具 4 枚齿，呈钝圆形，中央 1 对较侧齿突出，低位。侧齿与背（上）内眼窝齿由 1 个缺刻明显分开，眼窝缘具细钢齿及 2 条缝；腹（下）内眼窝齿突出，眼窝缘有细锯齿及 1 个缺刻。第二触角基节填塞于眼窝间隙。前侧缘包括外眼窝齿共有 6 枚齿：第一枚大，第二枚小，末齿斜向外上方。生活于水深 9 ~ 439 m 底质为沙泥或碎壳的海底。分布于我国沿海，以及韩国、朝鲜、日本、菲律宾、澳大利亚、印度、马尔代夫群岛、非洲东部和南部海域。

图 3–18–12　双斑蟳 *Charybdis (Gonioneptunus) bimaculata*（自杨德渐等，1996；彩照为本书作者拍摄）

13. 红线黎明蟹 *Matuta planipes*

红线黎明蟹隶属于短尾下目。头胸甲近圆形，背面中部有 6 个小突起，表面有细颗粒，尤以鳃区的颗粒较密，表面有红色斑点连成的红线，前半部的红线形成不完整的圆环，后半部呈狭长的纵向圆套（图 3–18–13）。额稍宽于眼窝，中部突出，前缘由 1 个 V 形缺刻划分成 2 枚小齿。前侧缘有不等大的小齿，侧刺粗壮，末端尖。螯足粗壮，掌节内缘有 1 列小齿及短毛，外缘有 3 枚齿。其外侧面有 3 列小突起，近基部有 1 枚锐齿，锐齿前面具 1 条光滑隆脊，延伸至不动指末端；其内侧面近基部有 1 个不明显的小突起，外缘有 2 条不等大而有刻纹的发声隆脊。我国沿海均有分布。

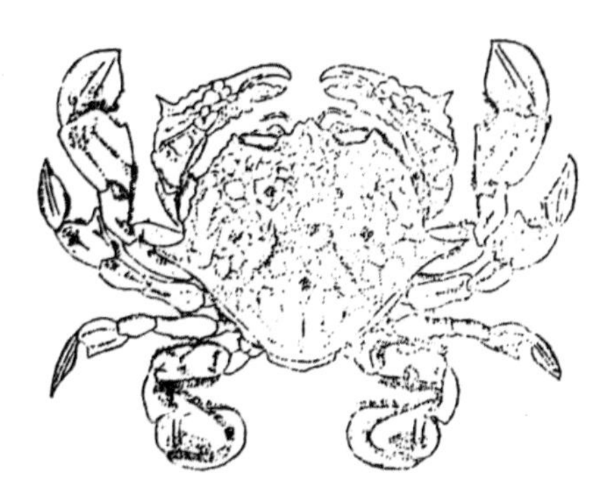

图 3-18-13 红线黎明蟹*Matuta planipes*（自杨德渐等，1996；彩照为本书作者拍摄）

14. 隆背黄道蟹*Romaleon gibbosulum*

隆背黄道蟹属于短尾下目。头胸甲背面密覆短绒毛，特别是年幼个体。头胸甲分区明显。额窄，具 3 枚齿，中齿较侧齿长（图 3-18-14）。背眼窝缘有 3 枚齿，内眼窝齿大而宽，外眼窝齿呈钝三角形，中间 1 枚最小而明显；腹眼窝缘有颗粒，内齿尖锐，自背面可见。第二触角基节锐长，表面光滑，末缘中部突出。前侧缘共有 9 枚齿，各齿均呈钝三角形，大小相间，末齿最大而锐。后侧缘具 1 枚钝齿，齿后有 1 个小缺刻。螯足对称，长节背缘锐，近末端有 1 枚齿，外内侧较低平。腕节内缘有 2 枚齿，背面及外侧面有数条斜行颗粒脊，其边缘及每条脊都有锐颗粒。分布于我国渤海、黄海、东海，以及韩国、朝鲜、日本沿海。

图 3-18-14 隆背黄道蟹*Romaleon gibbosulum*（自杨德渐等，1996；彩照为本书作者拍摄）

15. 枯瘦突眼蟹 *Oregonia gracilis*

枯瘦突眼蟹属于短尾下目。头胸甲呈长梨形，背面中等隆起，分区明显，各区均有不规则的突起，下肝区呈钝状突出（图 3–18–15）。额向前平伸，分为 2 根细长平行而相连的角状刺，刺的末端向两侧分开。发育成熟的雄性可动指的基半部有空隙，基部有 1 枚壮齿，而雌性两指的内缘均有小齿而无大齿或空隙。两性的腹部均分为 7 节，第六节末端变宽。尾节短而宽，基部被第六节所包围。栖息于水深 5 ~ 370 m的软泥、泥质沙、沙质泥的碎壳海底。分布于我国黄海、渤海近岸，以及日本沿岸、朝鲜海峡、英国布里斯托尔湾、美国加利福尼亚及温哥华沿岸等。

图 3–18–15　枯瘦突眼蟹 *Oregonia gracilis*（自杨德渐等，1996；彩照为本书作者拍摄）

16. 隆线强蟹 *Eucrate crenata*

隆线强蟹隶属于短尾下目。头胸甲略呈圆方形，分区不明显，背面较光滑，有细颗粒。第二触角基节末外角甚突，恰能填塞眼窝，触角鞭在眼窝外（图 3–18–16）。步足表面光滑，末 3 节边缘有短毛，以第一对为最长，依次渐短，长节前缘有细颗粒。雄性腹部分为 7 节，前 3 节较宽，覆盖末对步足底节之间的腹甲，第三、四节迅速向第五节基部变窄，第六节呈长方形，尾节呈长三角形。雄性第一腹肢中部向外弯曲，末部有许多小刺，有时小刺末端分叉。栖息于水深 8 ~ 100 m的软泥、沙质泥及碎壳底，有时在潮间带石块下也可采获。我国沿海均产，朝鲜半岛、日本、泰国、印度海域及红海有分布。

图 3-18-16　隆线强蟹*Eucrate crenata*（自杨德渐等，1996；彩照为本书作者拍摄）

五、作业

（1）绘图：绘制短尾下目的外部形态图（背面观和腹面观），并标注各部位的名称。

（2）编制检索表：从本实验观察的短尾下目种类中任选 6 ~ 8 种，编制检索表。

实验19 环节动物门常见种类形态特征与综合比较

一、实验目的

（1）掌握沙蚕疣足的形态结构及各部位的名称。

（2）通过观察，识别环节动物门常见种类并掌握其形态特征和分类地位。

二、实验仪器和用品

体视显微镜、培养皿、尖头镊子、解剖针、擦镜纸。

三、实验方法与步骤

观察环节动物门常见种类的外部形态结构，分析鉴定不同物种，掌握其分类地位和主要形态特征。

四、实验内容

环节动物门外部形态特征和常见种类形态观察与综合比较。

（一）沙蚕外部形态构造和疣足的形态观察

沙蚕属于多毛纲叶须虫目。头部分化良好，口前叶近梨形；背侧有眼点4个，可感光；前缘中央有1对短的口前触手，其两侧各有1个分节的触角（图3-19-1）。围口节是身体的第一体节，两侧各有4条细长的围口触手，腹面为口，吻可翻出，前端有1对颚，吻可分为近颚的颚环和近口的口环，上具乳突、小齿或平滑，这在鉴定属种上有重要意义。躯干部由围口节以后的体节组成，每一体节的两侧具1对薄片状的疣足，疣足为双叶型。疣足主要为游泳器官，也可进行气体交换。在疣足的腹侧有1个极小的排泄孔。

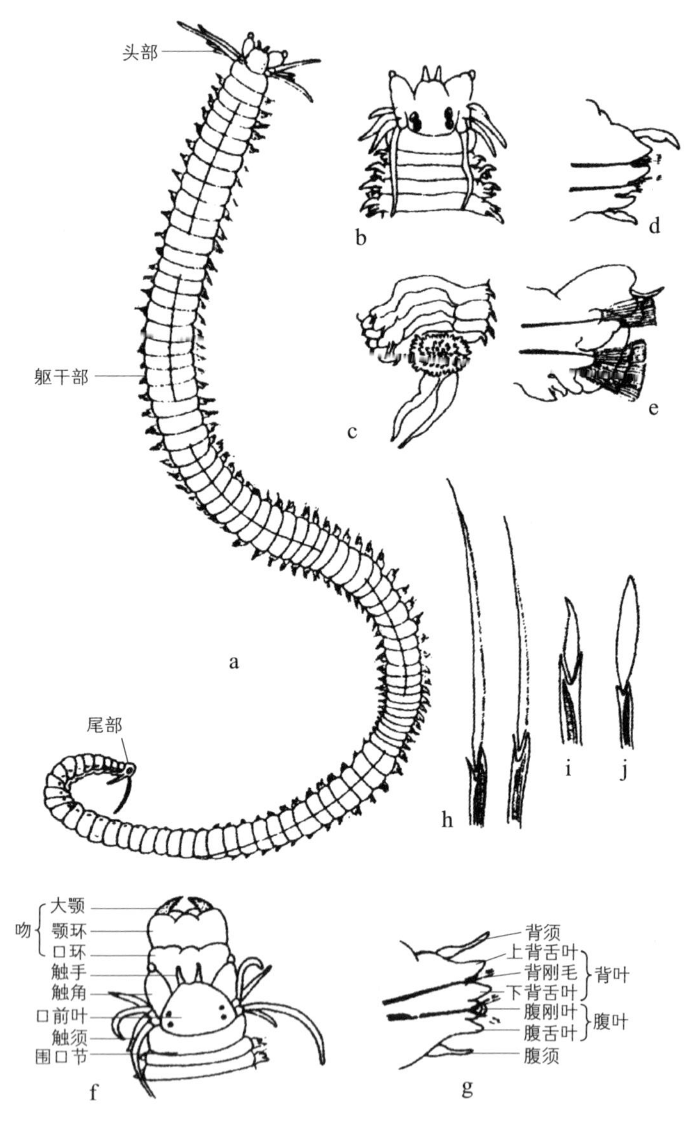

a. 多齿围沙蚕 *Perinereis nuntia*；b ~ e. 旗须沙蚕 *Nereis vexillosa* 的生殖态；b. 头部；c. 尾部；d. 雌性疣足；e. 雄性疣足；f. 头部及吻；g. 疣足各部；h. 复型刺状刚毛；i. 复型镰刀形刚毛；j. 桨状刚毛

图 3-19-1　沙蚕的外部形态（自孙瑞平等，2004）

（二）环节动物门的常见种类

1. 多美沙蚕 *Namanereis augeneri*

多美沙蚕属于多毛纲叶须虫目沙蚕科溪沙蚕亚科美沙蚕属。口前叶宽椭圆形，具 1 对短小的触手和 1 对圆球形触角（图 3–19–2）。眼 2 对，位于口前叶中后部，前对肾形，后对圆形。围口节稍窄于其后的刚节，具 3 对指状的围口节触须。吻前端具大颚 1 对，上具侧齿 7 ～ 8 枚；吻表面光滑，无颚齿或乳突。疣足均为单叶型或亚双叶型，具 2 根足刺。背、腹须皆为指状，腹须较小。背叶仅呈一模糊的皱褶，内具 1 根背足刺；腹叶钝锥状，内具 1 根腹足刺。腹足刺上方具复型异齿刺状和异齿镰刀形刚毛，腹足刺下方具复型异齿镰刀形刚毛。镰刀形刚毛端片的侧齿粗大。为广分布的北温带种，分布于我国黄海等地。

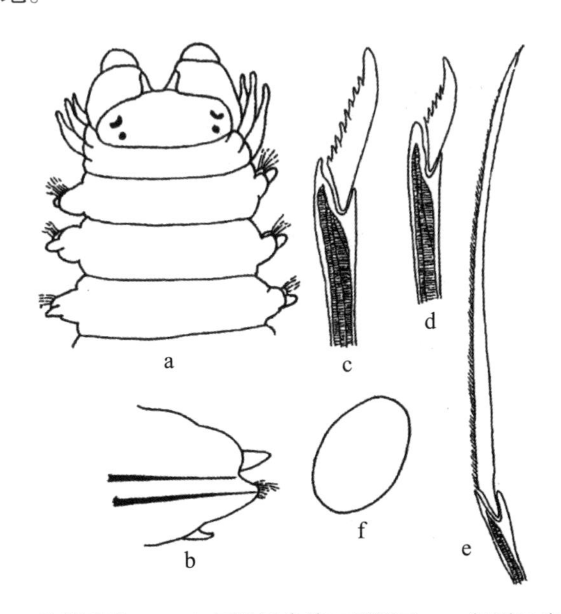

a. 体前端背面观；b. 足前面观；c、d. 复型异齿镰刀形刚毛；e. 复型异齿刺状刚毛；f. 卵

图 3–19–2 多美沙蚕 *Namanereis augeneri*（自孙瑞平等，2004）

2. 全刺沙蚕 *Nectoneanthes oxypoda*

全刺沙蚕属于多毛纲叶须虫目沙蚕科沙蚕亚科全刺沙蚕属。口前叶三角形，触手短小（图 3-19-3）。2 对眼近等大，矩形排列于口前叶后半部。触须 4 对，其中最长一对后伸可达第四至五刚节。除前 2 对疣足单叶型外，其余均为双叶型。单叶型疣足，背腹须和舌叶末端尖细指状。体前部双叶型疣足，背须长，但不超过疣足叶，具 3 个尖锥形背舌叶。从第十四对疣足开始，上背舌叶膨大，伸长，中部具凹陷，背须位于其中。体中部疣足的上背舌叶增大变宽为具凹陷的叶片状，背须位于其中。体后部疣足的上背舌叶逐渐变小为椭圆形，背须位于其顶端。背腹刚毛均为复型等齿刺状，亦掺有非典型的异齿刺状刚毛。肛门位于肛节的背面，具 1 对细长的肛须。为广盐性种，可生活于海水、半盐水，主要分布在我国近海。

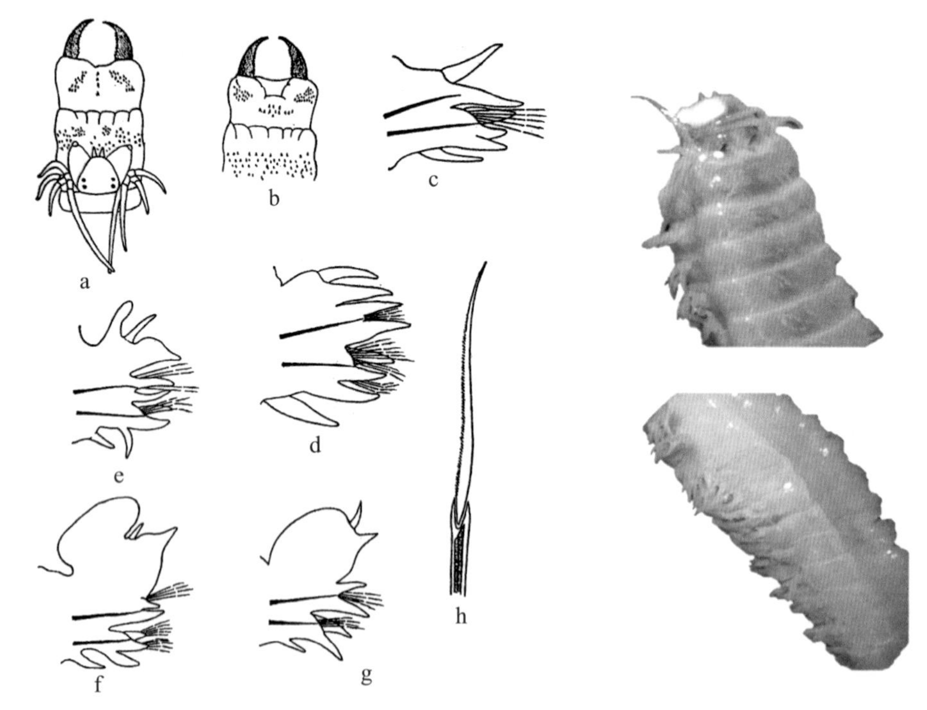

a. 体前端背面观（吻翻出）；b. 吻腹面观；c. 第一对疣足；d. 第九对疣足；e. 第十四对疣足；f. 体中部疣足；g. 体后部疣足；h. 复型等齿刺状刚毛

图 3-19-3　全刺沙蚕 *Nectoneanthes oxypoda*（自孙瑞平等，2004；彩照为本书作者拍摄）

3. 沙蚕 *Nereis pelagica*

沙蚕属于多毛纲叶须虫目沙蚕科沙蚕亚科沙蚕属。口前叶近五边形，宽稍大于长，触手短，2 对眼呈矩形排列（图 3-19-4）。围口节触须 4 对，最长者后伸可达第二至三刚节。除前 2 对疣足单叶型外，其余均为双叶型。单叶型疣足背腹须均为指状，背腹舌叶近等长，呈钝圆锥形。体前部双叶型疣足、体中部和体后部疣足的背腹舌叶近同形。体前部疣足背刚毛均为复型等齿刺状，体中部疣足具 1 根等齿刺状背刚毛和 2 ~ 3 根复型等齿镰刀形背刚毛，体后部背刚毛全为端片光滑的复型等齿镰刀形梭状刚毛。体前部腹刚毛在腹疣足刺上方为复型等齿刺状，下方为复型异齿刺状和异齿镰刀形；体中部和体后部腹刚毛在腹疣足刺上方为复型等齿刺状和异齿镰刀形，下方为复型异齿刺状和异齿镰刀形。为广布种，分布在我国渤海、黄海、东海等。

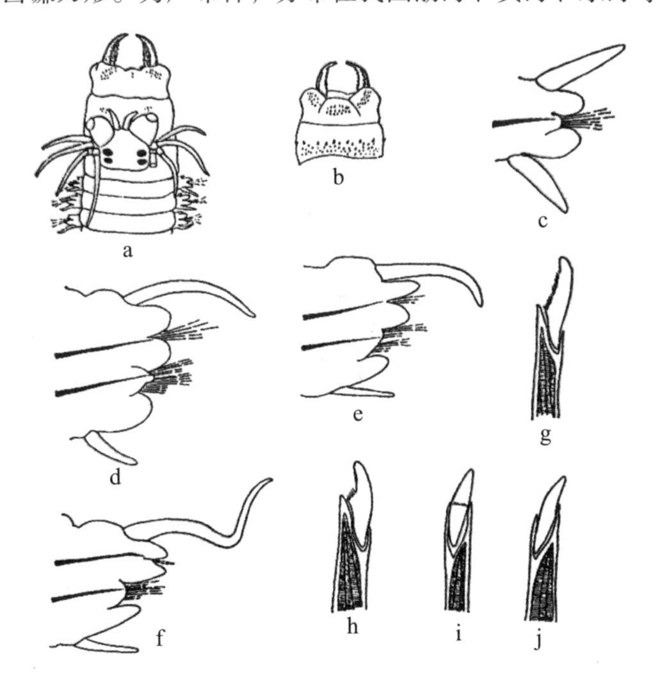

a. 体前部背面观（吻翻出）；b. 吻腹面观；c. 第一对疣足前面观；d. 第十五对疣足前面观；e. 体中部疣足前面观；f. 体后部疣足前面观；g. 复型异齿镰刀形刚毛；h. 端片粗短的复型异齿镰刀形刚毛；i. 端片光滑的复型等齿镰刀形刚毛；j. 复型等齿镰刀形刚毛

图 3-19-4　沙蚕 *Nereis pelagica*（自孙瑞平等，2004）

4. 宽叶沙蚕*Nereis grubei*

宽叶沙蚕隶属于多毛纲叶须虫目沙蚕科沙蚕亚科沙蚕属。口前叶梨形，触手比触角短；2对眼靠近，呈倒梯形，位于口前叶后半部（图3-19-5）。围口节触须4对，均为长须状。除前2对疣足单叶型外，其余均为双叶型。体前部双叶型疣足的上、下背舌叶和腹刚叶均呈大小近乎相等的钝圆锥形。体中部疣足的舌叶变细，上背舌叶稍长于下背舌叶。体后部疣足的上背舌叶膨大，背面隆起，呈宽叶片状，背须位于其背上方。体前部疣足背刚毛均为复型等齿刺状，体中后部背刚毛为2 ~ 4根端片具侧齿的复型等齿镰刀形刚毛替代。腹刚毛在腹疣足刺上方者为复型等齿刺状和异齿镰刀形，下方者为复型异齿刺状和异齿镰刀形。为两极同源且太平洋两岸分布种，分布在我国黄海、渤海等。

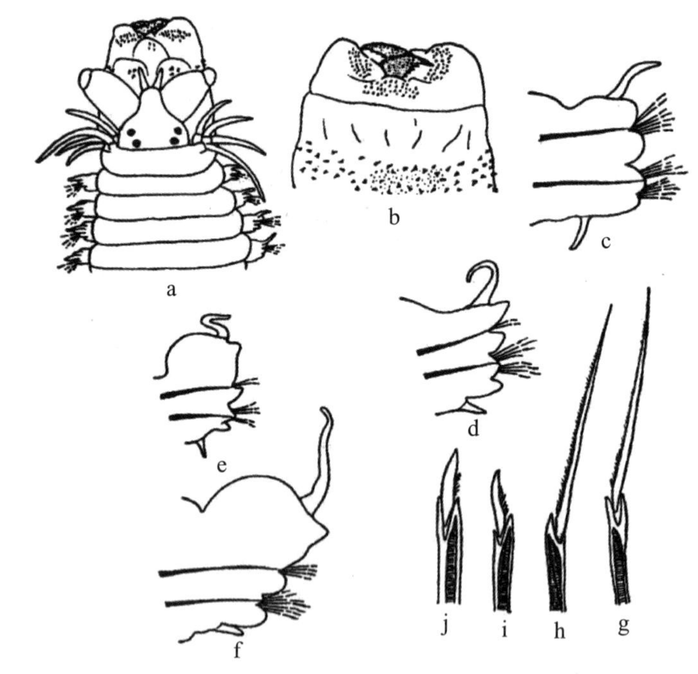

a. 体前端背面观（吻翻出）；b. 吻腹面观；c. 体前部疣足前面观；d. 体中部疣足前面观；e. 体后部疣足前面观；f. 另一个体的体后部疣足前面观；g. 复型等齿刺状刚毛；h. 复型异齿刺状刚毛；i. 复型异齿镰刀形刚毛；j. 复型等齿镰刀形刚毛

图3-19-5 宽叶沙蚕*Nereis grubei*（自孙瑞平等，2004）

5. 黄海沙蚕 *Nereis huanghaiensis*

黄海沙蚕属于多毛纲叶须虫目沙蚕科沙蚕亚科沙蚕属。口前叶、触角、第二刚节背面均无色斑，体中部以后的疣足叶具色素。口前叶梨形，2 对眼呈倒梯形排列于口前叶后部（图 3-19-6）。除前 2 对疣足单叶型外，其余均为双叶型。单叶型疣足的背须长约为腹须长的 2 倍。其余双叶型疣足的背舌叶均为指状，末端钝，上背舌叶长于下背舌叶。体前部的背刚毛为复型等齿刺状，体中部和体后部的复型等齿刺状背刚毛被 1 根端片较直、一侧具小细齿的复型等齿镰刀形刚毛替代。体前部腹刚毛在腹足刺上方为复型等齿刺状和异齿镰刀形，下方为复型异齿镰刀形。体中部和体后部腹刚毛在腹足刺上方为复型等齿刺状和粗柄的异齿镰刀形，下方为端片较细长和端片短的复型异齿镰刀形。分布于我国黄海。

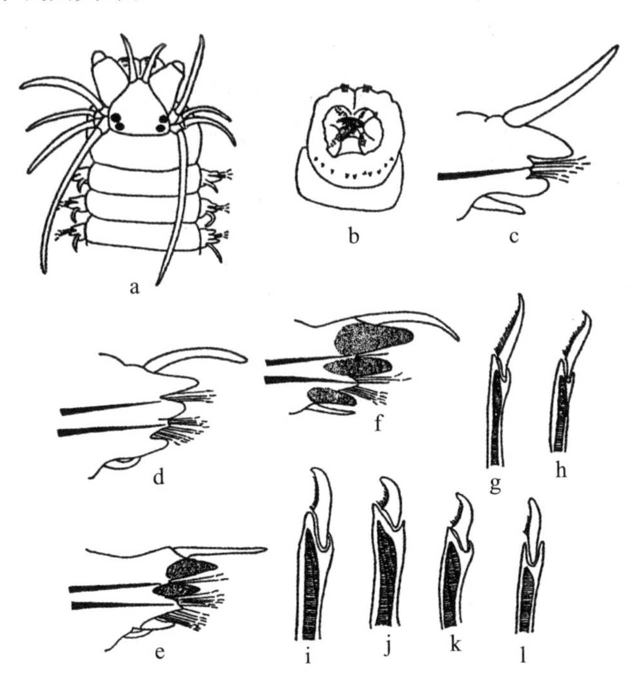

a. 体前部背面观；b. 吻顶面观；c. 第二对疣足；d. 第十五对疣足前面观；e. 第三十五对疣足前面观；f. 第五十五对疣足前面观；g. 端片细长的复型异齿镰刀形刚毛；h. 端片细、末端弯的复型异齿镰刀形刚毛；i ~ k. 复型异齿镰刀形刚毛；l. 复型等齿镰刀形刚毛

图 3-19-6　黄海沙蚕 *Nereis huanghaiensis*（自孙瑞平等，2004）

6. 澳洲鳞沙蚕 *Aphrodita australis*

澳洲鳞沙蚕属于多毛纲叶须虫目鳞沙蚕亚目鳞沙蚕科鳞沙蚕属。口前叶圆，具 1 根短的中触手。触角 2 个，长约为口前叶的 7 倍，上具小乳突。背鳞 15 对，平滑，为刚毛所覆盖（图 3–19–7）。背足刺状刚毛深褐色，具金属光泽，长而明显弯曲。刚毛形成密集的束状，几乎覆盖整个背表面，在体后部刚毛束相互交织。腹刚毛分成 3 层，均呈尖形：上层 2 ~ 3 根，粗而末端钝；中层 3 ~ 4 根；下层 7 根。分布于我国黄海、东海。

a. 上层腹刚毛；b. 中层与下层的羽状刚毛

图 3–19–7　澳洲鳞沙蚕 *Aphrodita australis*（自孙瑞平等，2004；彩照为本书作者拍摄）

7. 软背鳞虫 *Lepidonotus helotypus*

软背鳞虫属于多毛纲叶须虫目多鳞虫科背鳞虫属。口前叶背鳞虫型，长和宽近乎相等（图 3–19–8）。鳞片 12 对，软而肥厚，呈黑色或浅褐色，与疣足附着处有 1 个圆形白斑，表面具小的软乳突，无硬结节或缘穗，具脉纹。触手、触须和疣足背须的近末端具明显的膨大部，触手和触须呈暗灰色，背须膨大部稍往里具 1 个暗灰色横带。疣足双叶型。背刚毛毛状，具锯齿；腹刚毛粗，具侧锯齿，末端单齿。分布于我国黄海潮间带岩岸或砾石岸。

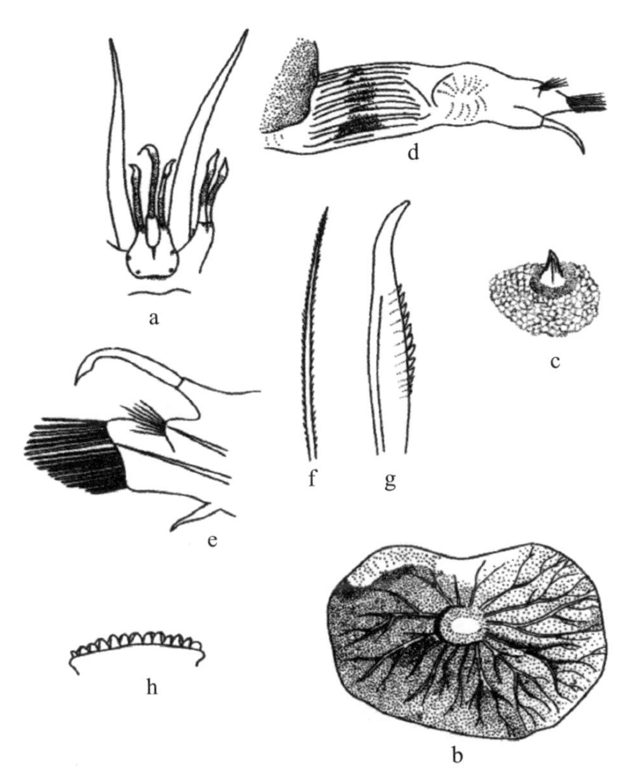

a. 头部背面观；b. 鳞片（在透射光下可见脉络）；c. 鳞片表面锥形突起；d. 第十六体节疣足背面部分被鳞片覆盖；e. 疣足；f. 背刚毛；g. 腹刚毛；h. 吻的缘突

图 3-19-8　软背鳞虫 *Lepidonotus helotypus*（自孙瑞平等，2004）

8. 水蛭

水蛭俗称蚂蟥，是蛭纲动物的统称。通常身体背腹扁形，或略呈圆柱形，前、后两端较狭窄，或头后有颈部（图 3-19-9）。体形随伸缩的程度或取食的多少而改变。前端和后端各有 1 个吸盘，有吸附功能。前吸盘较小，口在其腹中位。尾吸盘杯形或盘形，多朝向腹面。肛门在体后部背中与尾吸盘的交界线上，或在其前面不远处。身体的前半段有 1 条环带，或称生殖带，环带腺开口在其表皮上。环带区的腹中有雄性及雌性生殖孔各 1 个，在身体腹侧每体节还有 1 对肾孔。身体表面特别是背面散布着许多对称排列的感器，具有触觉与感光的作用。在头部前端的背面有形状、位置和数目因种不同的眼。体表的颜色变化甚大，有的种类有鲜艳的色彩，有的具有排列规则的斑纹，但经过麻醉和固定处理的标本会逐渐褪去颜色，还有的全身透明无色。

水蛭身体通常分成 5 个部分，每部分都包括一定数目的体节：头部 6 节，颈部 6 节，腹部 12 节，肛门部 3 节，尾吸盘 7 节。构成尾吸盘的 7 个体节难以从外表加以区分，因此在描述体节数时通常忽略不计，仅描述身体部分的 27 个体节。

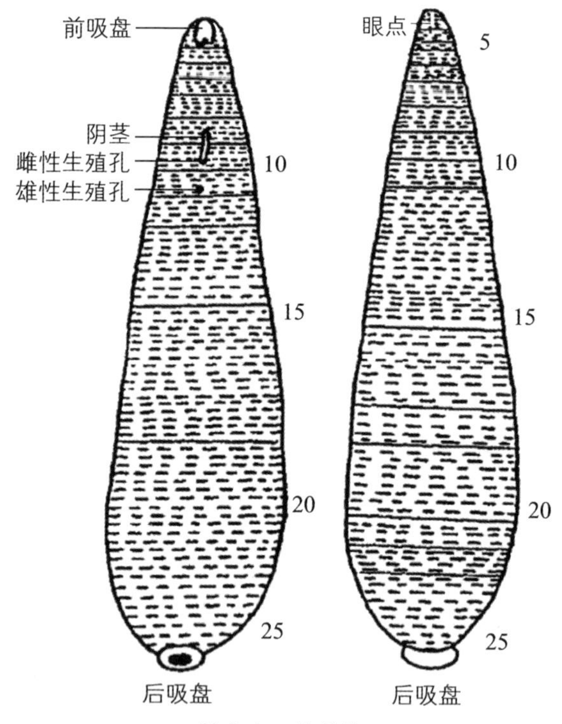

图 3-19-9　水蛭的形态特征（自于洪贤，2001）

五、作业

（1）绘图：绘制沙蚕头部的形态结构图，并标注各部位的名称。

（2）绘图：绘制沙蚕疣足的形态结构图，并标注各部位的名称。

实验 20 刺胞动物门常见种类形态特征与综合比较

一、实验目的

（1）掌握水螅型和水母型的形态结构及各部位的名称。

（2）通过观察，识别刺胞动物门常见种类并掌握其形态特征和分类地位。

二、实验仪器和用品

体视显微镜、培养皿、尖头镊子、解剖针、擦镜纸。

三、实验方法与步骤

观察刺胞动物门常见种类的外部形态结构，分析鉴定不同物种，掌握其分类地位和主要形态特征。

四、实验内容

刺胞动物门外部形态特征和常见种类形态观察与综合比较。

（一）刺胞动物门的主要特征

刺胞动物呈管状或伞形，为一端开口、另一端封闭的囊袋状动物，是辐射对称、具两胚层、有组织分化、具原始的肠腔及原始神经系统的低等后生动物（图 3-20-1）。具特殊的刺细胞。水螅水母外形见图 3-20-2。

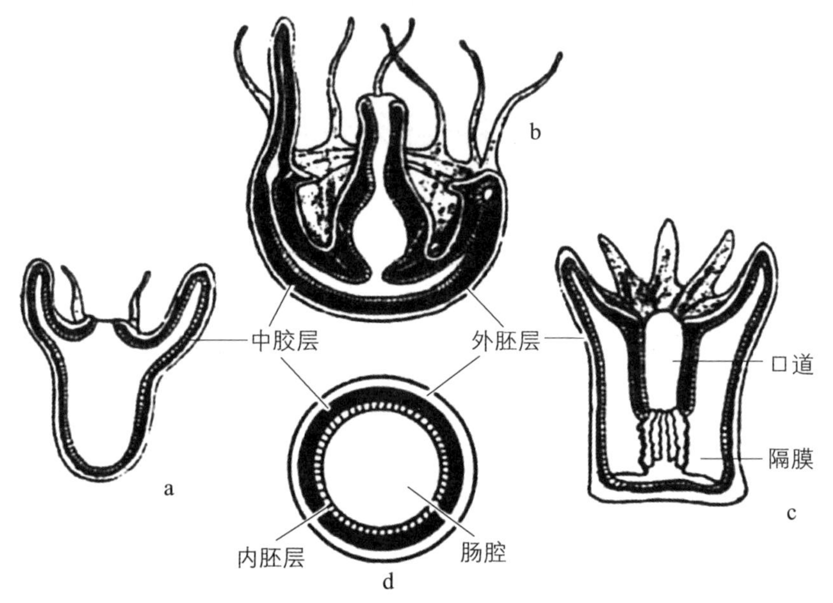

a. 水螅纲；b. 钵水母纲；c. 珊瑚纲；d. 横切面

图 3-20-1　刺胞动物的形态特征（自杨德渐等，1999）

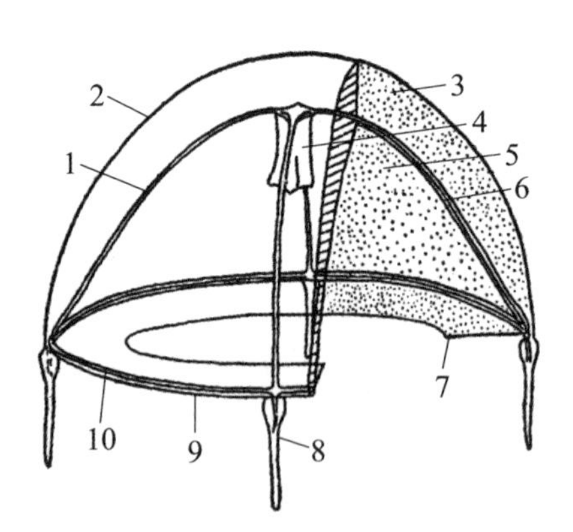

1. 辐管；2. 外伞表面；3. 中胶层；4. 垂管；5. 内伞腔；
6. 内伞表面；7. 缘膜；8. 触手；9. 伞缘；10. 环管

图 3-20-2　水螅水母外形（自赵文，2016）

（二）刺胞动物门的常见种类

1. 绿海葵 *Anthopleura anjunae*

绿海葵属于珊瑚纲海葵目海葵科侧花海葵属。体长 20 ~ 30 mm，口盘直径 15 ~ 20 mm，身体呈圆筒状，体壁平滑，壁上有许多小孔，有白丝从小孔伸出（图 3-20-3）。触手分数圈排列在口盘上，触手排列第一圈为 12 根，第二圈 16 根，第三圈 24 根，第四圈 48 根，总数为 100 根。触手为绿色，口盘绿色，间有黄色的辐射线，体壁暗绿色。体侧橙黄色。在我国主要分布于黄海沿岸，在海滨低潮线以上的岩石间较为常见。体内含有毒素，不能食用。

图 3-20-3 绿海葵 *Anthopleura anjunae*（自赵汝翼等，1965；彩照自李新正等，2016）

2. 黄海葵 *Anthopleura xanthogrammica*

黄海葵属于珊瑚纲海葵目海葵科侧花海葵属。身体呈圆筒状，体柱上有排列不规则的疣状突起，上宽下窄，辐射对称（图 3-20-4）。上端有 1 个平的口盘，长裂缝状的口位于口盘中央，口缘部具辐射条纹，口盘边缘环生触手，由内向外排成 4 列，依次有 12、12、24、48 根触手。自然舒张状态下，触手伸展如花。下部为底盘，以此固着在岩礁、养殖筏等物体上。

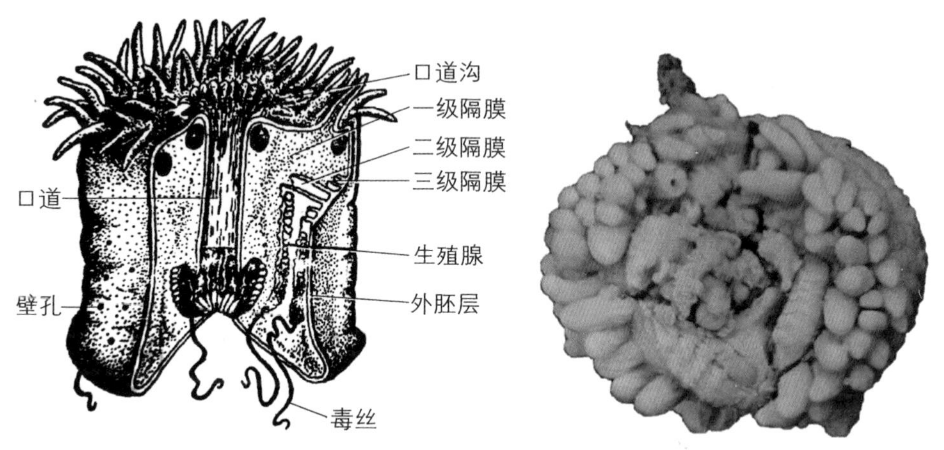

图 3-20-4　黄海葵 *Anthopleura xanthogrammica*（自刘凌云等，1997，彩照自李新正等，2016）

3. 海仙人掌 *Cavernularia habereri*

海仙人掌属于珊瑚纲海鳃目海仙人掌科海仙人掌属。身体呈棒状，灰白色或淡肉色，下部有长柄（图 3-20-5）。一般长 15 cm以上，当身体收缩时，长度可至 10 cm以下，伸展时即可增至数倍。主体周围不规则地单生许多水螅体，各水螅体均有触手 8 根。水螅体伸展时长约 4 cm（包含触手），收缩时可完全隐蔽于主体内。体内各处有棒状或纺锤状骨针，长约 0.5 mm。主要分布于我国黄海及东海沿岸，栖息于波浪平静的泥沙质海底，以柄部插入泥沙中，入夜群体伸展于海底平面上，隐约发出磷光，遇刺激时磷光可增强。

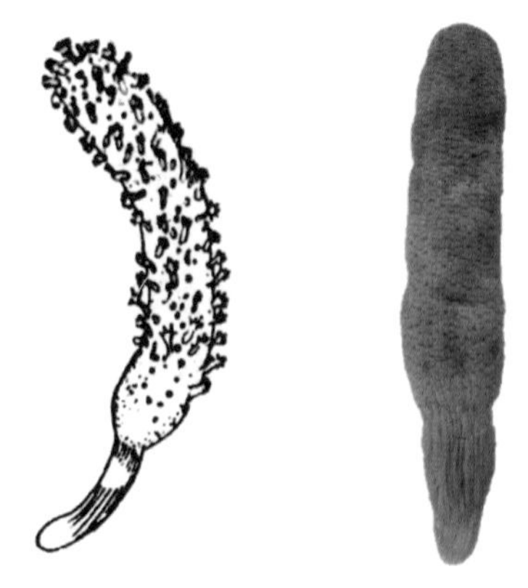
图 3-20-5　海仙人掌 *Cavernularia habereri*（自刘凌云等，1997；彩照为本书作者拍摄）

4. 海蜇 *Rhopilema esculentum*

海蜇属于钵水母纲根口水母目根口水母科海蜇属。外伞表面光滑，成体伞径可达 25 cm以上，每 1/8 伞缘有 14 ~ 18 个缘垂（图 3–20–6）。共 16 条辐管，除纵辐管内侧不分支外，所有辐管在环管的内外侧分支，彼此相连成网状。内伞有发达的环肌。成体颜色多样，多数为红褐色、乳白色和青蓝色，少数为黄褐色或金黄色。广泛分布于我国河北、辽宁、山东沿海。

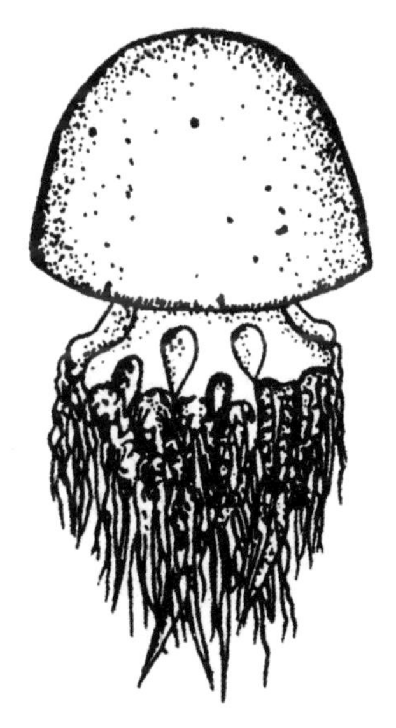

图 3–20–6　海蜇 *Rhopilema esculentum*（自杨德渐等，1999）

5. 沙海蜇 *Stomolophus meleagris*

沙海蜇属于钵水母纲根口水母目口冠水母科口冠水母属。沙海蜇伞部为半球形，伞弧长 170 cm左右（图 3–20–7）。伞外表面密布小颗粒状突起，突起呈不规则形，约 0.8 mm × 2.5 mm。中胶层坚实，伞中部中胶层厚 5 cm左右，向伞缘逐渐变薄，半透明。伞部为浅褐色，由中央向伞缘处，颜色逐渐变暗。伞内侧有发达的环状肌，以保证有力收缩。横裂生殖产生的碟状体漂浮在近岸水深 5 ~ 15 m的海区。广泛分布于我国沿海。

图 3-20-7　沙海蜇 *Stomolophus meleagris*（自鲁男等，1999）

6. 黄斑海蜇 *Rhopilema hispidum*

黄斑海蜇属于钵水母纲根口水母目根口水母科海蜇属。外伞部表面具有许多短小而尖硬的疣突，并有黄褐色小斑点（图 3-20-8）。每 1/8 伞缘有 8 个长椭圆形的缘瓣。口腕上着生的棒状附属物比较短小，在末端附属物呈球形或锤状。生殖乳突很大，为卵形，其表面有尖刺的突起。伞径为 35 ~ 54 cm，伞部为半球形，伞部中央较肥厚，结实，伞缘较薄。主要分布于日本、菲律宾、马来半岛海域以及印度洋。在我国分布于福建南部至广西沿海，为我国南部海域的重要渔业资源。

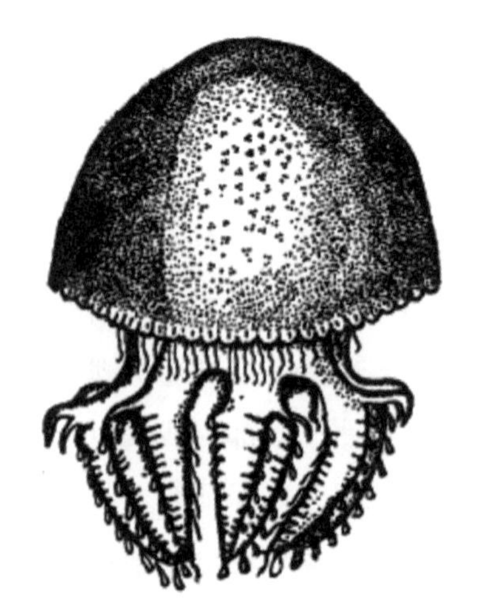

图 3-20-8　黄斑海蜇 *Rhopilema hispidum*（自《中国药用动物志》协作组，1983）

7. 海月水母 *Aurelia aurita*

海月水母属于钵水母纲旗口水母目洋须水母科海月水母属。伞无色透明，呈圆盘状，直径 10 ~ 30 cm。伞缘有 8 个结节状结构，内各有 1 个感觉器（图 3–20–9）。在每 2 个结节之间的伞缘悬着许多触手。下伞中央有一个方形的口，口的四角各有 1 条下垂口腕。有 4 个马蹄形粉红色的生殖腺。雌雄异体，外形相似。主要分布于我国渤海、黄海。

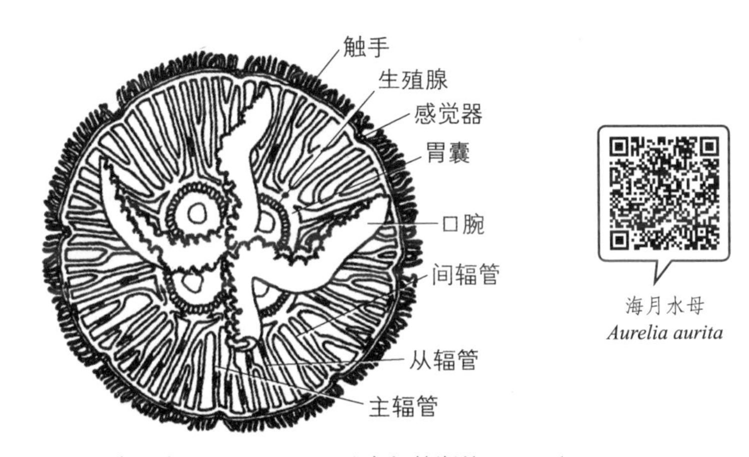

图 3–20–9　海月水母 *Aurelia aurita*（自杨德渐等，1999）

8. 叶腕水母 *Lobonema smithii*

叶腕水母属于钵水母纲根口水母目叶腕水母科叶腕水母属。伞径 23 cm 以上，伞部表面具有许多尖锥形的胶质突起，伞中央处的突起最长，可达 20 ~ 30 mm（图 3–20–10）。每 1/8 伞缘有 4 个缘瓣，缘瓣尖细而延长，很像触手，这是本种形态上最突出的特征。口腕长 15 cm，三翼型，翼状部分的长度为基部的 1.5 倍，呈片状，有许多丝状附属物。为大型暖水性水母，可食用。在我国主要分布于东海南部和南海，秋季数量大，形成鱼汛。加工后的产品亦称“海蜇皮”。

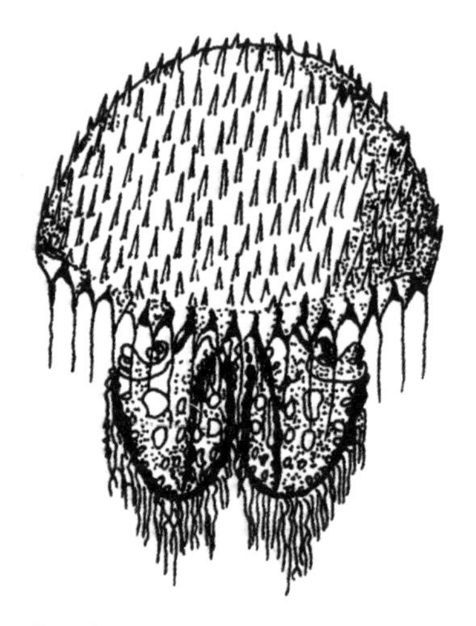

图 3-20-10　叶腕水母*Lobonema smithii*（自高尚武等，2002）

五、作业

（1）绘图：绘制水螅水母的外部形态图，并标注各部位的名称。

（2）绘图：从刺胞动物门常见种类中任选一种，绘制其外部形态图，并描述其分类地位和主要形态特征。

棘皮动物门常见种类形态特征与综合比较

一、实验目的

（1）掌握海星纲、海胆纲、蛇尾纲和海参纲的外部形态结构及各部位的名称。

（2）通过观察，识别棘皮动物门常见种类并掌握其形态特征和分类地位。

二、实验仪器和用品

体视显微镜、培养皿、尖头镊子、解剖针、擦镜纸。

三、实验方法与步骤

观察棘皮动物门常见种类的外部形态结构，分析鉴定不同物种，掌握其分类地位和主要形态特征，编制检索表。

四、实验内容

棘皮动物门外部形态特征和常见种类形态观察与综合比较。

（一）海星纲 Asteroidea

海星纲动物体扁平，多为五辐射对称，体盘（中央盘）和腕分界不明显。生活时口面向下，反口面向上。腕腹侧具步带沟，沟内伸出管足。内骨骼的骨板以结缔组织相连，柔韧可曲。体表具棘和叉棘，为骨骼的突起。从骨板间突出的膜质泡状突起，外覆上皮，内衬体腔上皮，其内腔连于次生体腔，称为皮鳃，有呼吸和使代谢产物扩散到外界的作用。常见种类有砂海星、海燕、海盘车等（图 3-21-1）。

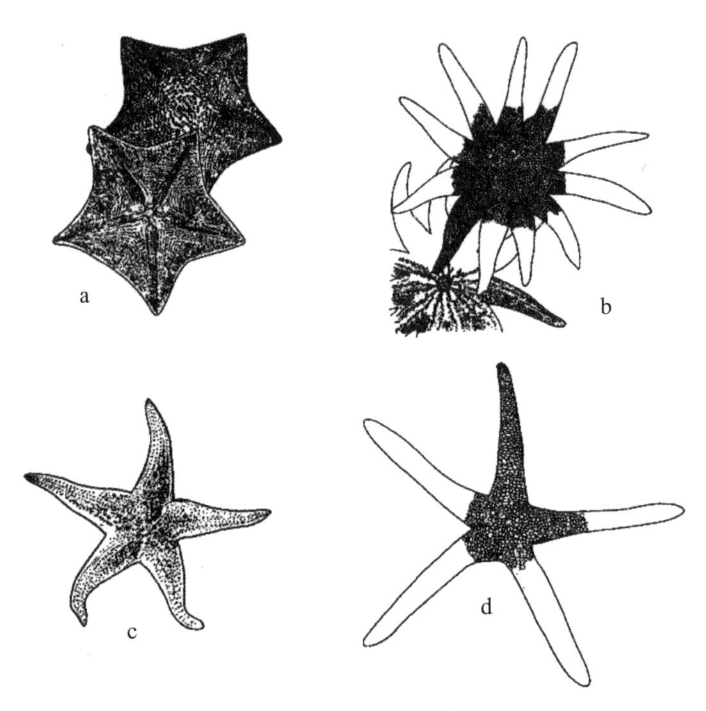

a. 海燕 *Patiria pectinifera*；b. 陶氏太阳海星 *Solaster dawsoni*；
c. 海盘车 *Asterias rollestoni*；d. 鸡爪海星 *Henricia leviuscula*
图 3-21-1　海星纲常见种类（自张凤瀛等，1964）

1. 海燕 *Patiria pectinifera*

海燕属于瓣棘海星目海燕科海燕属。体多为规则五角形，边缘薄（图 3-21-1a、图 3-21-2）。反口面骨板呈覆瓦状排列，板上有成簇的小棘或颗粒。口面间辐部大，骨板也呈覆瓦状排列，板上有栉状或扇状小棘。上、下缘板不显著，管足有吸盘。生活于沿岸浅海的沙底、碎贝壳底和岩礁底。肉食性，能捕食软体动物、棘皮动物及蠕虫等。繁殖季节为 6—7 月。

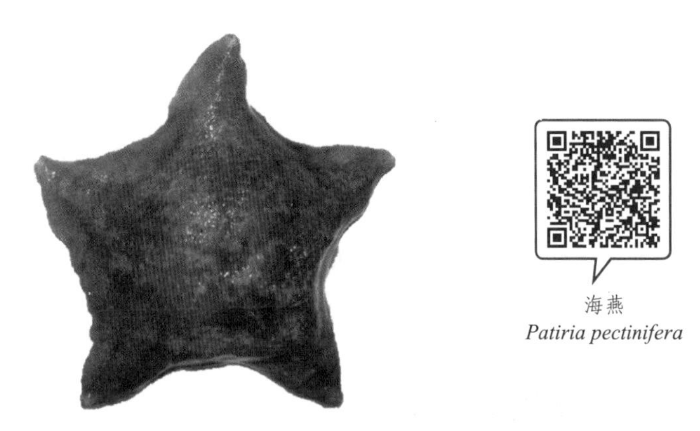

图 3-21-2　海燕 *Patiria pectinifera*（彩照为本书作者拍摄）

2. 多棘海盘车 *Asterias amurensis*

多棘海盘车属于钳棘目海盘车科海盘车属。体扁，口面平，反口面稍隆起，呈五角形（图 3-21-3）。腕基部宽，末端渐细，一般为 5 个，罕见 6 ~ 8 个，为再生所致。与筛板（体盘反口面上的圆扣状钙质板，板上具辐射状凹纹）相对的腕称A腕，按顺时针方向依次为B、C、D、E腕。最大个体的腕长可达 12 cm。常见于我国黄海、渤海，在潮间带至水深 40 m的浅海营底栖生活。

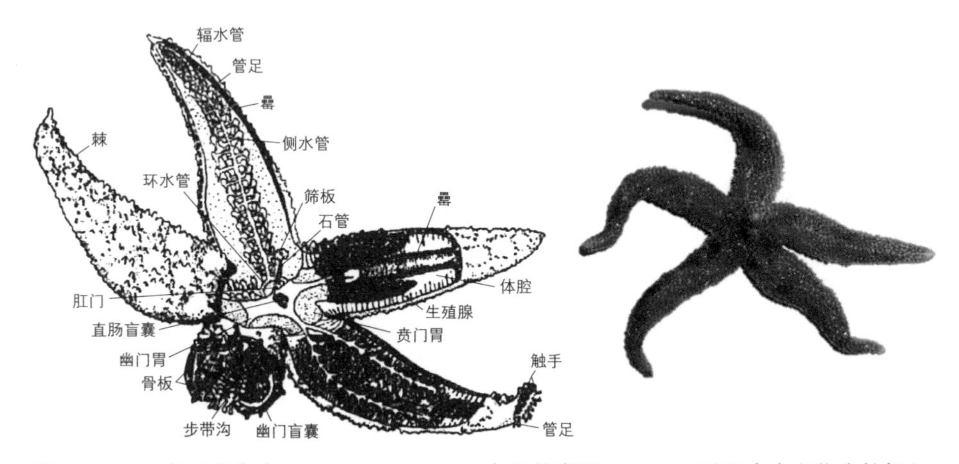

图 3-21-3　多棘海盘车 *Asterias amurensis*（自杨德渐等，1996；彩照为本书作者拍摄）

3. 砂海星 *Luidia quinaria*

砂海星属于柱海星目砂海星科砂海星属。腕的上、下缘板大而显著，管足无吸盘，叉棘无柄（图 3-21-4）。各板上有 1 枚大型侧棘和 1 行较小的鳞状棘；侧棘的基部近口侧有 1 枚大的直形叉棘。腹侧板小而圆，单行排列至腕端，每板上有 1 枚大的直形叉棘和 4 ～ 6 枚排列成栉状的小棘。为我国各海域的习见种。

图 3-21-4　砂海星（自张凤瀛等，1964；彩照为本书作者拍摄）

（二）海胆纲 Echinoidea

海胆纲动物体呈球形、盘形或心脏形，无腕。内骨骼互相愈合，形成坚固的壳。壳板分 3 个部分。第一部分最大，由 20 行多角形骨板排列成 10 个带区，即 5 个具管足的步带区和 5 个无管足的间步带区，二者相间排列。各骨板上均有疣突和可动的长棘。第二部分称顶系，位于反口面中央，由围肛部和 5 个生殖板、5 个眼板组成。各生殖板上均有生殖孔；有 1 块生殖板多孔，形状特异，兼有筛板的作用。各眼板上均有 1 个眼孔，辐水管末端自孔伸出，为感觉器。围肛部上有肛门。第三部分为围口部，位于口面，有 5 对口板，排列规则，各口板上均有 1 个管足。口周围有 5 对分支的鳃，为呼吸器官。海胆借助管足和棘的运动在海底匍匐，运动速度比较缓慢，有时则以管足吸盘吸附于岩石上。常见种类有马粪海胆、细雕刻肋海胆等（图 3-21-5）。

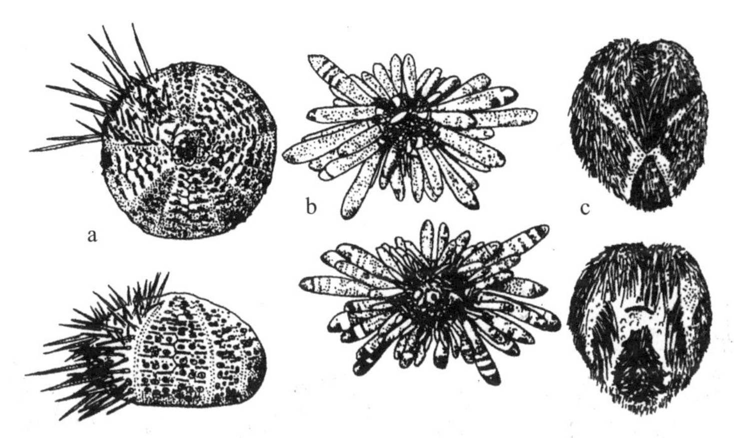

a. 细雕刻肋海胆 *Temnopleurus toreumaticus*；b. 石笔海胆 *Heterocentrotus mammillatus*；c. 心形海胆 *Echinocardium cordatum*

图 3-21-5 海胆纲常见种类（自张凤瀛等，1964）

1. 马粪海胆 *Hemicentrotus pulcherrimus*

马粪海胆属于拱齿目球海胆科马粪海胆属。壳坚固，半球形，褐色，棘短而多，直径 3 ~ 4 cm，最大可达 6 cm（图 3-21-6）。反口面低，略隆起，口面平坦。步带区与间步带区幅宽相等，但间步带区的膨起程度比步带区略高，因而壳形自口面观为接近于圆形的圆滑正五边形。在我国渤海、黄海极为普遍。

图 3-21-6 马粪海胆 *Hemicentrotus pulcherrimus*（自张凤瀛等，1964）

2. 哈氏刻肋海胆 *Temnopleurus hardwickii*

哈氏刻肋海胆属于拱齿目刻肋海胆科刻肋海胆属。壳较低平，呈半球形，最大直径为 4.5 cm，高约 2 cm（图 3–21–7）。步带狭窄，比间步带稍隆起。各步带板水平缝合线上的凹痕比间步带的小。步带的有孔带很窄，管足孔很小，它们和大疣的中间由数个小疣分开。间步带宽，各间步带板水平缝合线上的凹痕大而明显，边缘倾斜，并且内端深陷成孔状。顶系显著隆起，生殖板和眼板上均生有多个颗粒。在我国常见于黄海、渤海。

图 3–21–7　哈氏刻肋海胆 *Temnopleurus hardwickii*（自纪加义等，1979；彩照为本书作者拍摄）

（三）蛇尾纲 Ophiuroidea

蛇尾纲动物体扁平，星状。体盘小，腕细长，二者分界明显。腕内中央有一系列腕椎骨，骨间有可动关节，肌肉发达。腕上常被有明显的鳞片，无步带沟。腕只能做水平屈曲运动。管足和消化管退化，无肠，无肛门。可栖息于潮间带至约 6 000 m深的深海，在底质类型为砂质、石质的海床和珊瑚礁环境最为常见，而在寒带海洋和泥质海床环境中则比较少见。常见种类有海盘、筐蛇尾、真蛇尾等（图 3–21–8）。

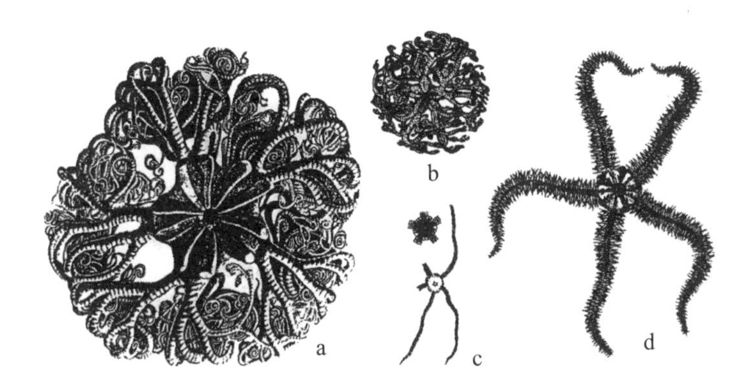

a. 海盘；b. 筐蛇尾；c. 真蛇尾；d. 刺蛇尾

图 3–21–8　蛇尾纲常见种类（a 自 Ludwing；b 自江静波；c 仿陈义；d 自 MacBride）

1. 紫蛇尾 *Ophiopholis mirabilis*

紫蛇尾属于真蛇尾目辐蛇尾科紫蛇尾属。盘的直径为 4 ～ 16 mm，一般为 10 mm，腕长约为盘直径的 4 倍。盘圆，间辐部膨大；背面被有大小不同的鳞片，各鳞片的周围有颗粒状突起；盘中央和间辐部常散生多枚钝形短棘（图 3–21–9）。辐楯大而狭长，中间被 2 ～ 3 枚大型鳞片所分隔。腹面间辐部也有小鳞片和小棘。背腕板很特别，其两侧各有 1 个副板，外缘还围有 14 ～ 18 枚小鳞片。常集群分布，多栖息在水深 20 ～ 160 m 的泥沙底。

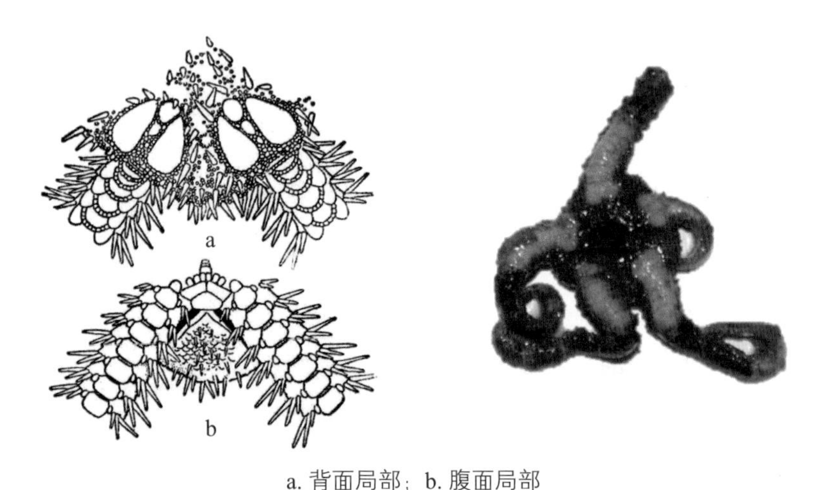

a. 背面局部；b. 腹面局部

图 3–21–9　紫蛇尾 *Ophiopholis mirabilis*（自黄宗国等，2012；彩照为本书作者拍摄）

2. 萨氏真蛇尾 *Ophiura sarsii*

萨氏真蛇尾属于真蛇尾目真蛇尾科真蛇尾属。体形相对较大，盘的直径为 15 ~ 20 mm，腕长为 45 ~ 60 mm。盘上的鳞片大小不等，带角，排列无规则并且略微鼓起；区别不出其中背板、辐板和基板（图 3-21-10）。辐楯比较短宽。腕栉的栉棘短而钝，在大型个体上更为明显；幼小个体的栉棘比较细长，但长度不超过其厚度的 3 倍；从上面能看到 12 ~ 14 个栉棘。在腕栉的下方和第二至四个背腕板的侧面，还有 1 个较小的副腕栉，它的栉棘很短小，呈细棘或念珠状。体色变化很大，通常为深灰或浅灰色，有时带褐色或黄色。

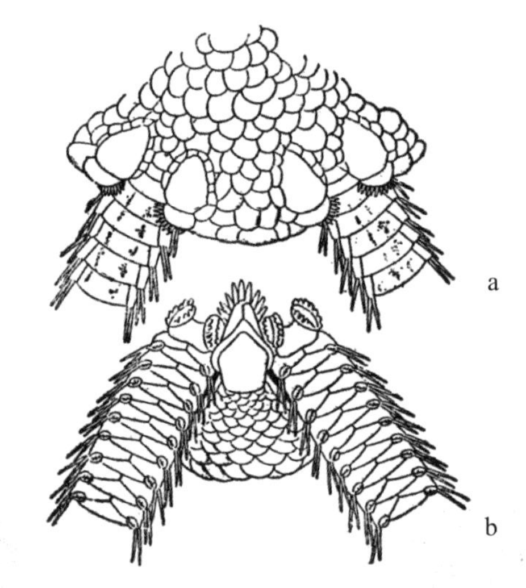

a. 背面局部；b. 腹面局部

图 3-21-10　萨氏真蛇尾 *Ophiura sarsii*（自黄宗国等，2012）

3. 司氏盖蛇尾 *Stegophiura sladeni*

司氏盖蛇尾属于真蛇尾目真蛇尾科盖蛇尾属。盘的直径为 10 ~ 15 mm，腕短，腕长为盘直径的 2 ~ 2.5 倍。盘厚，上被大型板状厚鳞片，其排列有的精致，有的呈不规则的覆瓦状（图 3-21-11）。辐楯粗壮，略长，仅中部相接，内端被 1 枚大的三角形鳞片所分隔，外端被第一背腕板所分开。口楯大，卵圆形，占间辐部的大半。侧口板近于三角形。口棘 5 ~ 6 枚，顶端一枚最强大。

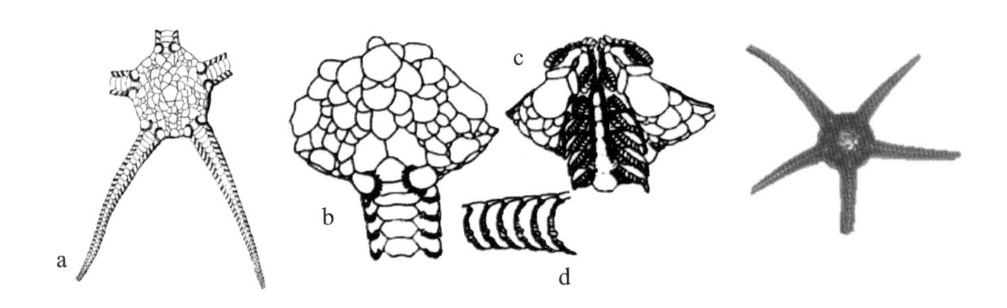

a. 背面；b. 背面局部；c. 腹面局部；d. 腕基部侧面观

图 3-21-11　司氏盖蛇尾 *Stegophiura sladeni*（自黄宗国等，2012；彩照为本书作者拍摄）

（四）海参纲 Holothuroidea

海参纲动物口面和反口面延长，呈圆筒状；口在身体前端，肛门在身体后端；背面和腹面常有不同；口周围有触手；内骨骼不发达，形成微小的骨片（骨针），埋没于体壁之内；生殖腺不呈辐射对称，开口于身体前端的 1 个间步带。这与其他纲背面是反口面、腹面是口面的情况不同。某些海参纲动物呈现一定程度的两侧对称。口位于前端，口周环生触手，肛门位于后端。背面 2 个步带区管足退化，有圆锥状肉突，腹面 3 个步带区有管足。体壁肌肉发达。骨骼为各种微小的石灰质骨片。呼吸器官为呼吸树（兼有排泄作用）。常以小型甲壳动物、植物及混在泥沙中的有机质为食。广布于世界各海域，多栖息于 3 ~ 15 m 深的浅海。

1. 仿刺参 *Apostichopus japonicus*

仿刺参隶属于楯手目刺参科仿刺参属。体长 20 ~ 40 cm。体柔软，呈圆筒形，黑褐色、黄褐色或灰白色。背面隆起，有 4 ~ 6 个大小不等、排列不规则的圆锥形肉刺（图 3-21-12）。腹面平坦，有 3 行管足密布。口位于前端，有 20 条总状围口触手。体壁内骨骼退化成微小骨片。喜生活于海底岩石下或海藻丛中，运动迟缓。有夏眠习性。水温过高或水质混浊时，常自肛门排出内脏，如环境适宜，2 个月左右能再生。

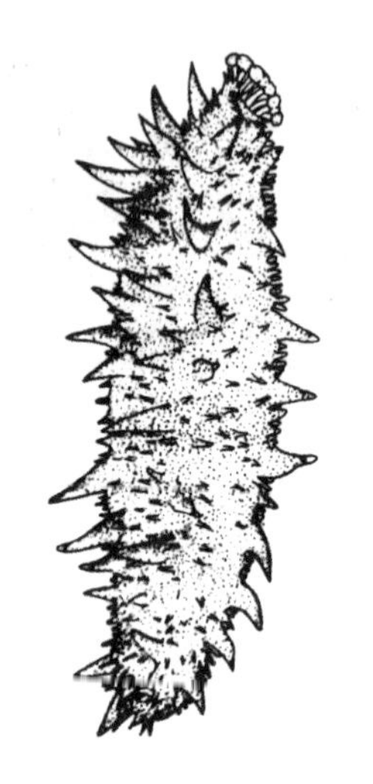

图 3-21-12　仿刺参 *Apostichopus japonicus*（自张凤瀛等，1964）

2. 梅花参 *Thelenota ananas*

梅花参属于楯手目刺参科梅花参属。为海参纲中体形最大的一种，体长一般为 38 ~ 72 cm，最大可达 1 m。背面肉刺很大，每 3 ~ 11 个肉刺基部相连，呈花瓣状（图 3-21-13）。腹面平坦，管足小而密布。口稍偏于腹面，周围有 20 个触手。背面橙黄色或橙红色，散布黄色和褐色斑点；腹面带赤色；触手黄色。常栖息于水深 3 ~ 10 m 而有少数海草的珊瑚砂底。

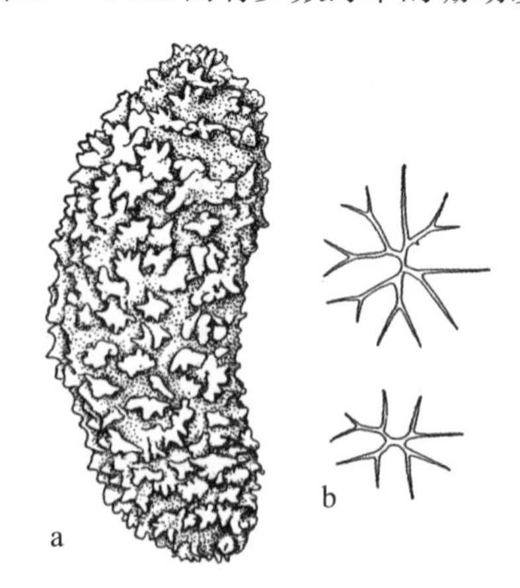

a. 动物侧面观；b. 分枝杆状体

图 3-21-13　梅花参 *Thelenota ananas*（自廖玉麟，1997）

3. 海棒槌 *Paracaudina chilensis*

海棒槌属于芋参目尻参科海棒槌属。体形中等，长约 10 cm，直径约 3 cm，生活中充分伸展时尾长约为体长的 1.5 倍。体为纺锤形，体壁薄而光滑，略透明（图 3–21–14）。触手 15 个，各有 2 对侧指，上端 1 对侧指较大。肛门周围有 5 组小疣，每组 3 个。体壁骨片多数为十字形皿状体。通常穴居在低潮区沙内。垂直分布范围广，从潮间带到水深 990 m 均有。在我国广泛分布于黄海沿岸。

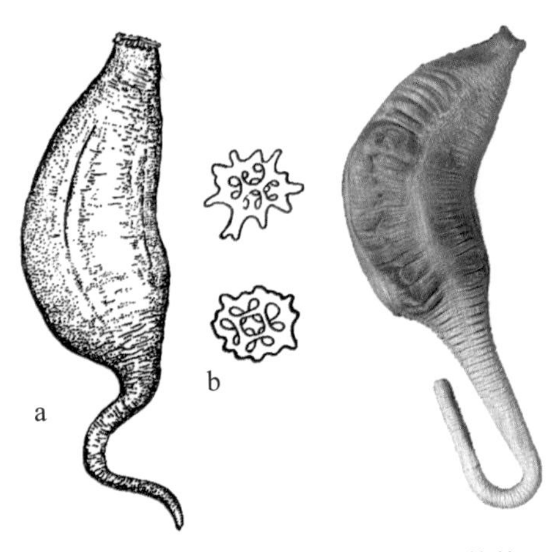

a. 动物侧面观；b. 体壁内十字形皿状体

图 3–21–14　海棒槌 *Paracaudina chilensis*（自廖玉麟，1997；彩照自李新正等，2016）

五、作业

（1）绘图：从海星纲、海胆纲和蛇尾纲常见种类中各任选一种，绘制其外部形态图，并描述其分类地位和主要形态特征。

（2）编制检索表：从本实验观察的海星纲、海胆纲或蛇尾纲种类中任选 6 ~ 8 种，编制检索表。

实验22 水生维管束植物根、茎、叶、花的形态特征与综合比较

一、实验目的

通过观察，掌握水生维管束植物根、茎、叶、花等器官的主要类型及其形态特征。

二、实验仪器和用品

显微镜、载玻片、盖玻片、尖头镊子、解剖针、擦镜纸。

三、实验方法与步骤

观察水生维管束植物根、茎、叶、花等器官的标本，掌握水生维管束植物主要器官的类型和形态特征，并进行综合比较。

四、实验内容

水生维管束植物主要器官的形态特征与所负担的功能一致，并与它们所处的水环境相适应。

（一）根

根一般是植物的地下部分，依其形态可分为直根、须根等多种类型。一株植物根的总体称为根系。水生维管束植物的根系多为须根系（图 3-22-1）。须根生于泥土中或悬垂于水层中，起着固定、平衡植物体和吸收营养物质的作用。由于水体较大的浮力和良好的溶存性，水生维管束植物根系的固着、支持和吸收功能已远不如陆生植物重要。总的来说，水生维管束植物的根系明显退化，分枝少或不分枝，某些漂浮植物甚至缺少根系。无根萍（芜萍）*Wolffia arrhiza*就是没有根的水生维管束植物（图3-22-2）。只有部分挺水植物尚保存着较为发达的根系，但固着功能常常由地下茎实现。

图3-22-1 须根——喜旱莲子草*Alternanthera philoxeroides*（自李永函，1993）

图3-22-2 无根——无根萍*Wolffia arrhiza*（自李永函，1993）

（二）茎

茎主要有着支持植物体和输送营养物质的作用，此外还有繁殖和贮存营养物质的功能等。水生维管束植物尤其是沉水植物，茎幼嫩而纤细，分枝少，表皮一般不具有陆生植物防止水分蒸发的角质层；含有叶绿素，能进行光合作用。水生维管束植物常见的茎的类型有直立茎、匍匐茎、根状茎、球茎等。

1. 直立茎

水生维管束植物的直立茎挺立于空气中或沉没于水层中，它们在长期的演化过程中产生了一系列适应水环境的形态结构。其机械组织退化，并且多集中在茎的中央，这样可以增加韧性，使之能随水漂荡而不易折断（图3-22-3）。由于茎直接浸没于水层中，茎的表皮细胞也可以吸收溶解于水中的各种营养物质，这样，本来担任输送水分和营养物质任务的维管束也就相应地退化了。沉水植物适应水层中光照弱的特点，茎的表皮细胞也具有叶绿素，可进行光合作用。沉水植物的茎还有个最大特点，是茎内气室特别发达，以适应水中气体交换差这一环境条件。

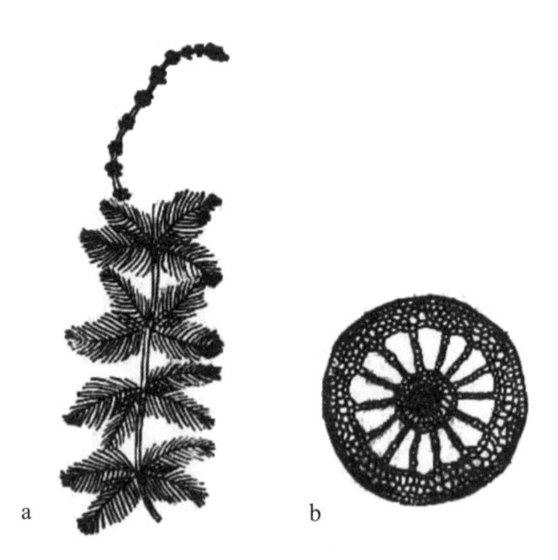

a. 直立茎；b. 茎横切面

图 3-22-3　穗状狐尾藻 *Myriophyllum spicatum*（自李永函，1993）

2. 匍匐茎

匍匐茎又称横走茎。水生维管束植物的匍匐茎沿水面蔓延生长，一般节间较长，节上生有须根，节上的芽萌发生长成新的独立植株。漂浮植物凤眼蓝 *Eichhornia crassipes*（又称凤眼莲、水浮莲、水葫芦）就是以匍匐茎进行营养繁殖的，用这种方法进行繁殖，速度很快（图 3–22–4）。

图 3–22–4　匍匐茎——凤眼蓝 *Eichhornia crassipes*（自李永函，1993）

3. 根状茎

根状茎又称根茎。莲 *Nelumbo nucifera*（图 3–22–5）和芦苇 *Phragmites australis* 等水生维管束植物都有发达的根茎。根茎的最大特点是具有发达的气室，以适应水底泥土中气体交换差的特点。另外，有的根茎营养丰富，可供食用。莲藕就是人们喜食的菜蔬。根茎繁殖力强，可在水底泥土中四处蔓延。根茎还可度过不良环境，待环境条件好转，根茎上的芽又可萌发成新植株。

图 3–22–5　根状茎——莲 *Nelumbo nucifera*（自李永函，1993）

4. 球茎

球茎位于根茎的顶端，埋藏于底泥中。球茎有明显的节和节间，并有顶芽和侧芽。节上着生有膜质鳞片叶，叶腋里生有腋芽。荸荠*Eleocharis dulcis*、慈姑*Sagittaria* sp.都是具有球茎的挺水植物（图 3-22-6）。荸荠和慈姑的球茎含有丰富的淀粉等营养物质，是很好的菜蔬，又能加工成罐头。

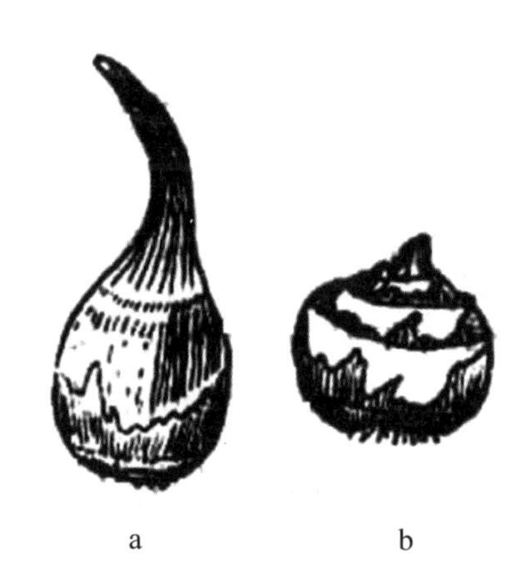

a. 慈姑*Sagittaria* sp.；b. 荸荠*Eleocharis dulcis*
图 3-22-6　球茎（自李永函，1993）

（三）叶

叶是茎叶体植物光合作用的重要场所，是制造有机物质的重要器官，一般由叶片、叶柄和托叶 3 个部分组成（图 3-22-7）。叶片是叶的主要部分；托叶是叶柄两侧所产生的小叶状物。有些种类叶的基部扩大成鞘状或由托叶演变成鞘状，被称为叶鞘或鞘状托叶。叶鞘、鞘状托叶与叶片分离或叶的基部愈合，包裹着茎秆。叶鞘常具有叶舌和叶耳。叶舌位于叶片和叶鞘相连的腹面。叶耳位于叶舌两侧。

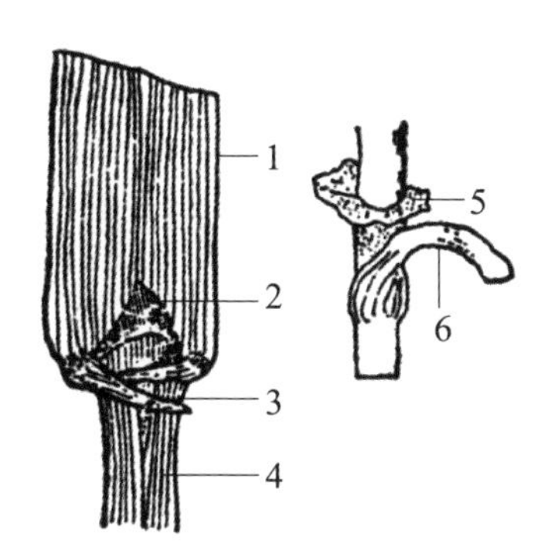

1. 叶片；2. 叶舌；3. 叶耳；4. 叶鞘；5. 托叶鞘；6. 叶柄

图 3-22-7　叶的组成（自赵文，2016）

1. 叶脉

叶脉是贯穿叶内的维管束，具有输送水和营养物质以及支持叶片生长的作用。依据在叶内的分布情况，叶脉可分为平行脉和网状脉两大类（图 3-22-8）。平行脉多见于单子叶植物；网状脉则多见于双子叶植物。

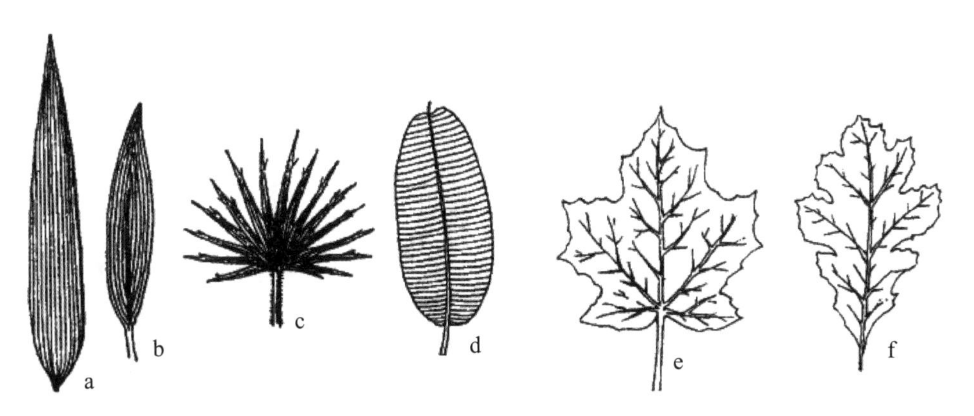

a ～ d. 平行脉；a. 直处脉；b. 弧形脉；c. 射出脉；d. 侧出脉；

e ～ f. 网状脉；e. 掌状脉序；f. 羽状脉序

图 3-22-8　叶脉（自赵文，2016）

2. 叶的形态

叶的大小和形态变化很大，不同的植物有很大的差异。但是，一般来说，同一种植物叶的形态一定，在分类学上常用它来作为鉴定种类的依据。叶的形态通常指的是叶片的形态，它包括叶片、叶片边缘（叶缘）、叶片先端（叶尖）、叶片基部（叶基）的形态以及叶脉的分布等（图 3-22-9）。叶片的形状有卵圆形、椭圆形、披针形、条形等；叶基的形状有圆形、心形、箭形、楔形等；叶缘的形状有平滑、浅痕、深痕、全痕等；叶尖的形状有渐尖、锐尖、钝尖、尾尖、倒心形等。

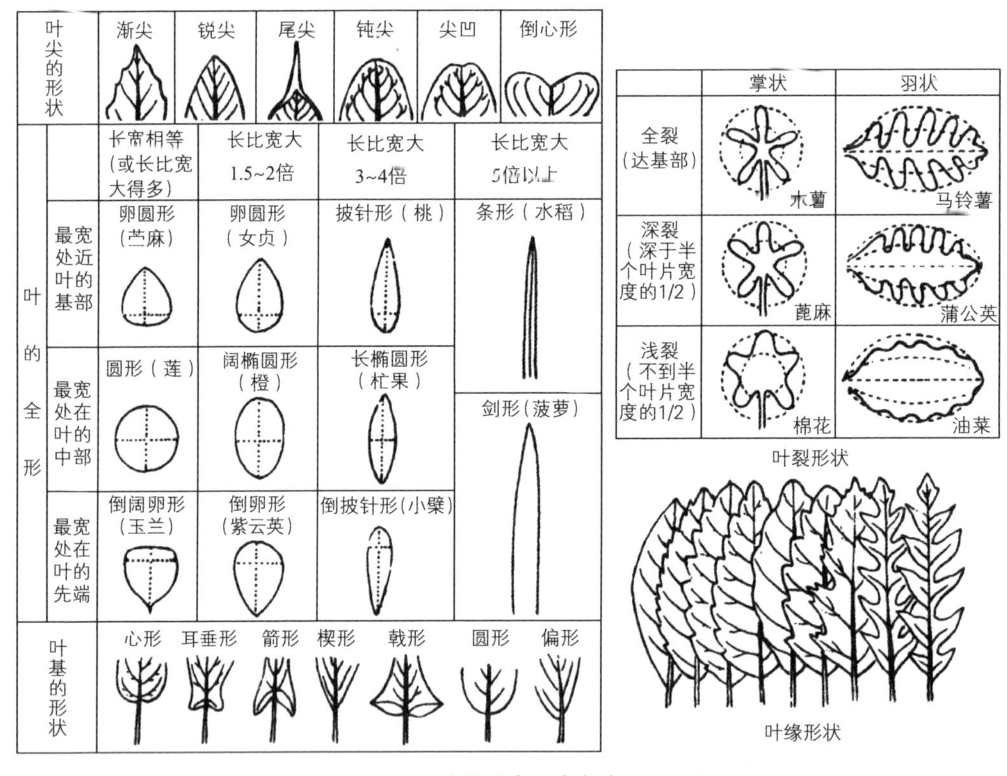

图 3-22-9　叶的形态（自赵文，2016）

（1）单叶和复叶。单叶指的是每个叶柄上只有一个叶片的叶（图 3-22-10）。复叶指的是每个叶柄上有 2 个以上叶片的叶，复叶的叶柄称为总叶柄。总叶柄上着生许多小叶，小叶的叶柄称为小叶柄。根据小叶排列方式的不同，复叶可分为羽状复叶、掌状复叶、三出复叶。其中，羽状复叶又有一回羽状复叶、二回羽状复叶、三回羽状复叶之分。一回羽状复叶的总叶柄不分枝，小叶直接着生在总叶柄的两侧。二回羽状复叶的总叶柄分枝一次，分枝上着生小叶。

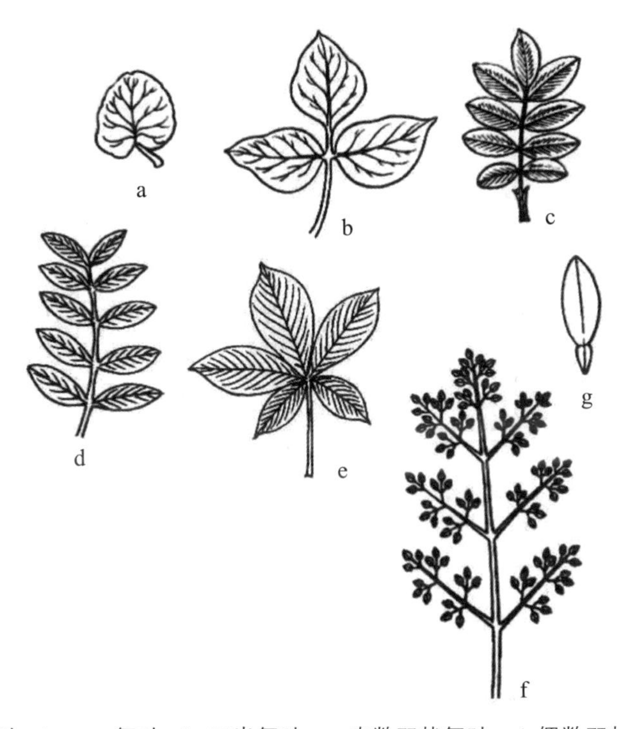

a. 单叶；b ~ g. 复叶；b. 三出复叶；c. 奇数羽状复叶；d. 偶数羽状复叶；
e. 掌状复叶；f. 回羽状复叶；g. 单身复叶

图 3-22-10　单叶和复叶（自赵文，2016）

（2）叶序和叶镶嵌。叶在茎上着生的次序称为叶序。叶在茎上的排列形式有 3 种基本类型，即 3 种叶序：互生叶序、对生叶序、轮生叶序（图 3-22-11）。茎的每一节上只着生一叶的，称为互生叶序；茎的每一节上有两叶相对生的，称为对生叶序；茎的每一节上着生三叶或三叶以上，并排列成轮状的，称为轮生叶序。此外，也有叶丛生、基生、聚生的提法。所谓丛生或基生，主要指叶密集成丛；所谓聚生，指枝上茎节密集，叶密生于茎节上。叶在茎上的排列，不论是互生、对生、轮生，相邻节上的叶总是不相互重叠的，并且叶柄比较长，各节上的叶着生的方向也不尽相同，因而同一枝上的叶形成镶嵌式排列的现象，称为叶镶嵌。菱的浮水叶是叶镶嵌的极好例子（图3–22–12）。

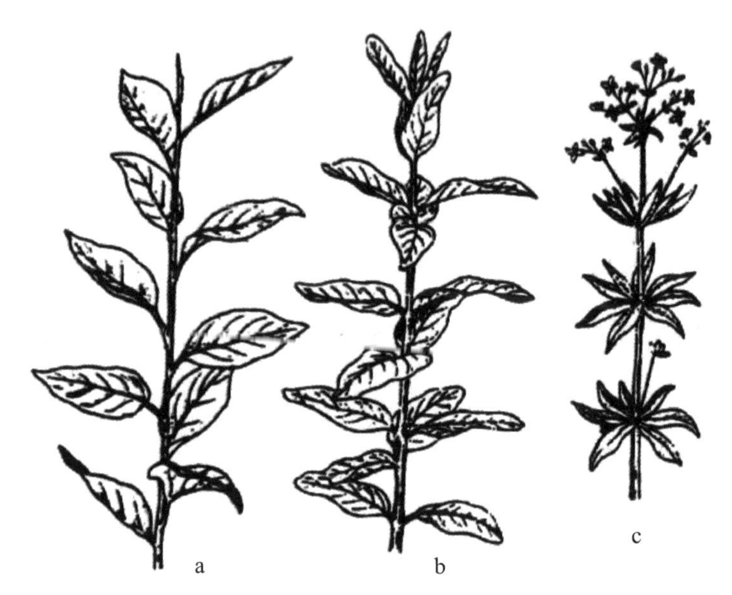

a. 互生；b. 对生；c. 轮生

图 3–22–11　叶序（自赵文，2016）

图 3–22–12　叶镶嵌——菱 *Trapa* sp.（自赵文，2016）

（四）花

1. 花序及其类型

有些水生维管束植物的花是单独一朵生于茎上的，称为单生，如莲等；大多数植物的花是按照一定方式排列在花枝（花轴）上的，称为花序（图3-22-13）。花序上的变态叶称苞片，有些植物的苞片在花序轴基部密集为总苞。水生维管束植物常见的花序有：穗状花序，如香蒲 *Typha orientalis*、酸模叶蓼 *Polygonum lapathifolium*；总状花序，如芦苇的复总状花序（即圆锥花序）；伞形花序，如水芹 *Oenanthe javanica* 等；头状花序，如黑三棱 *Sparganium stoloniferum*、喜旱莲子草 *Alternanthera philoxeroides* 等。根据花在花序轴上的着生方式和开放的次序不同，花序分为无限花序与有限花序两大类。

a. 复总状花序；b. 穗状花序；c. 头状花序

图 3-22-13　花序（自赵文，2016）

（1）无限花序。无限花序花轴下部的花先开，由下向上陆续开放，花轴能不断增长；或花轴较短，花由边缘向中心开放。由于花轴顶端能维持较长时间的生长，能不断形成新花蕾，故开花时期相对较长。无限花序也称总状类花序，有下列主要类型。

1）总状花序：花序轴长，两侧上着生花柄等长的小花，如水麦冬 *Triglochin palustris*、芦苇的总状花序由若干下大上小的总状花序组成圆锥花序。

2）圆锥花序：花序轴分支，每一分枝为一总状花序，整个花序似圆锥形，实际上是复总状花序。

3）穗状花序：花序轴不分枝，其上着生许多无柄的两性花。

4）肉穗花序：基本结构与穗状花序相似，但花序轴膨大，呈棒状，肉质肥厚，周围生多数无柄的小花。有的肉穗花序外面有一大型苞片，称佛焰苞花序。

（2）有限花序。有限花序顶端或中心的花先开，然后渐及下边或边缘，花序轴延伸受到限制，未能继续产生新花蕾。有限花序又称聚伞类花序。水草中较少见。

2. 花冠的形状

花冠位于花的第二轮，由数个花瓣组成。花瓣通常有鲜艳的颜色，是花中最明显的部分，可引诱昆虫协助植物传粉。花冠主要包括十字花冠、蝶形花冠、唇形花冠、钟状花冠、轮状花冠、舌状花冠等类型（图 3–22–14）。

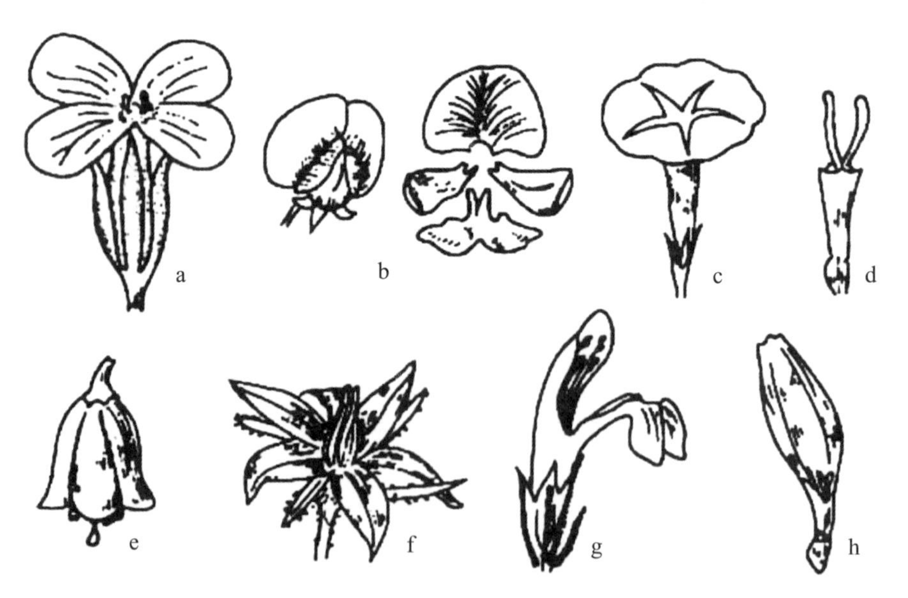

A. 十字形；B. 蝶形；C. 漏斗状；D. 筒状；E. 钟状；F. 轮状；G. 唇形；H. 舌状

图 3–22–14 花冠类型（自李扬汉，1984）

五、作业

（1）绘图：从水生维管束植物花序的种类中任选一种，绘制其外部形态图。

（2）绘图：从水生维管束植物叶序的类型、叶脉的类型和复叶的类型中各任选一种，绘制其外部形态图。

水生维管束植物常见种类形态特征与综合比较

一、实验目的

（1）通过代表性种类观察，掌握常见水生维管束植物的主要形态特征。

（2）掌握水生维管束植物生态类群的划分方法。

二、实验仪器和用品

显微镜、载玻片、盖玻片、尖头镊子、解剖针、擦镜纸。

三、实验方法与步骤

观察各种常见水生维管束植物种类，掌握其主要形态特征和生态类群的划分方法。

四、实验内容

水生维管束植物外部形态特征和常见种类形态观察与综合比较。

（一）漂浮植物

植物体漂浮于水面或水体中，根不着地，根系退化或具须状根，起平衡和吸收营养的作用，叶背面常有气囊或叶柄中部具葫芦状气囊。这类植物主要分布在静止小水体或流动性不大的水体中。常见的种类有无根萍、品萍、浮萍、紫萍等。

1. 无根萍 *Wolffia arrhiza*

无根萍属于浮萍科无根萍属。叶状体椭圆形或卵圆形，一端近截平，一端钝尖，细小如沙，长 1.3 ~ 1.5 mm，宽 0. 3 ~ 0.8 mm（图 3-23-1）。先端凹入处分裂产生新的芽体，芽体和母体套叠在一起，受外力碰撞脱离母体。夏季为繁殖旺季，以冬芽形式越冬。多生长于静水小池中，与浮萍同为草食性幼鱼的重要“绿色食物”。我国各地均有分布，为全球性种类。

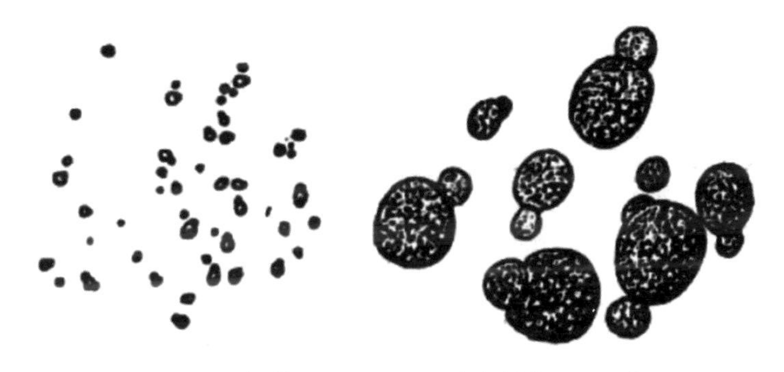

图 3-23-1　无根萍 *Wolffia arrhiza*（自赵文，2016）

2. 品萍 *Lemna trisulca*

品萍属于浮萍科浮萍属。多个叶状体相连成片，具有细长短柄（图 3-23-2）。有 1 条须状根，常在植株两侧产生芽体繁殖，母体与两侧的芽体相连，形似“品”字。也叫三叉浮萍。

图 3-23-2　品萍 *Lemna trisulca*（自赵文，2016）

3. 浮萍 *Lemna minor*

浮萍属于浮萍科浮萍属。叶状体较小，对称，长仅 2 ~ 6 mm（图 3-23-3），无柄或有短柄，背腹面均呈绿色。每片叶状体仅 1 条须状根。常生长在池塘、稻田、水沟中，为世界性广布种。可用作畜禽饲料和草食性鱼类的优良饵料。

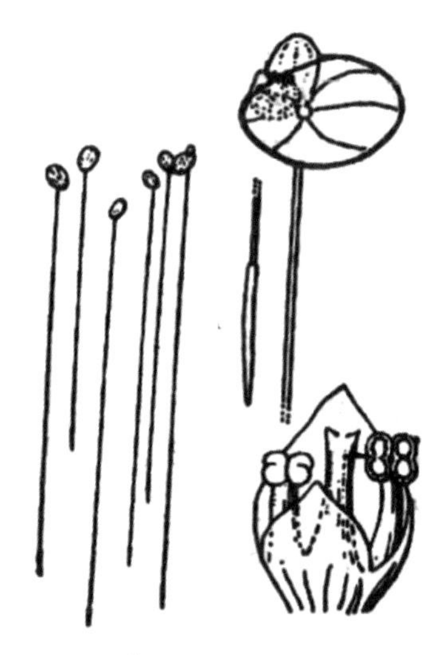

图 3-23-3　浮萍 *Lemna minor*（自赵文，2016）

4. 紫萍 *Spirodela polyrhiza*

紫萍属于浮萍科紫萍属。叶状体圆形或倒卵圆形，长 5 ~ 8 mm，宽 5 ~ 7 mm，常 3 ~ 4 个相集（图 3-23-4）。叶状体腹面绿色，有 10 条左右平行脉；背面紫色。根丝状，10 条左右，中间有一维管束，先端有根套。常以侧芽繁殖产生新个体，新个体以带状的短柄相连成为群体。为多年生漂浮植物，生长于静止小水体水面上。夏季繁殖迅速，秋末冬初形成冬芽沉入水底越冬。遍布世界各地，可用作畜禽饲料与鱼的饵料。

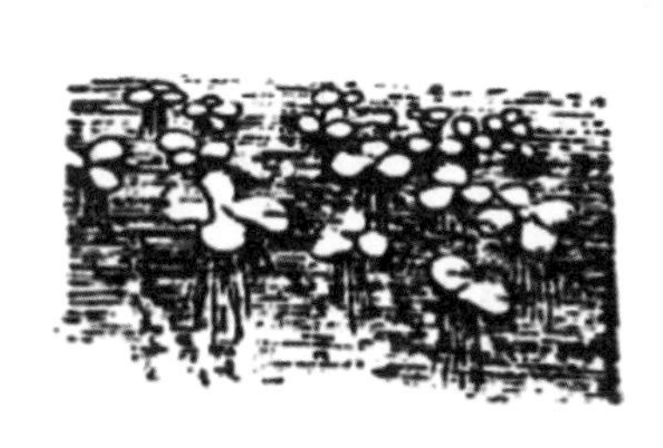

图 3-23-4　紫萍 *Spirodela polyrhiza*（自赵文，2016）

（二）浮叶植物

植物体根、茎生于泥水中，叶有浮水叶（水上叶）和沉水叶（水下叶）之分。水上叶具长柄浮于水面，贴着水面的部分叫背面，向着空气的部分叫腹面，背面常长有气囊，腹面具有气孔。水下叶细裂丝状或薄膜状。茎常弯曲于水中，长可达 1 ～ 2 m。主要分布在水深 1 ～ 3 m 的区域内。常见种类有莼菜、睡莲、芡实、荇菜等。

1. 莼菜 *Brasenia schreberi*

莼菜属于莼菜科莼菜属。为多年生浮叶植物。具有匍匐状地下茎，细长分枝甚多（图 3-23-5）。叶盾形，浮于水面，腹面绿色，背面带紫色。叶柄长 25 ～ 40 cm，光滑。花柄长约 10 cm，有柔毛。花出自叶腋，蔷薇红色。萼片 3 枚，紫色。茎、叶和花柄全被有胶质黏液。茎叶幼嫩时，具特殊香味，柔滑可口，是一种名贵的蔬菜，为杭州西湖特产之一。生于池沼、湖泊中，现已实现人工栽培。

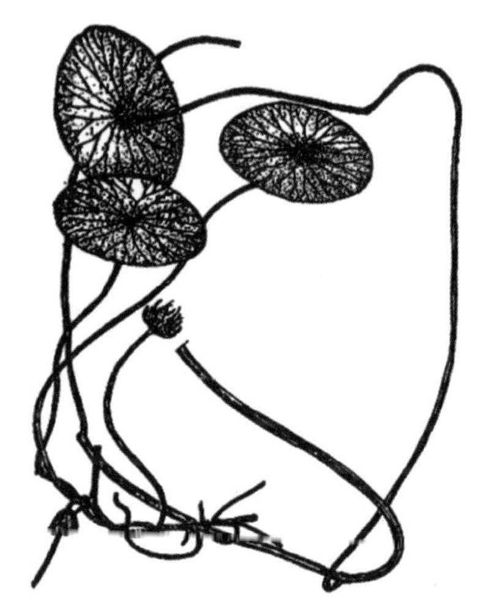

图 3-23-5　莼菜*Brasenia schreberi*（自赵文，2016）

2. 睡莲 *Nymphaea tetragona*

睡莲属于睡莲科睡莲属。根状茎粗短，可挺立。叶漂浮，卵状椭圆形，下部开裂，直径 6 ~ 11 cm，全缘（图 3-23-6）。腹面浓绿色，背面暗紫色。叶柄、花柄皆有黏液。花瓣分离。萼片 4 枚，绿色。花单生。多见于池沼、湖泊，可栽培作为观赏植物。在我国各地广为分布，日本、朝鲜、印度、俄罗斯等国也有分布。

图 3-23-6　睡莲*Nymphaea tetragona*（自赵文，2016）

3. 芡实 *Euryale ferox*

芡实属于睡莲科芡属。植株高大有刺，有白色须根，根茎不明显（图3-23-7）。叶由根茎节部长出，丛生，叶盾形，不开裂，浮于水面，直径可达130 cm。基部有较浅的缺刻，多皱纹。背面网状，叶脉隆起，生有刺，叶柄上亦密生棘刺。花单生，花萼筒状，表面生满棘刺。果实近球形，表面生满棘刺，形似鸡头，故种子名“鸡头米”。种子可食用，是重要药材。花期 7—8 月，果期 8—10 月。为一年生大型浮叶植物。生活于湖泊之湾汊及池沼等静水环境中。我国南北均产，东南亚、俄罗斯、日本、印度、朝鲜等地亦有分布。

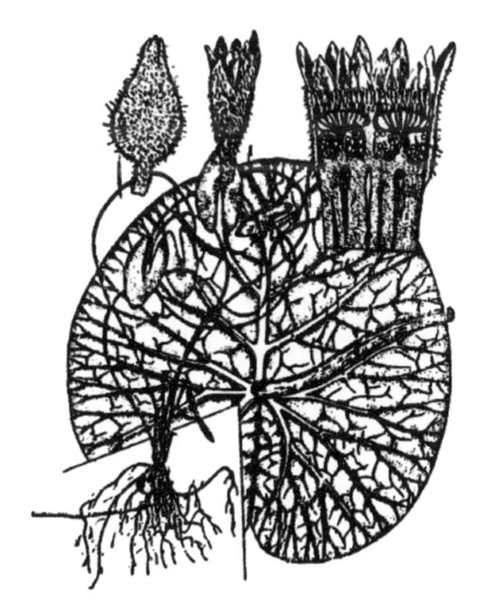

图 3-23-7　芡实 *Euryale ferox*（自赵文，2016）

4. 荇菜 *Nymphoides peltata*

荇菜属于龙胆科荇菜属。为多年生浮叶草本。茎细长，多分枝，沉没于水中，地下茎生于底泥中（图3-23-8）。叶片椭圆形，基部深裂至叶柄着生处，边缘微波状。花小，伞形花序成丛腋生，花冠白色或黄色。蒴果卵形或球形，种子小，有刺或光滑。生于池沼或湖泊中，广布我国各地。有苦味，鱼类不喜食。

图 3-23-8　荇菜 *Nymphoides peltata*（自赵文，2016）

（三）挺水植物

植物根生长于泥中，部分茎生长于水中，部分茎、叶挺出水面，具有陆生和水生两种特性，陆生性较强。在空气中的部分具有陆生植物特征，叶片表面具厚的角质层，能保护水分；在水中的部分具有水生植物特征，常具发达的通气组织，根相对退化。主要分布在水深 1.5 m 左右的浅水区或潮湿的岸边。常见种类有三棱水葱、荸荠、蘋、水芹等。

1. 三棱水葱 *Schoenoplectus triqueter*

三棱水葱属于莎草科水葱属。为多年生草本。茎三棱形，实心。叶秆生。花序假侧生，花柱基部不膨大，苞片似秆的延长。花序具辐射枝。小穗单生或丛生于辐射枝顶端，鳞片顶端稍凹，具短尖头（图 3-23-9）。

图 3-23-9　三棱水葱 *Schoenoplectus triqueter*（自赵文，2016）

2. 荸荠 *Eleocharis dulcis*

荸荠属于莎草科荸荠属。为多年生草本。秆直立，圆柱状，丛生，高 20 ~ 70 cm，直径 2 ~ 7 cm，直立茎具多个横隔膜（图 3-23-10）。根状匍匐茎细长，顶端生黑褐色圆盘状块茎。无叶片，秆基部有管状叶鞘。小穗单一，顶生，直径 4 ~ 5 mm，基部有两片不育的鳞片，鳞片排列疏松，卵状披针形，顶端渐尖。我国南北各省均有栽培，多栽培在水田中。块茎可供食用或入药。

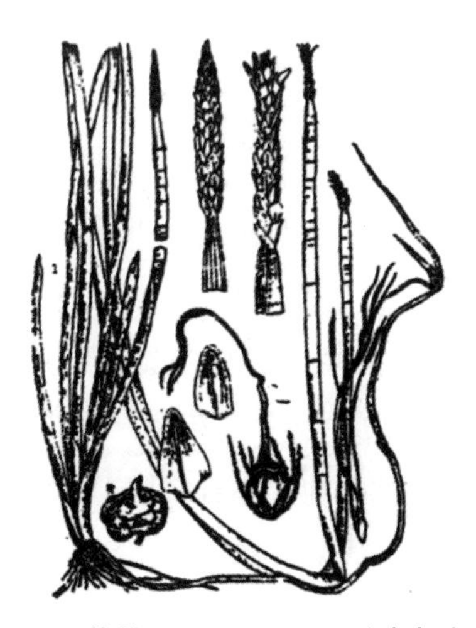

图 3-23-10　荸荠 *Eleocharis dulcis*（自赵文，2016）

3. 蘋 *Marsilea quadrifolia*

蘋属于蕨类植物门蘋科蘋属。为多年生草本。根状茎细长横走，每节生出根和叶。4片楔形叶片呈十字形排列，故又称田字萍、四叶菜（图3–23–11）。叶表面光滑，叶柄长，叶浮于水面或挺出水面。分布于池塘、稻田、水沟等浅水处，可入药，我国各地皆有分布。

图3–23–11　蘋 *Marsilea quadrifolia*（自赵文，2016）

4. 水芹 *Oenanthe javanica*

水芹属于伞形科水芹属。为水生或湿生草本。植株高30 ~ 80 cm。茎直立，中空，圆柱形，具纵棱，茎基匍匐，节上生有须根（图3–23–12）。叶互生，二回羽状复叶，小叶片短，边缘浅裂，裂片菱状卵形或阔楔形。叶柄长4 ~ 10 cm，向上渐变短。复伞形花序，总花序梗长2 ~ 12 cm。生长于浅水处、水沟旁或溪流边潮湿地，亦有栽培于水田中。我国各地均有分布，东南亚亦有。是冬、春季主要蔬菜品种之一。

图 3-23-12　水芹 *Oenanthe javanica*（自赵文，2016）

（四）沉水植物

植物根生长于泥中，茎、叶全部沉没于水中，仅在开花时花露出水面。植物体茎、叶的构造具典型的水生特性，通气组织发达，整个植物体都能吸收养料和水分。主要分布在水深 1 ～ 2 m处，分布的深度受透明度的制约。常见种类有金鱼藻、穗状狐尾藻、黄花狸藻、黑藻等。

1. 金鱼藻 *Ceratophyllum demersum*

金鱼藻属于金鱼藻科金鱼藻属。为多年生沉水植物。植物体光滑，茎细长，分枝，较脆弱，易折断（图 3-23-13）。叶无柄，无托叶，通常 6 ～ 8 片轮生，二歧式细裂成丝状或线状。叶线形，长 15 ～ 25 mm，多为一次叉状分支，边缘有刺状的微细锯齿。花形小，果实为长卵形小坚果，有 5 枚针刺。生长于湖泊、池塘、河流等水域中，冬季形成冬芽沉入水底越冬。我国南北均有分布，是世界广布种。

图 3-23-13　金鱼藻 *Ceratophyllum demersum*（自赵文，2016）

2. 穗状狐尾藻 *Myriophyllum spicatum*

穗状狐尾藻属于小二仙草科狐尾藻属。为多年生沉水植物。茎沉水性，细长圆柱形，随水深浅而长度不一，一般长可达 1 ~ 2 m，直径 3 mm，具分枝。叶羽状细裂，长 2 ~ 3 cm，4 片轮生（图 3-22-3、图 3-23-14）。根茎在泥中，各节生有多条须根。穗状花序，顶生，挺出水面。果实光滑，无小瘤状突起。生长于湖泊、池塘、河渠等水域，对环境适应性强，有时可在湖岸或海堤近旁有半咸水注入处形成单一群落。是鲤、鲫等产黏性卵鱼类的重要附卵物。我国南北均有分布。

图 3-23-14　穗状狐尾藻 *Myriophyllum spicatum*（自赵文，2016）

3. 黄花狸藻 *Utricularia aurea*

黄花狸藻属于狸藻科狸藻属。为多年生水生食虫草本。茎较粗，呈绳索状，沉水性，长达 0.5 m左右，具有分枝（图 3−23−15）。叶纤细，互生，二至三回羽状分裂，叶长 3 ～ 4 cm，具多个卵形捕虫囊。捕虫囊绿色，直径 2 ～ 3 mm，有短柄，老成后变黑。花冠黄色，唇形，上唇宽卵形，下唇较长。蒴果球形，直径约 5 mm，外面有宿存花萼。生长于池塘、水沟、水田等静水环境中，以捕虫囊捕食原生动物、水蚤等，有时也可捕食小鱼。晚秋形成冬芽沉入水底。为我国各地的常见种。

图 3−23−15　黄花狸藻 *Utricularia aurea*（自赵文，2016）

4. 黑藻 *Hydrilla verticillata*

黑藻属于水鳖科黑藻属。为多年生沉水植物。茎伸长，少分枝，长达 2 m。叶 4 ～ 8 枚轮生。叶片带状披针形，长 1 ～ 2 cm，宽 1.5 ～ 2 mm（图 3−23−16）。中肋明显，边缘有小齿或近全缘。雌雄异株。冬芽芽苞生于小枝顶端，长圆形，秋末形成。生长于池塘、湖泊、水沟等缓流水体中。我国南北均有分布，为世界广布种。可用作鱼类饵料及绿肥。

图 3-23-16　黑藻*Hydrilla verticillata*（自赵文，2016）

五、作业

（1）绘图：从漂浮植物、浮叶植物、挺水植物和沉水植物中任选一种，绘制其外部形态图，并描述其分类地位和主要形态特征。

（2）编制水生维管束植物四大生态类群的检索表。

第四部分

生物饵料培养实验

实验24　光合细菌的形态观察与培养
实验25　常见饵料微藻的形态观察与分类
实验26　生物饵料个体及筛网孔径大小的测量
实验27　微藻的定量方法——血细胞计数板法
实验28　微藻的分离方法——微吸管分离法
实验29　微藻的分离方法——平板分离法
实验30　微藻的培养
实验31　轮虫的形态观察与培养
实验32　卤虫的形态观察及卤虫卵孵化率的测定
实验33　卤虫卵的去壳及空壳率的测定

实验 24 光合细菌的形态观察与培养

一、实验目的

（1）掌握光合细菌的主要形态特征。

（2）掌握光合细菌培养液的配制方法和室内培养方法。

二、实验材料

光合细菌菌种。

三、实验仪器和用品

生物显微镜、高压灭菌锅、超净工作台、光照培养箱、烘箱、分析天平、乙酸钠、磷酸二氢钾、硫酸镁、氯化铵、酵母膏、工业酒精（酒精灯用）、酒精（体积分数 70% ~ 75%，消毒用）、稀盐酸（体积分数 10%）。酒精灯、计数器、电炉、移液器（5 mL）、试管（100 mL）、三角烧瓶（100 mL、5 000 mL）、试剂瓶（1 000 mL）、容量瓶（1 000 mL）、烧杯、药匙、擦镜纸、吸水纸、胶头滴管、保鲜膜、瓶刷、蒸馏水、过滤海水、标签纸、去污粉、牛皮纸、锡纸、橡皮筋。

四、实验方法与步骤

（一）光合细菌的形态观察

在生物显微镜下观察光合细菌菌种的主要形态特征和运动方式。

（二）光合细菌的培养

1. 容器、工具的洗涤和消毒

（1）清洗：把三角烧瓶、烧杯等用去污粉刷洗 3 遍，倒置于架（桌）上晾干。

（2）酸洗：培养光合细菌用的三角烧瓶使用前为洗去残留有机物，将稀盐酸倒入水洗干净的瓶内，至瓶容积的 1/5，小心倾斜转动，使稀盐酸遍布瓶内壁，然后将稀盐酸倒入回收瓶，最后经十几遍自来水冲洗去酸，倒置于架（桌）上晾干。

（3）消毒和灭菌：

1）高压蒸汽灭菌：将洗刷干净的三角烧瓶包上无菌封口膜或牛皮纸，套上橡皮筋，和需要灭菌的其他容器、工具一起放入高压灭菌锅中，在 121℃、0.1 MPa 下灭菌 20 min。待压强读数降到 0 时，取出容器、工具，放入干燥箱中干燥备用。

2）烘箱灭菌：将洗刷干净的三角烧瓶放入烘箱中干热灭菌，即加热至 160℃，恒温 2 h。灭菌结束后，待冷却至 60℃左右取出，用灭菌过的无菌封口膜或牛皮纸对三角烧瓶进行封口，套上橡皮筋待用。

2. 培养用水的消毒

第一种方法是将沉淀过滤后的海水倒入 5 000 mL 三角烧瓶，瓶口包上牛皮纸，外面再包上锡纸，放到高压灭菌锅里，在 121℃、0.1 MPa 下灭菌 20 min。待压强读数降到 0 时取出，冷却后备用。第二种方法是将沉淀过滤后的海水倒入 5 000 mL 的三角烧瓶，瓶口包上牛皮纸或盖上培养皿，在电炉上煮沸消毒，冷却后备用。

3. 培养液的配制

生产上常用光合细菌培养基配方：

乙酸钠（CH_3COONa）	2.0 g
磷酸二氢钾（KH_2PO_4）	1.0 g
七水合硫酸镁（$MgSO_4 \cdot 7H_2O$）	1.0 g
氯化铵（NH_4Cl）	2.0 g
酵母膏	2.0 g
消毒海水	1 000 mL

培养液的配制方法：

（1）称量：按扩大1 000倍的比例称取上述配方中的药品，按A、B、C、D、E分别置于5个1 000 mL烧杯内，用蒸馏水溶解，移入1 000 mL容量瓶内定容。

（2）营养盐母液消毒或灭菌：第一种方法是将配制好的各种营养盐母液倒入1 000 mL烧杯中，在电炉上煮沸消毒，冷却后放入冰箱冷藏室中备用。第二种方法是将配制好的各种营养盐母液倒入1 000 mL试剂瓶中，放到高压灭菌锅里，在121℃、0.1 MPa下灭菌20 min。待压强读数降到0时取出，冷却后放入冰箱冷藏室中备用。

（3）向消毒海水中加营养盐母液：取经消毒冷却后的5 000 mL海水（盛在5 000 mL三角烧瓶中），用5 mL的移液器向消毒的海水中逐一加入各种营养盐母液各5 mL。每加入一种母液后均须摇匀，再加下一种。

（4）分装：将培养液分装入100 mL三角烧瓶中，每瓶加70 mL培养液。

（5）贴标签：在标签纸上写上姓名、日期、接种菌种名称，贴于三角烧瓶中央处。

4. 接种

（1）接种前先检查菌种质量。先肉眼观察菌种的颜色，然后用显微镜检查菌种细胞是否颜色鲜艳、有无敌害生物存在等。

（2）取出已消毒、贴好标签并加入培养液70 mL的100 mL三角烧瓶。

（3）在超净工作台里用移液器加入光合细菌菌种10 mL。

（4）接种后摇匀，用移液器取少许至小烧杯内，用血细胞计数板计数其细胞密度。

（5）将 100 mL 三角烧瓶用保鲜膜加橡皮筋密封，放入光照培养箱中或在实验室日光灯下或窗台上进行培养。每天定时观察。

（6）经 1 ~ 2 周培养后，菌液颜色由浅变深，再计数对比生长情况。

5. 培养管理

（1）每天定时摇动三角烧瓶 2 ~ 4 次。

（2）每天定时观察和检查。肉眼观察内容包括菌液的颜色是否正常、接种后颜色是否由浅变深。必要时配合显微镜检查。

（3）出现问题的分析和处理：光合细菌生长不好，主要是内因和外因共同作用的结果。内因是菌种本身的质量不够优良，外因包括敌害生物污染，营养、温度和盐度等因子不适宜等。

五、作业

（1）简述光合细菌的培养方法。

（2）试比较光合细菌与微藻培养方法的不同之处。

常见饵料微藻的形态观察与分类

一、实验目的

掌握硅藻门、金藻门、绿藻门、蓝藻门的主要形态特征，识别可作为生物饵料的常见培养种类。

二、实验材料

室内培养的硅藻（三角褐指藻 *Phaeodactylum tricornutum*、小新月菱形藻 *Nitzschia closterium* f. *minutissima*、牟氏角毛藻 *Chaetoceros muelleri*、纤细角毛藻 *Chaetoceros gracilis*、中肋骨条藻 *Skeletonema costatum*）、金藻门（球等鞭金藻 *Isochrysis galbana*、湛江等鞭金藻 *Isochrysis zhanjiangensis*、绿色巴夫藻 *Pavlova viridis*）、绿藻（亚心形四爿藻 *Tetraselmis subcordiformis*、盐生杜氏藻 *Dunaliella salina*、塔胞藻 *Pyramimonas* sp.、小球藻 *Chlorella* spp.）、蓝藻（钝顶螺旋藻 *Spirulina platensis*）样品。

三、实验仪器和用品

生物显微镜、擦镜纸、载玻片、盖玻片、胶头滴管、吸水纸、鲁氏碘液。

四、实验方法与步骤

在生物显微镜下观察室内培养的各种饵料微藻的形态特征和运动种类的运动方式。

五、实验内容

硅藻门、金藻门、绿藻门、蓝藻门常见饵料微藻的形态观察与识别。

（一）硅藻门的主要特征及常见培养种类

硅藻门的主要特征见实验 1，常见培养种类如下。

1. 三角褐指藻 *Phaeodactylum tricornutum*

三角褐指藻的分类地位及主要特征见实验 2。

2. 小新月菱形藻 *Nitzschia closterium* f. *minutissima*

小新月菱形藻属于羽纹硅藻纲管壳缝目菱形藻科菱形藻属，俗称“小硅藻”。藻体单细胞，具硅质细胞壁，细胞壁壳面中央膨大，呈纺锤形，两端渐尖，笔直或朝同方向弯曲似月牙形。体长 12 ~ 23 μm，宽 2 ~ 3 μm。细胞中央具 1 个细胞核。色素体 2 片，黄褐色，位于细胞中央细胞核两侧（图 4–25–1）。

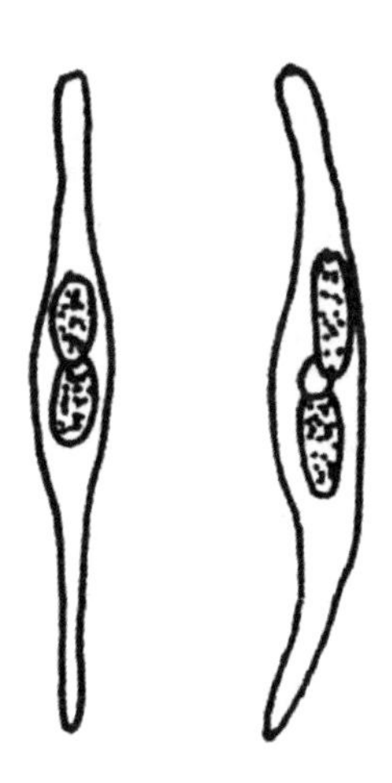

图 4–25–1　小新月菱形藻 *Nitzschia closterium* f. *minutissima*（仿陈明耀，1995）

3. 牟氏角毛藻 *Chaetoceros muelleri*

牟氏角毛藻属于中心硅藻纲盒形藻目角毛藻科角毛藻属。藻体细胞小型，多数单细胞，有时 2 ~ 3 个细胞组成群体。壳面椭圆形至圆形，中央部略凸出。

壳环面呈长方形至四角形。细胞大小为（4 ~ 4.9）μm×（5.5 ~ 8.4）μm（环面观）。角毛细长，圆弧形，末端稍细，约 20 μm。色素体 1 个，呈片状，黄褐色（图 2-1-14、图 2-1-15，见实验 1）。

4. 纤细角毛藻 *Chaetoceros gracilis*

纤细角毛藻属于中心硅藻纲盒形藻目角毛藻科角毛藻属。藻体细胞小型，多数单细胞，有时 2 ~ 3 个细胞组成链状。细胞大小为（5 ~ 7）μm×4 μm，角毛长 30 ~ 37 μm（图 4-25-2）。

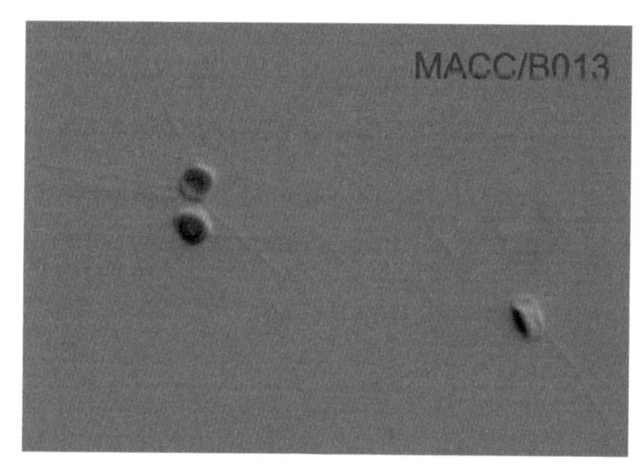

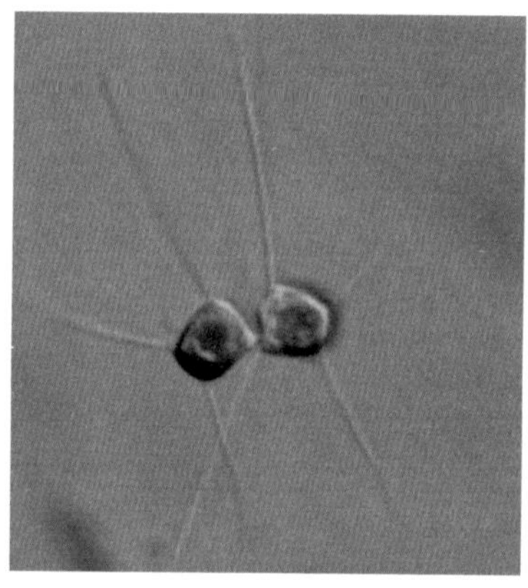

图 4-25-2　实验室培养的纤细角毛藻 *Chaetoceros gracilis*

5. 中肋骨条藻 *Skeletonema costatum*

中肋骨条藻属于中心硅藻纲圆筛藻目骨条藻科骨条藻属。细胞为透镜形或圆柱形，直径为 6 ~ 7 μm，壳面圆而鼓起，着生一圈细长的刺，与邻细胞的对应刺组成长链。刺的数目差别很大，有 8 ~ 30 条。细胞间隙长短不一，往往长于细胞本身的长度。色素体 1 ~ 10 个，通常 2 个，位于壳面，各向一面弯曲。细胞核在细胞中央（图 2-1-9 ~ 图 2-1-11，见实验 1）。

（二）金藻门的主要特征及常见培养种类

金藻门的主要特征见实验 3，常见培养种类如下。

1. 球等鞭金藻 *Isochrysis galbana*

球等鞭金藻属于金藻纲金藻目等鞭金藻科等鞭金藻属。藻体为裸露的运动细胞，略呈椭球形，幼细胞略扁平，有背腹之分，侧面观为长椭圆形。活动细胞长 5 ~ 6 μm，宽 2 ~ 4 μm，厚 2.5 ~ 3 μm。具 2 条等长的鞭毛，长度为体长的 1 ~ 2 倍。色素体 2 个，侧生，大而伸长，形状和位置常随体形而改变。细胞具有 1 个小而暗红的眼点。同化产物是油滴和白糖素。随着细胞的老化，白糖素的体积逐渐增大，直至充满细胞的后部（图 2–3–21 ~ 图 2–3–23，见实验 3）。

球等鞭金藻有 3 个常见的生态品系。第一个是从山东海阳海域中分离的球等鞭金藻 3011 品系。第二个是从山东日照海域中分离的球等鞭金藻 8701 品系，与 3011 品系在形态上略有差异：8701 的细胞长、宽比较小，鞭毛较短。第三个是球等鞭金藻塔希提品系（Tahitian *Isochrysis galbana*，简称塔希提），最初从塔希提（南太平洋的一个岛屿）养殖水体分离筛选而得。

2. 湛江等鞭金藻 *Isochrysis zhanjiangensis*

湛江等鞭金藻属于金藻纲金藻目等鞭金藻科等鞭金藻属，是 1977 年从广东湛江南三岛分离获得的藻种。当时经胡鸿钧初步鉴定，暂定名为湛江叉鞭藻 *Dicrateria zhanjiangensis*。1986—1989 年胡鸿钧和刘惠荣对该藻做了微形态学研究，确认它是等鞭藻属的一个新种，定名为湛江等鞭金藻。

湛江等鞭金藻的运动细胞多为卵形或球形，大小为（6 ~ 7）μm ×（5 ~ 6）μm。细胞具几层体鳞片，在细胞前端表面有一些小鳞片。具有 2 条等长的鞭毛，从细胞前端伸出。2 条鞭毛中间有 1 条呈退化状的附鞭。色素体 2 片，侧生，金黄色。细胞核位于细胞后端 2 片色素体之间。白糖素颗粒 1 个或几个，位于细胞中部或前端（图 2–3–24、图 2–3–25，见实验 3）。

3. 绿色巴夫藻 *Pavlova viridis*

绿色巴夫藻属于普林藻纲巴夫藻目巴夫藻科巴夫藻属。绿色巴夫藻 3012 品系是 1982 年从山东海阳海头镇海域分离而得。藻体为运动型单细胞，无细胞壁，正面观呈圆形，侧面观为椭圆形或倒卵圆形，细胞大小为 6.0 μm × 4.8 μm × 4.0 μm。在光学显微镜下能见到 1 条长的鞭毛，休止时呈 S 形拂动，长度是细胞体长的 1.5 ~ 2 倍。色素体 1 个，裂成两大叶围绕着细胞。

有 2 个发亮的光合作用产物——副淀粉，位于细胞的基部（图 4–25–3）。

绿色巴夫藻的群体细胞呈淡黄绿色至绿色，有微弱趋光性。培养状态好时，密集的藻细胞从培养液表面沿瓶壁向下游动，出现一条条绿色线状的下沉流（图 4–25–4）。细胞运动时逆时针快速旋转，呈现特殊的抖动。

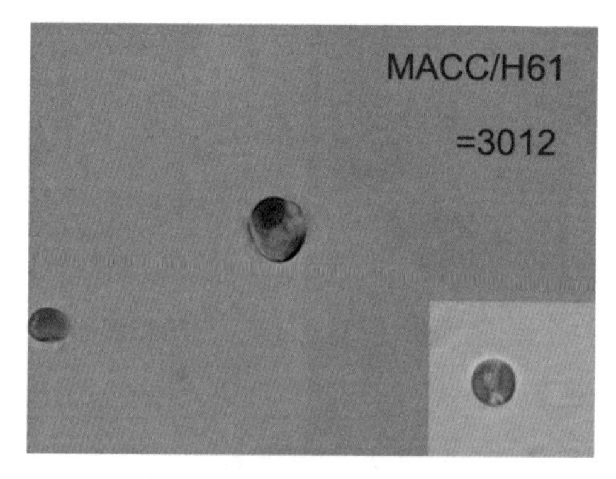

图 4–25–3　实验室培养的绿色巴夫藻 *Pavlova viridis*

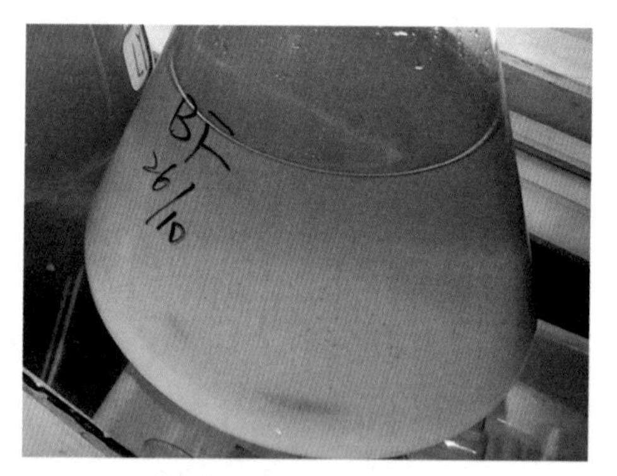

图 4–25–4　三角烧瓶培养绿色巴夫藻 *Pavlova viridis*

（三）绿藻门的主要特征及常见培养种类

绿藻门的主要特征见实验 3，常见培养种类如下。

1. 亚心形四爿藻 *Tetraselmis subcordiformis*

亚心形四爿藻属于绿藻纲团藻目衣藻科扁藻属。藻体一般扁压，细胞正面观呈广卵圆形，前端较宽阔，中间有 1 个浅的凹陷。鞭毛 4 条，由凹处伸出。

细胞内有 1 个大型、杯状、绿色的色素体。藻体后端有 1 个蛋白核，蛋白核附近具 1 个红色眼点。藻体长 11 ～ 16 μm，一般为 11 ～ 14 μm，宽 7 ～ 9 μm，厚 3.5 ～ 5 μm（图 2-3-1，见实验 3）。

2. 盐生杜氏藻 *Dunaliella salina*

盐生杜氏藻属于绿藻纲团藻目盐藻科杜氏藻属。藻体单细胞，无细胞壁，体形变化大，通常为梨形、椭球形等。藻体前端生出 2 根鞭毛，鞭毛约比藻体长 1/3。一般细胞长 22 μm，宽约 14 μm（图 2-3-2 ～图 2-3-4，见实验 3）。

3. 塔胞藻 *Pyramimonas* sp.

塔胞藻属于绿藻纲团藻目盐藻科塔胞藻属。藻体单细胞，多数梨形、倒卵形，少数半球形。细胞长 12 ～ 16 μm，宽 8 ～ 12 μm，前端具 1 个圆锥形凹陷，由凹陷中央向前伸出 4 条鞭毛。色素体杯状，少数网状，具 1 个蛋白核。眼点位于细胞的一侧或无眼点。细胞单核，位于细胞的中央偏前端。不具细胞壁，易为幼虫消化吸收（图 2-3-5、图 2-3-6，见实验 3）。

4. 小球藻 *Chlorella* spp.

小球藻属于绿藻纲绿球藻目小球藻科小球藻属。藻体细胞球形或广椭球形，大小因种类而有所不同。蛋白核小球藻细胞直径为3 ～ 5 μm。在人工培养情况下，由于环境条件的差异，小球藻细胞往往缩小或变大。小球藻细胞内有 1 个杯状或板状色素体，色素体内一般有 1 个淀粉核，有的种类淀粉核明显，有的种类则不明显（图 2-3-8、图 2-3-9，见实验 3）。

（四）蓝藻门的主要特征及常见培养种类

蓝藻门的主要特征见实验 3，常见培养种类如钝顶螺旋藻 *Spirulina platensis*。

钝顶螺旋藻属于蓝藻纲颤藻目颤藻科螺旋藻属。藻体蓝绿色。细胞无色素体，色素分布在原生质外部，称色素区。原生质内部无色，为中央区，类似于其他藻类的细胞核，但无核仁和核膜，为原核藻类。藻体为丝状体，藻丝螺旋状，无横隔壁。藻丝宽 4 ～ 5 μm，长 400 ～ 600 μm。藻丝的顶端细胞钝圆，无异型胞（图 4-25-5）。

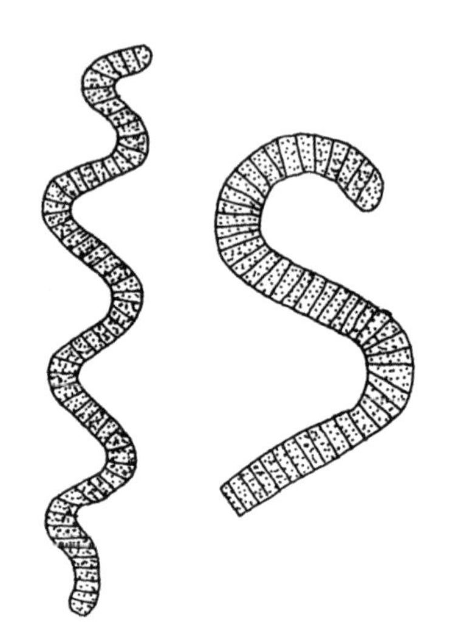

图 4-25-5　钝顶螺旋藻 *Spirulina platensis*（仿杨娜，1986）

六、作业

（1）识别硅藻门、金藻门、绿藻门、蓝藻门的常见培养种类，写出常见饵料微藻的分类地位。

（2）绘图：绘制教师指定种类的形态图。

实验26

生物饵料个体及筛网孔径大小的测量

一、实验目的

（1）掌握使用目微尺和台微尺在显微镜下测量物体大小的方法。

（2）对常见生物饵料和筛网孔径大小有直观认识。

二、实验材料

小新月菱形藻、球等鞭金藻、亚心形四爿藻、褶皱臂尾轮虫 *Brachionus plicatilis*、卤虫休眠卵、几种常见规格的筛网小片。

三、实验仪器和用品

生物显微镜、目微尺、台微尺、擦镜纸、吸水纸、载玻片、盖玻片、胶头滴管、鲁氏碘液。

四、实验方法与步骤

（一）目微尺的校正

目微尺即目镜测微尺，为1个圆形光学玻璃片（图4-26-1），可被安装到光学显微镜的目镜中。玻片直径为20 ~ 21 mm，上面刻有标尺，标尺有直线式的，也有网式的。直线式标尺通常用于测量长度，一般分为50或100个小格。网式标尺通常用于测量面积，上面刻有的方格的大小和数目各不相同，有25、36、49、100个格等。

由于显微镜物镜下的物体经过放大，而目镜中的目微尺没有被放大，当以目微尺为参照物。目微尺的每一格刻度线的测量长度因显微镜物镜的放大倍数的不同而不同，故必须用台微尺进行校正，以求得在特定的放大倍数下，目微尺每一格线所代表的真实长度。

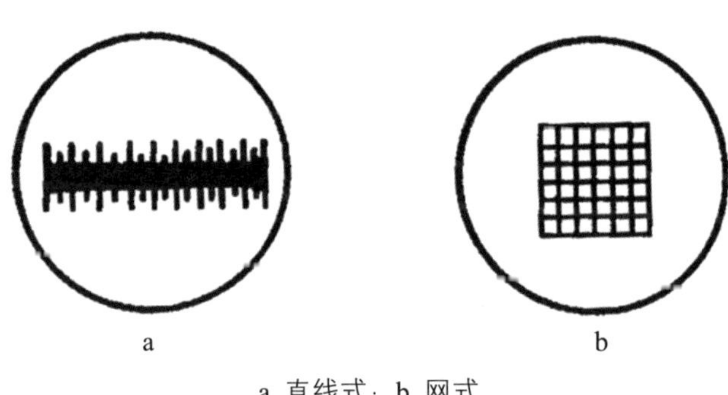

a. 直线式；b. 网式

图 4-26-1　目微尺

台微尺也称台测微尺，是 1 个中央部分刻有精确等分线的载玻片（图 4-26-2），中央的标尺全长一般为 1 mm，等分成 100 个小格，每个小格的实际长度为 1/100 mm，即 10.0 μm。也有全长为 2 mm的，共分为 200 个小格，每个小格长度不变。

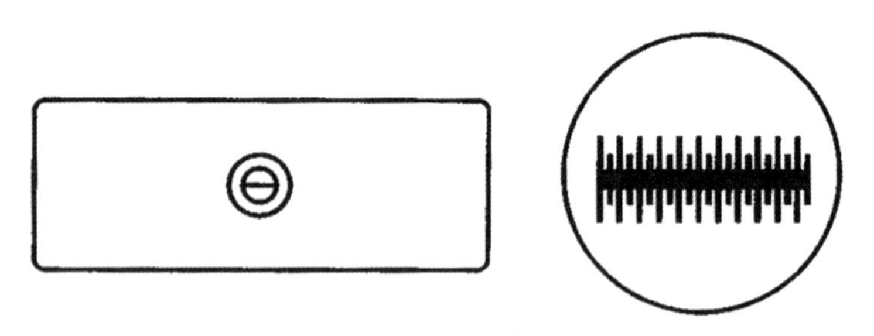

图 4-26-2　台微尺

当要校正目微尺时，先将显微镜的目镜取下，旋开目镜，将目微尺装在目镜镜筒内的搁板上，然后旋紧目镜。注意，目微尺的有刻度面应朝上。将带有目微尺的目镜重新装好，此时观察目镜，可见视野中央有一刻度尺。确认目微尺的刻度线清晰。若刻度线不清晰，则需将目微尺重新取出，用擦镜纸小心擦拭后重新安装。

将台微尺置于显微镜的载物台上，先用低倍镜观察，调节调焦旋钮和光栅，直至看清楚台微尺的刻度线。旋转目镜，使目微尺与台微尺平行。移动载物台的推进器，先使两尺重叠，再使两尺在视野的左方某一刻度完全重合。然后从左到右寻找第二个完全重合的刻度，并计数两重合线段之间目微尺和台微尺的格数。由于台微尺的刻度是镜台上的实际长度（10 μm），故可通过下列公式计算出当前放大倍数下目微尺每格的测量长度：

目微尺每格长度（μm）=两重叠刻度之间台微尺的格数 ×10/两重叠刻度之间目微尺的格数。

同样，将物镜转换成高倍物镜，再次校正在高倍镜下目微尺每格的测量长度。校正完毕，将台微尺擦拭干净后小心放好。

（二）测量

取一个干净的载玻片，用吸管吸一滴微藻样品，加盖盖玻片后在显微镜下观察。调好焦距，转动目微尺，测出其长、宽各相当于目微尺多少格。再由已经计算出的相应的放大倍数下目微尺每格的长度（μm），算出生物饵料个体的实际长、宽。

用鲁氏碘液固定轮虫后，在低倍镜下测量轮虫背甲的长、宽。

取少量卤虫休眠卵，在低倍镜下测量卤虫休眠卵的直径。

在测定筛网孔径（内径）时，先在载玻片上滴加一滴水，将一小片筛网放在水滴上，然后在其上加盖盖玻片，测量其孔径的长、宽。

五、作业

（1）写出所用的显微镜高、低倍镜的放大倍数及在高、低倍镜下目微尺每格的实际长度，并将实验数据填写在表 4-26-1 中。

表 4–26–1　显微镜放大倍数及目微尺每格的长度

放大倍数	目微尺每格的长度 /μm

（2）测量出小新月菱形藻、球等鞭金藻、亚心形四爿藻、褶皱臂尾轮虫、卤虫休眠卵的大小，各测量 3 次，取平均值，并将实验数据填写在表 4–26–2 中。

表 4–26–2　数据记录及结果

生物饵料种类	长度 /μm				宽度 /μm			
	1	2	3	平均值	1	2	3	平均值
小新月菱形藻								
球等鞭金藻								
亚心形四爿藻								
褶皱臂尾轮虫								
卤虫休眠卵								

（3）测量 80 目、100 目、120 目和 200 目 4 种筛网的孔径大小，各测量 3 次，取平均值，并将实验数据填写在表 4–26–3 中。

表 4–26–3　数据记录及结果

筛网规格	孔径大小			
	1	2	3	平均值
80 目				
100 目				
120 目				
200 目				

（4）思考题：

1）说明测量筛网孔径时先在载玻片上滴加一滴水的目的。

2）能否用台微尺直接测量样品的大小？为什么？

3）随着显微镜放大倍数的改变，目微尺每个小格代表的实际长度是否会发生改变？为什么？

微藻的定量方法——血细胞计数板法

一、实验目的

掌握血细胞计数板的构造、计数原理和计数方法，掌握用血细胞计数板测微藻密度的方法。

二、实验材料

小新月菱形藻、球等鞭金藻、亚心形四爿藻。

三、实验仪器和用品

生物显微镜、血细胞计数板、血盖片、计数器、擦镜纸、吸水纸、消毒海水、细口胶头滴管、小烧杯（5 ~ 10 mL）、移液器（100 μL、1 mL）、离心管（2 mL）、鲁氏碘液。

四、实验方法与步骤

（一）观察血细胞计数板

血细胞计数板是用一块比普通载玻片厚的载玻片特制而成的。板的中部为计数池，两边有凹槽，凹槽两边为支持柱，计数池比支持柱低 0.1 mm，盖上血盖片，即形成一个 0.1 mm深的计数区域。计数池中央划线，形成具准确面积的大小方格，即计数室。计数室包括 9 个大方格，每个大方格的面积是 1 mm^2。在四角及中央的大格又分为 16 个中格。在中央的大格每一中格又分为 25 个小格，共 400 个格（也有一种计数板是 25 中格 × 16 小格的，总数也是 400 格）。盖上血盖片后，每 1 大格即形成 1 个体积为 0.1 mm^3 的空间（图 4–27–1）。

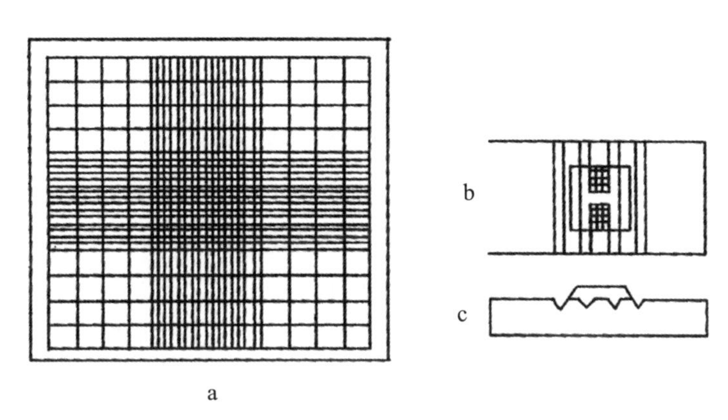

a. 计数室刻度放大；b. 计数板正面观；c. 计数板侧面观

图 4–27–1　血细胞计数板的构造

（二）定量前准备工作

由于微藻细胞在培养液中的分布是不均匀的，尤其是具有运动能力的种类，所以在取样前必须摇动培养液，摇动后立即取样。如果样品细胞是有运动能力的，必须加 1 ~ 2 滴鲁氏碘液将其杀死才能计数。如果细胞的浓度太大，计数困难，则必须把样品稀释到适宜的浓度。以上两种处理可以同时进行。藻液的稀释和固定主要有两种方法。第一种方法是直接加鲁氏碘液稀释固定（鲁氏碘液不仅有稀释、固定的作用，而且能加深微藻细胞颜色，便于观察）。例如：将藻液稀释 2 倍并杀死微藻细胞，可用移液器取 100 μL 藻液加入离心管，再加入等量（100 μL）鲁氏碘液即可。第二种方法是用加入鲁氏碘液的消毒海水稀释固定。例如：要把微藻细胞稀释 3 倍并杀死，可用移液器吸取藻液 1 mL 至容量为 5 ~ 10 mL 的小烧杯中，再吸取已经加入鲁氏碘液的过滤海水 2 mL 至小烧杯中。

（三）微藻密度的测定

把血细胞计数板及血盖片水洗清洁，擦干。将血细胞计数板平放在桌子上，并盖好血盖片。摇动样品瓶，使细胞分布均匀。摇动后，立即用一支干的细口胶头滴管吸取藻液，迅速把滴管口放到计数板上的血盖片边缘处，轻压橡皮头使藻液流入计数板内。也可用 100 μL 的移液器吸取藻液。注意控制藻液流入量：不能过多，过多则流到沟内；也不能过少，应充满划线方格及其周边部分。还应注意不能有气泡。如果不合格，应重做。稍停 1 ~ 2 min，待水样细胞沉降到血细胞计数板表面后，在显微镜下计数。

计数时，在显微镜下仔细调焦，同时调节光栅，必要时调节光源和反光镜角度，直至细胞和纵横格线都清楚。计数时，小心移动载物台，从上到下，由左及右或由右及左依次计数各方格内的细胞数。凡压方格的上线和左线的细胞，统一算作此方格内的细胞；而压方格的下线和右线的细胞，统一不算作此方格内的细胞。

在显微镜下对藻类细胞进行计数，可计数任何对角两个大格。逐一计数大格中的 16 个中格，记录结果。将计数板及血盖片用流水冲洗，擦干，重复上述步骤，对同一样品重复计数至少 3 次，取其平均值。按下列公式计算每毫升藻液内所含的微藻细胞数：

$$n = 10\ 000a \cdot N \qquad (4\text{-}27\text{-}1)$$

式中，n 为每毫升藻液中的微藻细胞数，a 为稀释倍数，N 为计数所得的细胞数平均值。

例如：取 1 mL 小新月菱形藻藻液，加 2 mL 消毒海水稀释，稀释倍数为 3，在血细胞计数板上计数得 1 个大格中小新月菱形藻细胞数的平均值为 50，则 1 mL 藻液中小新月菱形藻的细胞数 $=50 \times 10\ 000 \times 3=1\ 500\ 000$（个），小新月菱形藻的细胞密度为 $1.5 \times 10^6\ \text{mL}^{-1}$。

测数完毕，取下血盖片，用水将血细胞计数板冲洗干净，切勿用硬物洗刷或抹擦，以免损坏网格刻度。洗净后晾干或用吹风机吹干，放入盒内保存。

血细胞计数板法测微藻密度

五、作业

（1）测出水样中小新月菱形藻、球等鞭金藻、亚心形四爿藻的细胞密度，每个样品测 4 次，取平均值，并将实验数据填写在表 4-27-1 中。

表 4-27-1　数据记录及结果

藻种	血细胞计数板 1 个大格细胞数					稀释倍数	细胞密度 /mL^{-1}
	1	2	3	4	平均值		
小新月菱形藻							
球等鞭金藻							
亚心形四爿藻							

（2）思考题：

1）简述用血细胞计数板法测量微藻密度的方法。

2）血细胞计数板计数池的体积是如何确定的？

3）根据自己体会，说明血细胞计数板计数的误差主要来自哪些方面，应如何减少误差。

实验28 微藻的分离方法——微吸管分离法

一、实验目的

掌握用微吸管分离微藻的方法。

二、实验材料

有污染的微藻培养液、自然界采集的水样。

三、实验仪器和用品

生物显微镜、高压灭菌锅、低速离心机、微型涡旋混合器、适合目标藻种的培养液母液、工业酒精（酒精灯用）、酒精（体积分数 70% ~ 75%，消毒用）、移液器（5 mL）、离心管（15 mL）、酒精灯、载玻片、小载玻片（0.5 cm × 0.5 cm）、擦镜纸、胶头滴管、玻璃管（内径 0.2 ~ 0.3 cm）、医用乳胶管（内径 0.2 ~ 0.3 cm）、试管、 24 孔板、标签纸、镊子、烧杯。

四、实验方法与步骤

（一）藻种的纯化

藻种纯化的目的是去除细菌。目前多采用离心洗涤技术纯化藻种，细菌和微藻一般可以较容易地通过离心和在无菌培养液中洗涤来分开。取生长旺盛的微藻的培养液置于 15 mL 灭菌厚壁离心管中，2 000 r/min 离心 1 ~ 2 min，弃去上清液，加入新的灭菌培养液悬浮藻细胞，再离心。重复这一过程至少 1 次。

最后一次离心后，弃去上清液，加入 1 mL 培养液悬浮藻细胞，备用。

（二）微吸管的制备

取内径 2 ～ 3 mm 的细玻璃管，将其中央部分在酒精灯上加热，待熔时，快速向两边拉成口径极细的微吸管。将拉好的微吸管放在盛水的烧杯中检查，若管中有段水柱则说明微吸管通气；若不通气，可在酒精灯上用镊子整理。在微吸管的一端套 1 条长约 8 cm 的医用乳胶管，在分离操作时用手指压紧医用乳胶管，用以控制吸取动作。

（三）藻液的稀释

用培养液将待分离藻液稀释到一定的浓度，使得理论上微吸管吸取的每一微小水滴中含有 1 ～ 2 个藻细胞。

（四）藻种的分离

用胶头滴管将稀释适度的藻液水样置于载玻片一边，在显微镜下观察、挑选要分离的藻细胞。用微吸管吸取目标藻种，放在特制的经消毒的小载玻片（0.5 cm × 0.5 cm）上，镜检这一滴水中是否只有所需要分离的藻类细胞。如此反复操作，直到镜检水滴中只有目标单种。为方便镜检，取样应尽量少，以视野中能看到完整液滴为宜；但也不能过少，否则液滴很快蒸发。分离成功后，将含有目标藻种细胞的小载玻片直接移入装有培养液并经过灭菌的 24 孔板或试管中，注意做好记录（姓名、藻种名称及分离日期），在适宜的温度、光照条件下培养。

注意

分离过程采用无菌操作，载玻片和小载玻片在酒精灯上灼烧消毒，微吸管每次吸完藻细胞后在沸水中消毒。

微吸管分离法

五、作业

（1）简述微吸管法分离藻种的操作步骤及注意事项。

（2）观察分离培养结果，并分析分离成功或失败的原因。

实验29

微藻的分离方法——平板分离法

一、实验目的

掌握用平板分离微藻的技术。

二、实验材料

需要纯化的微藻培养液、自然界采集的水样。

三、实验仪器和用品

生物显微镜、高压灭菌锅、超净工作台、光照培养箱、低速离心机、微型涡旋混合器、电炉、适合目标藻种的培养基母液、琼脂粉、工业酒精（酒精灯用）、酒精（体积分数70% ~ 75%，消毒用）、三角烧瓶（100 mL、1 000 mL）、烧杯、试管、培养皿、金属接种环、涂布棒、药匙、离心管（2 mL）、移液器（100 μL、1 mL）、过滤海水、标签纸、记号笔。

四、实验方法与步骤

（一）藻种的纯化

藻种的纯化方法见实验28。

（二）培养基的配制

（1）在三角烧瓶中加入100 mL过滤后的海水，再称取1.2 g琼脂粉加入三角烧瓶中，放至电炉上加热，不断摇动至琼脂完全溶化。损失的水分用蒸馏水补齐。

（2）将琼脂溶液、三角烧瓶、培养用水等放入高压灭菌锅中，在 121℃下灭菌 20 min。

（3）待灭菌锅压强读数降至 0 时，打开灭菌锅。取出琼脂溶液，放入超净工作台中，室温下冷却至 60℃左右，向其中添加培养基母液，并摇匀。

（三）藻液的稀释

等待琼脂溶液冷却时，在超净工作台进行藻液的稀释。

（1）取 1 mL 需要分离的原藻液于离心管中，标记藻种名称。

（2）用消毒海水做 10 倍梯度稀释（根据实际需要合理选择稀释倍数），一般做 3 ~ 4 个梯度，包括稀释 10 倍、100 倍、1 000 倍、10 000 倍。

（3）稀释完毕后，在离心管上标记藻种名称、稀释倍数。

（四）平板的制作

将上述培养液放入超净工作台中，随后在超净工作台内酒精灯火焰旁，将培养液倒入培养皿，使倒入的培养液铺满培养皿底部，厚度在 5 mm 左右。将倒好的培养皿水平放置在超净工作台上，必要时可在凝固前轻轻做圆周移动，以确保冷却后琼脂平板表面平滑。

（五）藻种的分离

培养基冷却后，凝固成固体状态，即可进行藻种分离。

1. 划线法

在超净工作台内进行操作。在酒精灯火焰上将金属接种环灭菌，冷却后，用接种环蘸取待分离藻液，轻轻在培养基上做第一次平行划线，划 3 ~ 4 条。转动培养皿约 70°，用在火焰上灭菌并冷却的接种环，通过第一次划线部位做第二次平行划线，用同法再做第三次和第四次划线。主要划线部位不可重叠，接种环也不应嵌进培养基内。

2. 涂布法

在超净工作台内进行操作。用移液枪吸取 50 μL 藻液，分 5 处滴在平板上。涂布棒在酒精灯上灼烧几秒，待冷却后将藻液均匀涂布于培养皿表面。

（六）平板培养

用划线法或涂布法接种后，盖上培养皿盖子，做标记后，用封口膜密封培养皿底与盖之间的空隙，防止水分蒸发。将培养皿放入光照培养箱，在适宜的光照、温度条件下培养。培养一段时间后，在培养基上可出现互相隔离的藻类群落。通过显微镜检查，寻找需要的纯藻群落。尽可能挑选圆形、周边空白且相对较大的藻落，这些藻落相对不容易受污染，且细胞生长活性好。用消毒过的解剖针或者牙签将所需的藻细胞连同一小块培养基取出，放入试管、24孔板（或48、96孔板）或小型三角烧瓶中培养。经过一定时间的培养，用显微镜检查是否达到分离目的。如果不成功，则应重做。

平板分离法

五、作业

（1）简述平板分离法分离藻种的步骤及注意事项。

（2）观察分离培养结果，并分析分离成功或失败的原因。

微藻的培养

一、实验目的

掌握微藻培养过程中容器等工具的洗涤和消毒、培养液的制备、接种、培养管理等实验技能。

二、实验材料

小新月菱形藻、球等鞭金藻、亚心形四爿藻。

三、实验仪器和用品

生物显微镜、高压灭菌锅、超净工作台、光照培养箱、电炉、烘箱、分析天平、F/2 培养基母液、鲁氏碘液、工业酒精（酒精灯用）、酒精（体积分数 70% ~ 75%，消毒用）、盐酸、移液器（5 mL）、酒精灯、计数器、三角烧瓶（100 mL、5 000 mL）、试剂瓶（1 000 mL）、容量瓶（1 000 mL）、烧杯、血细胞计数板、血盖片、药匙、擦镜纸、吸水纸、胶头滴管、封瓶口纸、瓶刷、蒸馏水。

四、实验方法与步骤

(一)容器、工具的洗涤、消毒与灭菌

1. 消毒与灭菌知识

(1)消毒:消毒是只杀死营养体,不一定杀死芽孢。

1)灼烧消毒:在酒精灯火焰周围形成无菌区,可进行光合细菌和微藻的接种操作。

2)煮沸消毒:耐高温的小型容器、工具等可煮沸消毒。小型三角烧瓶(100 ~ 1 000 mL)可放在大铝锅里煮沸消毒。大型三角烧瓶(3 000 ~ 5 000 mL)可在瓶内加少量淡水,在瓶口放上培养皿,加热煮沸 5 ~ 10 min,让蒸汽在瓶中熏热消毒。

3)化学药品消毒:

常用的化学药品消毒方法:① 酒精:用体积分数为 70% ~ 75%的酒精消毒。② 高锰酸钾:配制浓度为 10 ~ 20 mg/L 的高锰酸钾溶液,将小型容器、工具浸泡 5 min。③ 苯酚:将小型容器、工具在质量分数为 3% ~ 5%的苯酚溶液中浸泡 0.5 h。④ 盐酸:在体积分数为 10%盐酸溶液中浸泡 5 min。⑤ 漂白粉(主要成分为次氯酸钙):将小型容器、工具在质量分数为 1% ~ 5%的漂白粉溶液中浸泡 0.5 h。

注意

用上述化学药品消毒完毕,都要用消毒水(经过煮沸或沉淀过滤的水)冲洗 2 ~ 4 次。

(2)灭菌:灭菌是指杀死一切微生物,包括营养体和芽孢。

1)灼烧:酒精灯燃烧时其周围的气温也随着升高,可用于无菌操作。接种环、镊子、试管口等可直接在酒精灯上灼烧。

2)烘箱:把烘箱的温度调节到 160℃,并保持 2 h后可达到灭菌的目的。

但含有水分的物质，如培养基等，不能用此法灭菌。

3）高压蒸汽灭菌：将需要灭菌的玻璃器皿、营养盐母液、海水等用高压灭菌锅灭菌，一般在121℃、压强0.1 MPa下灭菌15 ~ 30 min。

2. 洗涤与灭菌步骤

（1）清洗：把三角烧瓶、烧杯等用去污粉刷洗3遍，倒置于架（桌）上晾干。

（2）酸洗：对于培养光合细菌和微藻用的三角烧瓶，为洗去旧瓶中的残留有机物，将稀盐酸倒入洗干净瓶内（稀盐酸体积约为瓶容积的1/5），小心倾斜转动，使稀盐酸遍布瓶内壁，然后将稀盐酸倒出回收，最后经十几遍自来水冲洗去酸，倒置于架（桌）上晾干。

（3）灭菌：

1）高压蒸汽灭菌：将洗刷干净的三角烧瓶包上牛皮纸、套上橡皮筋，同需要灭菌的其他容器工具放入高压灭菌锅中，在121℃、0.1 MPa下灭菌20 min。待压强读数降到0时，取出放入干燥箱中干燥备用。

2）烘箱干热灭菌：将洗刷干净的三角烧瓶放入烘箱中灭菌，即加热至160℃，恒温2 h，关闭电源，待冷却至60℃左右取出。对三角烧瓶用灭菌过的无菌封口膜或牛皮纸封口，套上橡皮筋待用。

（二）培养液的制备

微藻培养液（液体培养基）是在消毒海水中加入营养盐配成的。

1. 海水消毒

第一种方法是将沉淀过滤后的海水倒入5 000 mL的三角烧瓶，瓶口包上牛皮纸，外面再包上锡纸，放到高压灭菌锅里，在121℃下灭菌20 min，待压强读数降到0时取出，冷却后备用。第二种方法是将沉淀过滤后的海水倒入5 000 mL的三角烧瓶，瓶口包上牛皮纸或盖上培养皿，在电炉上煮沸消毒，冷却后备用。

2. 营养盐母液配制

（1）培养基配方：

1）F/2 培养基配方：

A：硝酸钠（$NaNO_3$）	75 mg
B：磷酸二氢钠（NaH_2PO_4）	5 mg
C：九水合硅酸钠（$Na_2SiO_3 \cdot 9H_2O$）	30 mg
D：F/2 微量元素溶液	1 mL
E：F/2 维生素溶液	1 mL
消毒海水	1 000 mL

2）F/2 微量元素溶液配方：

五水合柠檬酸铁（$FeC_6H_5O_7 \cdot 5H_2O$）	3.9 g
乙二铵四乙酸钠（Na_2EDTA）	4.36 g
五水合硫酸铜（$CuSO_4 \cdot 5H_2O$）	9.8 mg
二水合钼酸钠（$NaMoO_4 \cdot 2H_2O$）	6.3 mg
七水合硫酸锌（$ZnSO_4 \cdot 7H_2O$）	22 mg
六水合氯化钴（$CoCl_2 \cdot 6H_2O$）	10 mg
四水合氯化锰（$MnCl_2 \cdot 4H_2O$）	180 mg
纯水	1 000 mL

3）F/2 维生素溶液配方：

维生素 B_{12}	0.5 mg
维生素 H（生物素）	0.5 mg
维生素 B_1	100 mg
纯水	1 000 mL

（2）培养液配制方法：

1）称量：将上述配方中的药品按扩大 1 000 倍称取，按 A、B、C、D、E 分别置于 5 个烧杯内，用蒸馏水溶解（注意：柠檬酸铁需用研砵研碎后，再加热溶解），移入 1 000 mL 容量瓶内定容。

2）营养盐母液消毒或灭菌：将配制好的各种营养盐母液倒入 1 000 mL 试剂瓶中，在高压灭菌锅中灭菌（121℃下灭菌 20 min），待压强读数降到 0 时取出，冷却后放入冰箱冷藏室中备用。

注意

维生素溶液不耐高温，可采用滤膜过滤的方法对配制好的维生素溶液进行消毒；或者先对容器和蒸馏水分别进行消毒，自然冷却后，在超净工作台里进行加入维生素的操作。

3）向消毒海水中加营养盐：取经煮沸消毒冷却后的 5 000 mL 海水置于 5 000 mL 的三角烧瓶中，用 5 mL 移液器向消毒的海水中逐一加入各种营养盐母液各 5 mL，每加入一种母液后均需摇匀，再加下一种。

4）分装：将培养液分装入 100 mL 三角烧瓶中，每瓶加 70 mL 培养液。

5）贴标签：用签字笔在标签纸上写上姓名、日期、待接种藻种名称，贴于三角烧瓶中央处。

（三）接种

（1）接种前先检查藻种质量。先肉眼观察藻种的颜色：绿藻类呈鲜绿色，硅藻类呈黄褐色，金藻类呈金褐色。再观察藻种在水中分布情况，有无附壁和沉淀情况等。之后在显微镜下检查，看藻体细胞是否颜色鲜艳，运动种类是否运动活泼，有无杂藻和敌害生物存在。

（2）取出已消毒、贴好标签并盛有 70 mL 培养液的 100 mL 三角烧瓶。

（3）在超净工作台里向培养液中加入高浓度的藻种 10 mL。

（4）接种后摇匀，用移液器取少许至小烧杯内，用血细胞计数板计数，计算其细胞密度。

（5）将 100 mL 三角烧瓶用消毒过的牛皮纸封好，扎上橡皮筋，放入光照培养箱中进行培养。每天定时计数，根据细胞密度绘制藻类生长曲线，并按以下公式计算相对生长率：

$$\mu=(\ln N_t-\ln N_0)/(t-t_0) \quad (4\text{-}30\text{-}1)$$

式中，μ为相对生长率；N_0为指数生长期开始时的细胞数；N_t为经过t时间后的细胞数；t_0和t分别为指数生长期开始时的天数和指数生长期结束时的天数。

（四）培养管理

（1）每天定时摇动三角烧瓶2 ~ 4次。

（2）每天定时用血细胞计数板计数，计算其细胞密度。

（3）每天定时观察和检查。肉眼观察内容包括藻液的颜色、细胞运动情况、是否有沉淀和附壁现象、有无菌膜和敌害生物污染。显微镜检查内容包括藻体细胞的形态和运动情况、有无敌害生物及杂藻等。

（4）出现问题的分析和处理：藻类生长不好，是内因和外因共同作用的结果。内因是藻种本身的质量不良；外因包括敌害生物污染，营养、温度和盐度等因子不适宜等。

五、作业

（1）简述微藻的培养流程。

（2）根据自己的体会，说明微藻培养过程中应注意哪些问题。

（3）每天定时观察，测细胞密度，将实验数据填写在表4-30-1中，并根据细胞密度绘制3种微藻的生长曲线，计算相对生长率。

表4-30-1　数据记录及结果

培养天数/d	细胞密度/mL^{-1}		
	小新月菱形藻	球等鞭金藻	亚心形四爿藻
1			
2			
3			
4			
5			

续表

培养天数/d	细胞密度/mL^{-1}		
	小新月菱形藻	球等鞭金藻	亚心形四爿藻
6			
7			
8			
9			
10			

轮虫的形态观察与培养

一、实验目的

（1）掌握轮虫的主要形态特征及定量方法。

（2）掌握轮虫的室内培养方法。

二、实验材料

轮虫、小球藻、三角褐指藻、球等鞭金藻。

三、实验仪器和用品

生物显微镜、体视显微镜、光照培养箱、载玻片、盖玻片、擦镜纸、吸水纸、胶头滴管、三角烧瓶（100 mL）、浮游生物计数框（1 mL）、移液管（1 mL）、吸耳球、移液器（1 mL）、胚胎皿、量筒、鲁氏碘液。

四、实验方法与步骤

（一）轮虫的形态构造观察

图 4-31-1 是轮虫的形态构造模式图，图 4-31-2 是实验室培养的褶皱臂尾轮虫。对轮虫进行活体观察时，水样应尽量少，且不要加盖玻片，以免将轮虫压死。在低倍镜下观察轮虫的轮盘部、躯干部、足部，夏卵的形态和轮虫的运动，并回答下列问题：① 所观察到的轮虫是雌体还是雄体？每个雌体所带的夏卵数是否相等？② 为什么时而看不到足部，时而又看到足部附着于

载玻片上？③ 当加进小球藻时，在轮盘部前端看到的食物流是什么形状？在高倍镜下观察轮虫的消化、排泄、生殖、神经系统的器官构造。

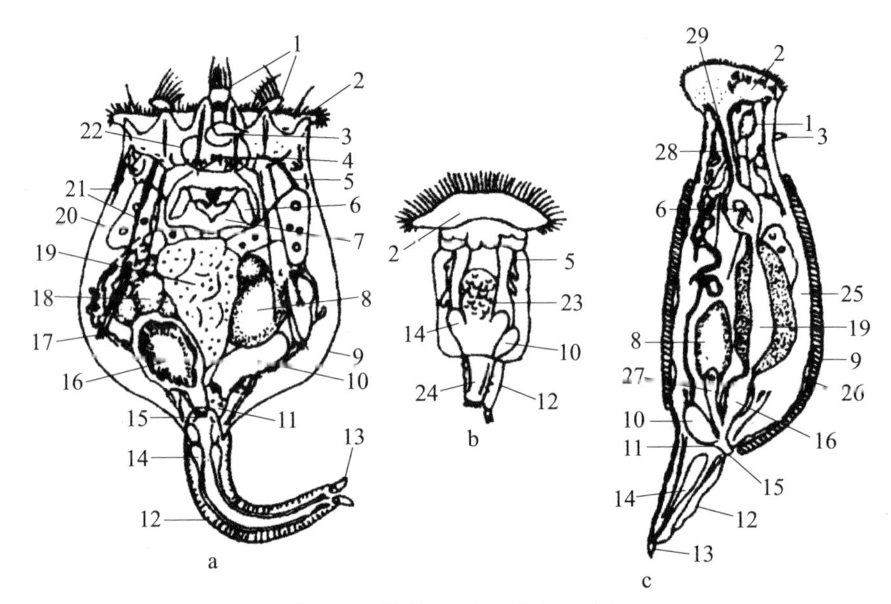

a. 雌体；b. 雄体；c. 雌体侧面横切面

1. 棒状突起；2. 纤毛环；3. 背触毛；4. 眼点；5. 原肾管；6. 咀嚼器；7. 咀嚼囊；8. 卵巢；9. 被甲；10. 膀胱；11. 泄殖腔；12. 尾部；13. 趾；14. 吸着腺；15. 肛门；16. 肠；17. 侧触手；18. 卵黄腺；19. 胃；20. 消化腺；21. 肌肉；22. 脑；23. 精巢；24. 阴茎；25. 体腔；26. 表皮；27. 输卵管；28. 咽；29. 口

图 4-31-1　轮虫的形态构造模式图（自陈明耀，1995）

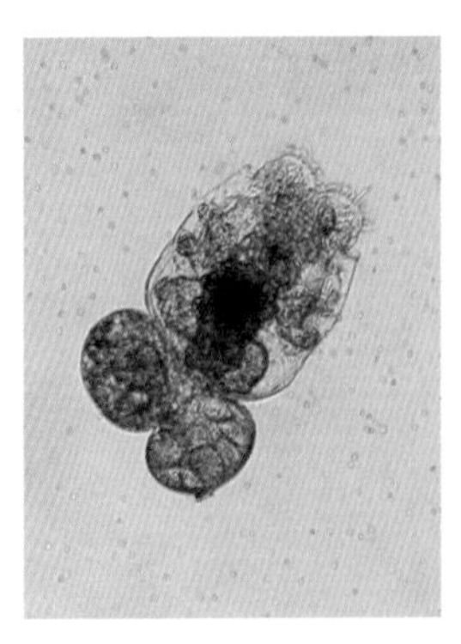

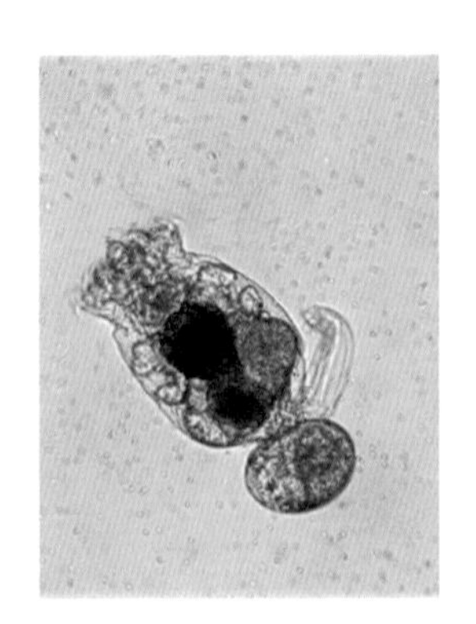

图 4-31-2　实验室培养的褶皱臂尾轮虫 *Brachionus plicatilis*

轮虫的形态构造　轮虫的休眠卵

轮虫的运动

（二）轮虫的定量方法

1.计数框计数法

计数框种类较多，容积有 0.1 mL、0.5 mL、1.0 mL、5.0 mL 等。计数轮虫一般采用 1 mL 的浮游生物计数框。首先将水样摇匀，并立即用 1 mL 移液管（移液器）准确吸取 1 mL 样品，注入相应的计数框内，小心盖上盖玻片。在盖盖玻片时，要求计数框内没有气泡，样品不溢出计数框。如果达不到要求，应重新取样。然后在低倍生物显微镜或体视显微镜下进行全片计数。一般计数 3 次，取其平均值。

2.胚胎皿计数法

将水样摇匀，并立即用 1 mL 移液管（移液器）准确吸取 1 mL 样品，注入胚胎皿中。摇晃样品，使轮虫集中于胚胎皿底部，在体视显微镜下计数。为便于观察，也可在取样后先用鲁氏碘液将轮虫杀死再计数。

3.移液管直接计数法

在没有显微镜的情况下，也可使用移液管直接计数法定量。此方法简单易行。

选择一支管壁明净、容量为 1 mL、具刻度的移液管为计数定量工具。首先将水样摇匀，然后用移液管快速准确地一次性吸取 1 mL 水量。先用右手食指紧压移液管上端管口，再用左手食指紧压移液管尖端出水口，不让水滴出。把移液管倾斜，对光（日光灯或太阳光）可见管内轮虫呈小白点状，并缓慢游动。可先从移液管尖端开始向后方计数，直到把 1 mL 水样中的轮虫计数完毕，即获得每毫升水样中的轮虫数量。在计数时，一手不断转动移液管，帮助观察清楚，使计数准确。如果轮虫密度过大，计数困难，则可进行适当的稀释后，再用移液管吸取计数，最后用计数结果乘以稀释倍数即得每毫升的轮虫数。一般计数 3 次，取其平均值。

（三）轮虫的培养方法

（1）将 9 只 100 mL 的三角烧瓶洗净、烘干。在每只三角烧瓶中分别加入 50 mL 培养好的小球藻、三角褐指藻、球等鞭金藻，每种藻 3 瓶。贴好标签，注明种名、接种日期、接种量。

（2）在体视显微镜下用吸管吸取大小相同、带卵情况一致的轮虫。每只三角烧瓶内放 10 只轮虫，放入光照培养箱中进行培养，培养温度为 20 ~ 25℃。

（3）每天摇动三角烧瓶 2 ~ 3 次，观察轮虫生长情况。

（4）当藻液变清、肉眼可见轮虫时，计数轮虫密度，比较几种藻液培养轮虫的情况。

五、作业

（1）绘制轮虫的形态构造图。

（2）测出轮虫的密度，并将实验数据填写在表 4-31-1 中。

表 4-31-1　数据记录及结果

轮虫密度 /mL^{-1}						
1	2	3	4	5	6	平均值

（3）根据自己的体会，说明轮虫的几种计数方法各有什么优缺点，还有哪些需要改进的地方，计数的误差主要来自哪些方面，如何减少误差。

（4）记录轮虫采收时的密度，并将实验数据填写在表 4-31-2 中，比较不同饵料对轮虫种群增长的影响。

表 4-31-2　不同饵料对轮虫种群增长的影响

饵料种类	轮虫采收时的密度 /mL^{-1}			
	1	2	3	平均值
小球藻				
三角褐指藻				
球等鞭金藻				

（5）根据自己的体会，说明轮虫培养过程中应注意哪些问题。

实验32

卤虫的形态观察及卤虫卵孵化率的测定

一、实验目的

（1）掌握卤虫卵、卤虫各期幼体及成体的主要形态特征。

（2）掌握卤虫卵的孵化方法以及卤虫卵孵化率的测定方法。

二、实验材料

卤虫卵、卤虫各期幼体及成体。

三、实验仪器和用品

生物显微镜、体视显微镜、载玻片、盖玻片、擦镜纸、吸水纸、胶头滴管、移液器、吸耳球、计数器、培养皿、烧杯、鲁氏碘液、有效氯浓度为5%的次氯酸钠溶液。

四、实验方法与步骤

（一）卤虫卵、卤虫无节幼体及成体的形态观察

图4-32-1是卤虫各发育阶段的外部形态，图4-32-2是卤虫无节幼体，图4-32-3是卤虫成虫形态图。实验时，分别取卤虫卵、无节幼体、后无节幼体、拟成虫期幼体和成虫置于载玻片上，在生物显微镜或体视显微镜下观察其主要形态特征。

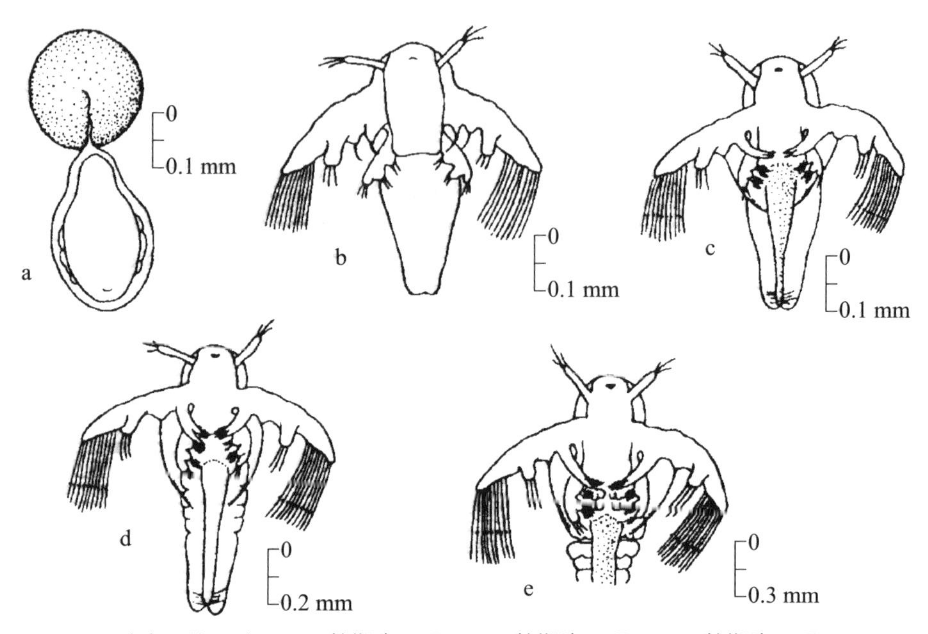

a. 破壳后的胚胎；b. Ⅰ龄期腹面观；c. Ⅱ龄期腹面观；d. Ⅲ龄期腹面观；
e. Ⅳ龄期头胸部腹面观

图 4-32-1　卤虫各发育阶段的外部形态（自廖承义等，1990）

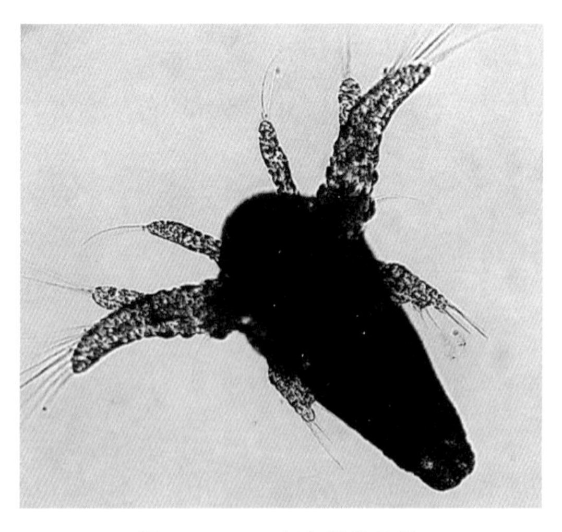

图 4-32-2　卤虫无节幼体

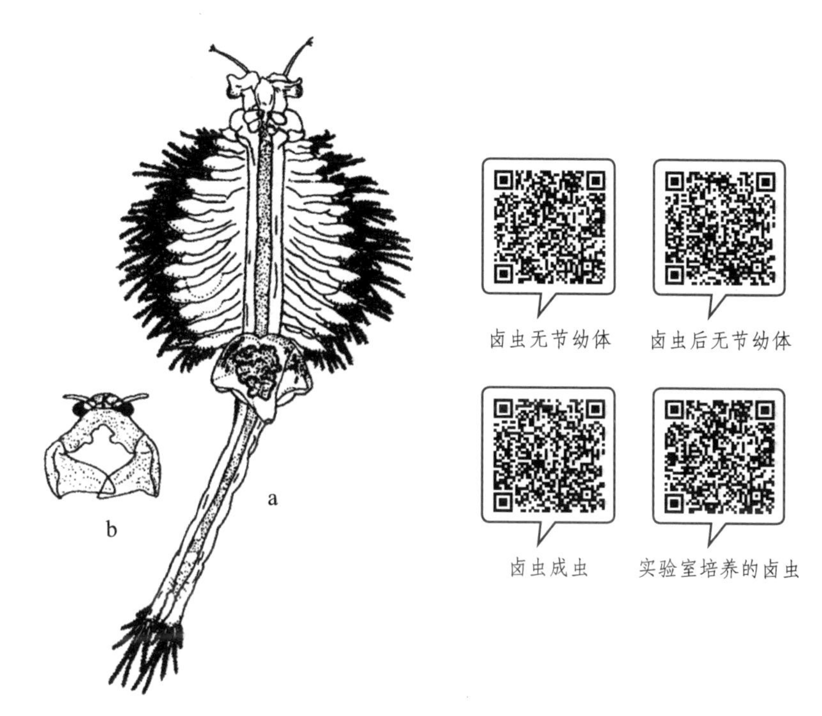

a.雌性成虫；b.雄性成虫头部

图 4-32-3　卤虫成虫形态图（自陈明耀，1995）

（二）卤虫卵孵化率的测定

在孵化率指标的测定方法上，国际上通用的方法有A法和B法两种；而国内有数粒法、溶壳法、密度法等，均从A法和B法演变而来。

1.数粒法

数粒法是在孵化前计数一定数量的卤虫卵，卤虫卵孵化后，再对孵化出的无节幼体进行计数，从而计算其孵化率。

数粒法具体操作步骤：通常取卤虫卵 100 ～ 400 个，准确计数（A）后，将所取的卤虫卵转移到装有过滤海水的 20 ～ 100 mL 小烧杯等容器中，使其在适宜的温度和光照条件下孵化 36 ～ 48 h，之后用胶头滴管吸取并计数全部无节幼体的数量（B），则孵化率=$B/A\times 100\%$。

2. 溶壳法

溶壳法是孵化一定数量的卤虫卵样品，对一定量均匀分布的样品进行溶壳，得到孵化出的无节幼体数和未孵化去壳卵数，从而计算出孵化率。

溶壳法具体操作步骤：通常将 1.0 g 卤虫卵转移到 1 000 mL 孵化容器中，从容器底部充气，使卤虫卵在海水中均匀悬浮分布。将孵化容器放在适宜的温度和光照条件下使卤虫卵孵化。36 ~ 48 h 后，在不停气的情况下吸取 1 mL 水样，用有效氯浓度为 5% 的次氯酸钠去壳液去除水样中的卵壳及未孵化卵的卵壳，然后统计无节幼体数（B）和未孵化的去壳卵数（C），则孵化率 $=B/(B+C)\times 100\%$。

3. 密度法

密度法是通过对一定数量的样品进行 2 次定量取样计数，从而计算孵化率。第一次是对孵化前浸泡 2 h 的样品定量取样，计卤虫卵数；第二次是对孵化后的样品定量取样，计无节幼体数。取样过程中，要保证被取样品处在均匀分布的状态。

密度法具体操作步骤：通常将 1.0 g 卤虫卵转移到 1 000 mL 孵化容器中，从容器底部充气，使卤虫卵在海水中均匀悬浮分布。吸取 1 mL 的水样并计数所含卤虫卵数（A）。将孵化容器放在适宜的温度和光照条件下使卤虫卵孵化 36 ~ 48 h，之后停气，将孵化用水的总体积恢复到 1 000 mL。继续从容器底部充气，使无节幼体分布均匀，吸取 1 mL 孵化后水样，计数所含无节幼体数（B），则孵化率 $=B/A\times 100\%$。

五、作业

（1）绘制卤虫各期幼体及成虫的形态结构图。

（2）用不同方法测定卤虫卵的孵化率，并将实验数据分别填写在表 4-32-1 ~ 表 4-32-3 中。

表 4-32-1　数粒法数据记录及结果

	1	2	3	平均值
卤虫卵数（A）				
无节幼体数（B）				
孵化率/%				

表 4-32-2　溶壳法数据记录及结果

	1	2	3	平均值
无节幼体数（B）				
未孵化的去壳卵数（C）				
孵化率/%				

表 4-32-3　密度法数据记录及结果

	1	2	3	平均值
卤虫卵数（A）				
无节幼体数（B）				
孵化率/%				

（3）根据自己的体会，分析测定卤虫卵孵化率的误差主要来自哪些方面，以及如何减少误差。

实验33 卤虫卵的去壳及空壳率的测定

一、实验目的

（1）掌握卤虫卵去壳技术及去壳过程中卤虫卵的变化。

（2）掌握卤虫卵空壳率的测定方法。

二、实验材料

卤虫休眠卵。

三、实验仪器和用品

体视显微镜、分析天平、次氯酸钠、氢氧化钠、硫代硫酸钠、温度计、凹玻片、胶头滴管、筛绢（孔径120 ~ 130 μm）、烧杯（500 mL）、量筒（100 mL）、冰块、玻璃棒。

四、实验方法与步骤

（一）卤虫卵的吸水

卤虫卵吸水膨胀后呈圆球形，有利于去壳。一般是在25℃淡水或海水中浸泡1 ~ 2 h使其吸水。具体方法是称取一定量的卤虫卵放入盛有海水或自来水的容器中，通气搅拌使卵保持悬浮状态，一般待卤虫卵变成圆球形即可。

（二）配制去壳液

常用的去壳液是次氯酸盐（次氯酸钠或次氯酸钙）、pH稳定剂和海水按一定比例配制而成的。不同品系卤虫卵壳的厚度不同，因而要求去壳液中的有效氯浓度不同，以期达到最佳效果。一般而言，每克干卤虫卵需使用含有 0.5 g 有效氯的次氯酸钠或次氯酸钙，而去壳溶液的总体积按每克干卤虫卵 14 mL 的比例配制。

卤虫卵的去壳过程是氧化反应，氧化效率取决于次氯酸盐解离成次氯酸根的程度，而此解离程度与溶液的pH有关。当pH大于 10 时，次氯酸盐解离成次氯酸根的比例较大，氧化效果也较好。因此，需要在去壳液中加入适量的pH稳定剂，通常使用氢氧化钠（用次氯酸钠做去壳液时使用，用量为每克干卤虫卵 0.15 g）或碳酸钠（用次氯酸钙做去壳液时使用，用量为每克干卤虫卵 0.67 g）来调节pH至 10 以上。

如果用次氯酸钙配制去壳液，应先将次氯酸钙溶解后再加碳酸钠，静置后使用上清液。

例如：用有效氯浓度为 8%的次氯酸钠溶液配制去壳液，如果要对 10 g 干卤虫卵去壳，去壳液配方的计算步骤如下。

（1）去壳液的总体积按每克干卤虫卵 14 mL 的比例配制，10 g卤虫卵所需的去壳液的总体积为 14 mL × 10=140 mL。

（2）每克干卤虫卵需使用含有 0.5 g有效氯的去壳液，10 g干卤虫卵所需的有效氯的质量为 0.5 g × 10=5 g。

（3）5 g有效氯所需的质量分数为 8%的次氯酸钠溶液的质量为 5 g/0.08=62.5 g（体积约为 60 mL）。

（4）所需海水量 140 mL−60 mL=80 mL。

（5）氢氧化钠用量为每克干卤虫卵 0.15 g，10 g干卤虫卵所需氢氧化钠的质量为 0.15 g × 10=1.5 g。

因此，80 mL海水加 1.5 g氢氧化钠，再加质量分数为 8%的次氯酸钠溶液 60 mL就配成了 10 g干卤虫卵所需的去壳液。

注意

有效氯的含量会随贮存时间的推移而下降，因此，在配制去壳液之前需要测定次氯酸钠（或次氯酸钙）有效氯的确切含量。有效氯含量的测定可用蓝黑墨水法，更精确的可采用碘量法。此外，去壳液要现配现用。

（三）卤虫卵的去壳

将浸泡好的卤虫卵沥干后放入已配好的去壳液中并不断搅拌。在去壳过程中，卤虫卵的颜色渐渐由咖啡色变为白色，最后变为橘红色。此过程最好在 15 min 内完成，时间过长会影响孵化率。去壳过程是氧化反应，并产生气泡，要不停地测定去壳液的温度，可用冰块防止其升温到 40℃以上。

（四）清洗脱氯

当在体视显微镜下看不见咖啡色的卵壳时，即表示去壳完毕，此时去壳液的温度不再上升。有一定的操作经验后，目测即可比较好地把握去壳的进程。用孔径为 120 ~ 130 μm 的筛绢收集上述已去壳的卤虫卵，用足量的自来水或海水充分冲洗，直到闻不出有氯气味为止。为了进一步除去残留的次氯酸钠，可将去壳卵浸入质量分数为 1% ~ 2% 的硫代硫酸钠溶液中约 1 min 中和残氯，用自来水或海水冲洗。冲洗后的去壳卵可以直接投喂，也可以孵化后投喂或放入 −4℃冰箱中保存。

（五）卤虫卵空壳率的计算

取 100 粒左右已吸涨的卤虫卵，放在凹玻片上，滴加几滴去壳液，待完全去壳后统计去壳卵的数量，计算空壳率。此过程重复 3 次，取平均值。

空壳率 = [（卤虫卵数量 − 去壳卵数量）/ 卤虫卵数量] × 100%。

五、作业

（1）描述去壳步骤及在去壳过程中观察到的现象。

（2）计算实验用卤虫卵的空壳率，并将实验数据填写在表 4-33-1 中。

表 4-33-1　数据记录及结果

	1	2	3	平均值
卤虫卵数量				
去壳卵数量				
空壳率/%				

第五部分

研究创新型实验

一、研究创新型实验的基本程序

二、水生生物学与生物饵料培养研究创新型实验参考题目

一、研究创新型实验的基本程序

研究创新型实验是指学生应用已经学过的水生生物学与生物饵料培养以及生态学、生物化学等相关知识，并结合自己的兴趣，为解决水产养殖生产实践中的具体问题而自行设计的实验。开展研究创新型实验之前，指导教师根据已有的实验条件为学生划定选题范围，提出实验要求等，学生自己查阅资料、设立题目、制订实施方案，经过指导教师审阅批准后执行。

（一）查阅资料

查阅相关资料，了解国内外相关研究动态，确定实验目的、意义和内容。

（二）立题

实验项目应该具有明确的目的，有一定的实践意义和理论价值，并具有一定的创新性。立题要有充分的科学依据，方法先进可行，并与本实验室条件相符合。

（三）实验设计

实验设计是指根据立题的目的、要求和预期结果制订研究计划和实施方案。

实验设计主要包括实验原理、实验器材、方法和步骤、处理因素、注意事项等。实验设计应遵循对照、随机化和可重复的原则。

1. 对照

一般实验都分为处理组和对照组。应根据实验目的设置对照组，如空白对照组、实验对照组（假处理对照）、自身对照、相互对照（组间对照）等。

2. 随机化

随机化是指总体中的每一个个体都有均等的机会被抽取或被分配到实验组及对照组中去。随机化原则的核心是机会均等。使用随机化方法可以消除在抽样及分组过程中，由于研究人员对受试对象主观意愿的选择而造成实验效应的误差。

3. 可重复

只有可重复的实验结果才是可信和科学的。重复组（平行组）与样本数量应该根据生物统计学原理或以往的经验确定。通常设 3 个重复组。

（四）实验过程

1. 预备实验

预备实验的作用是筛选实验效益指标、实验处理因素和实验方法，检查准备工作是否完善，为正式实验提供修改意见。

2. 实验结果的记录与观察

需要记录的内容包括实验名称、日期、实验操作者，实验样品的来源、规格，施加的处理因素、种类、来源、剂量、方法等，使用的仪器设备、培养条件和管理方法，测定内容、指标名称、单位、数值等。

3. 实验结果的分析与处理

对所得的原始数据进行生物统计学处理，计算平均值、标准差、相关系数等，制成统计图或表，做相关的统计检验（单因子方差分析、多因子方差分析、多重比较等）。处理原始数据必须真实、客观。实验结果的表达方式为表格、曲线、图形、照片等。

（五）研究创新型实验报告的撰写

按照一般学术论文的格式撰写研究创新型实验报告。

二、水生生物学与生物饵料培养研究创新型实验参考题目

（1）山东沿海浮游植物的初级生产力。

（2）赤潮生物分离培养及其生态机制。

（3）典型水域水生生物物种多样性和功能多样性。

（4）典型水域优势水生动物种间食物竞争关系。

（5）典型水域水生动物生物学特征的空间变化及其影响因素。

（6）水生植物对城市污水的生物净化效果。

（7）水生植物碳汇效应及其影响因素。

（8）水生生物在水环境监测中的应用。

（9）典型水域经济水生动物增殖放流效果评价。

（10）环境因子对鹰爪虾等水生无脊椎动物栖息地适宜性的影响。

（11）生活污水中纤毛虫的多样性。

（12）植物根系周围土壤纤毛虫的组成。

（13）营养盐浓度对微藻生长及叶绿素荧光特性的影响。

（14）环境因子对微藻生长及生化组成的影响。

（15）微塑料对海洋微藻生长及光合作用的影响。

（16）重金属对微藻生长、叶绿素荧光特性及抗氧化指标的影响。

（17）温度、盐度、光照对轮虫休眠卵形成的影响。

（18）不同饵料对轮虫和卤虫生长繁殖的影响。

第六部分

附录

附录1　光学显微镜的使用方法和注意事项

附录2　生物绘图法

附录3　载玻片和盖玻片的使用

附录4　玻璃器皿的洗涤及各种洗液的配制方法

附录 1

光学显微镜的使用方法和注意事项

显微镜是研究微观领域的工具。显微镜种类繁多，主要有普通光学显微镜、体视显微镜（解剖镜）、倒置显微镜、相差显微镜、暗视野显微镜、偏振光显微镜、荧光显微镜以及电子显微镜等。下面主要介绍普通光学显微镜和体视显微镜的使用方法和注意事项。

一、普通光学显微镜的使用方法

（一）取镜

从镜橱（箱）取镜时，一手握住镜臂，另一手托住镜座，保持镜体直立，不可歪斜，将显微镜轻放实验台上。使用前要对显微镜各部件进行检查，注意各部件是否完整无损，如有缺损，应立即向指导教师报告。

（二）对光

旋转物镜转换器，将低倍镜镜头（4× 或 10× 物镜）转入光路，镜头离载物台约 1 cm，打开电源开关，升高聚光器，打开光圈，调节光量，使视野内的亮度既均匀明亮又不刺眼。在观察标本过程中，可以随时根据需要旋转光强度调节旋钮提高亮度或降低亮度。

（三）瞳距调节

瞳距调节是指根据双眼之间的距离调节两个目镜之间的距离，有助于观察单一显微镜图像，减少观察过程中的眼部疲劳。对使用瞳距调节板的显微镜，可通过同时向两侧拉开或向中间推入的方式调节目镜间的水平距离。对使用铰链调节器的显微镜，可通过调节铰链角度的方式调节目镜间的水平距离。

（四）低倍镜观察

将玻片标本具盖玻片的一面朝上，放置在载物台中央，用标本夹固定。观察标本时，先用低倍物镜，因为低倍镜视野范围大，容易发现标本和确定需要观察的部位。具体方法如下：双眼从侧面注视物镜，转动粗调焦旋钮，调节载物台与物镜间的距离，以两者间距离约 5 mm 为度。从目镜观察，慢慢转动粗调焦旋钮，直到基本看清标本物像，再轻轻转动微调焦旋钮，以便观察到更清晰的图像。观察过程中，可根据需要移动玻片，把要观察的部位移到视野中央。

（五）高倍镜观察

使用高倍镜前，应先在低倍镜中选好目标，将其移动到视野的中央，然后旋转物镜转换器，换用高倍镜进行观察。适当提高亮度后，稍微旋转微调焦旋钮至图像清晰即可。注意：高倍镜下观察完毕后，要转换至低倍镜下才能将玻片取出，避免损坏玻片和镜头，也便于更换新的玻片标本。

（六）油镜观察

在使用油镜之前，必须先经低倍镜、高倍镜观察，将需要进一步放大的部分移到视野的中央。同时将聚光镜升到最高位置，光圈开到最大。旋转物镜转换器，将高倍镜转离工作位置，在需要观察部位的玻片上滴一滴显微镜专用浸油，然后慢慢将油镜转至工作位置，从侧面注视镜头与玻片的距离，使镜头浸入油滴中，几乎与盖玻片相接触，但不能相碰。用油镜观察标本需要较强的光线。观察过程中，可旋转光强度调节旋钮提高亮度，同时慢慢调节微调焦旋钮，使物像清晰。注意：如果浸油含有气泡，可能降低图像画质。如果要清除浸油里的气泡，可以稍微旋转物镜转换器，往复移动油浸物镜一两次。

（七）复原显微镜

显微镜使用完毕后，内置照明式显微镜需切断电源，降低载物台；取下样品，用清洁纱布轻轻擦拭机械部件，用擦镜纸将光学部件擦拭干净；用过油镜的，用擦镜纸蘸取少量无水乙醇，从物镜顶透镜上擦去浸油；套上布套或塑料套，最后按照取镜时的操作要点，将显微镜放回镜橱（箱）。

二、体视显微镜的使用方法

体视显微镜又称解剖镜。它的焦点深度比较大，可放置比较大的标本样品，以供观察者在显微镜下进行实物标本的解剖观察或操作。体视显微镜的使用方法与生物显微镜基本相同，但焦距调节没有粗细之分，通过旋转变倍旋钮实现变焦。

三、使用显微镜的注意事项

（1）取放显微镜应小心谨慎，避免损坏显微镜。

（2）显微镜各部件不可任意拆卸。任何旋钮转动困难时，不能强力扭动，应及时报告指导教师，以便检查修理。

（3）显微镜使用中要注意避免水滴、试剂、染液等污损物镜和镜台，如不慎玷污显微镜，应立即擦拭干净。镜身各部分沾染的污物和灰尘可用清洁纱布擦拭干净。目镜、物镜和聚光器中的透镜，只能用专门擦镜纸擦，切忌用手、纱布、手帕等擦拭。擦拭镜头时，如灰尘较多，应先用洗耳球吹掉，不能随便用力擦拭。清洗指纹和油渍时，用擦镜纸蘸取少量无水乙醇轻轻擦拭即可。

（4）存放显微镜的地方，要严格防潮、防尘、防腐蚀和防热。应将显微镜存放在干燥的地方，用防尘罩盖住。不能使用具有高密封性的密封罩如塑料袋等作为防尘罩，否则可能增加显微镜内部的湿度，导致产品损坏。

附录 2

生物绘图法

生物绘图是形象地描绘生物外形、结构和行为等的一种重要的科学记录方法。其原则是要求对所描绘生物对象做深入细致的观察，从科学的高度充分了解其有关形态结构特征，在此基础上准确、严谨、简要、清晰地绘制。生物图不同于美术图，所绘图形要具有真实性，不能任意臆造或加以美化；绘图只能用线和点，不可涂黑。此处主要介绍线和点的技法。

一、生物绘图主要技法

（一）线

1.生物绘图对线条的要求

（1）线条要均匀，不可时粗时细。如果要表现毛发、褶纹等，则需根据自然形态，线条可自基部向尖端逐渐细小，使物体描绘更加逼真。

（2）线条边缘圆润而光滑，不可毛糙不整。

（3）行笔要流畅，中间不能停顿凝滞。

2.常用线条类型

（1）长线：指连贯的线条，主要表现物体的外形轮廓、脉纹、皱褶等部位。画长线的要点：① 在图纸下面垫一塑料板或玻璃台板，使纸面平整，以免造成线条中途停顿或不匀，影响长线连续光滑的效果。② 用力均匀，能够一笔绘成的线条力求一气呵成，防止线条粗细不均。③ 调整图纸角度使运笔时能顺应手势，并由左下角向右上方做较大幅度的运动，这样可顺利地绘成较长的线条。④ 如果是多段线条连接完成的长线条，需防止衔接处错位或首尾衔接粗细不匀。可执笔先稍离开纸面，顺着原来线段末端的方向，以接线的动作空笔试接几次，待手势动作有了把握后，再把线段接上。

（2）短线：指线段短促的线条，主要用于表现细部特征，如网状的脉纹、鳞片、细胞壁、纤毛等。短线虽较容易掌握，但往往会造成画面杂乱的局面。下笔应用力均匀地从头移到尾再挪开笔尖。

（3）曲线：指运笔时随着物体的转折方向多变、弯曲不直的线条，用于勾画物体的形态轮廓、内部构造、各部分的界线，以及表现毛发、脉纹、鳞甲等。描绘曲线比较自由，它可以根据各种对象的不同形态做相应的变换。画曲线应遵从 3 条原则：① 变而不乱。在运用曲线表示结构时，应注意线道数要适宜，不可信手勾画，造成画面凌乱不堪的结果。② 曲而得体。以弯曲的线条描绘物体，要按照所观察对象的结构，使每条线的弯曲和运笔方向准确无误。曲线的弯度不当，不仅使画面形象失真，还可能导致科学性的错误。③ 粗中有细。生物绘图中的用线，一般要求均匀一致，但根据物体结构的要求也有例外。例如，表现毛发、褶纹等就需根据自然形态，自基部向尖端逐渐细小，这样就可避免用线生硬呆板，使物体描绘更加逼真。

（二）点

生物绘图中，点主要用来衬阴影，以表现细腻、光滑、柔软、肥厚、肉质和半透明等物质特点，有时也用点来表现色块和斑纹。

1. 生物绘图对点的要求

（1）点形圆滑光洁。每个小点必须呈圆形，周边界线清晰，边缘不毛糙。这就要求使用的铅笔芯尖而圆滑，打点时必须垂直，不可倾斜。

（2）排列匀称协调。画阴影时，由明部到暗部要逐渐过渡，即点由全无到稀疏再到浓密分布，点也不能重叠。

（3）大小疏密适宜。点的分布不可盲目地一处浓、一处稀，或有堆集现象。暗处和明处的点可适当有大小变化，但又不能相差太多，更不可以在同一明暗阶层中夹杂粗细差别过大的点。

2.常用点的类型

（1）粗密点：点粗大且密集，主要用来表现背光、凹陷或色彩浓重的部位，并且粗点一般是伴随紧密的排列而出现的。

（2）细疏点：点细小且稀疏，主要用来表现受光面或色彩淡的部分。

（3）连续点：点与点之间按照一定的方向均匀地连接成线，主要用来显示物体的轮廓和各部分之间的边界线。

（4）自由点：点与点之间的排列没有一定的格式和纹样，操作比较自由。这种点适宜表现明暗渐次转变和具有花纹、斑点的部位。

二、生物绘图一般程序

（一）观察

绘图前，需对绘图对象（如动植物的各个组织、器官以及外形等）做细致观察，对其外部形态、内部构造，以及其各部分的位置关系、比例、附属物等特征有完整的感性认识。同时要把正常的结构与偶然的、人为的“结构”区分开，并选择有代表性的典型部位起稿。

（二）起稿

起稿就是构图、勾画轮廓。一般用软铅笔（HB）将绘图对象的整体及主要部分轻轻描绘在绘图纸上。此时要注意图形的放大倍数，图形在纸上的布局要合理，留出图题、图注等的位置。起稿时落笔要轻，线条要简洁，尽可能少改不擦。画好后，要再与所观察的实物对照，检查是否有遗漏或错误。

（三）定稿

对起稿的草图进行全面的检核和审定，经修正或补充后便可定稿。定稿即用硬铅笔（2H或3H）以清晰的笔画将草图描画出来。定稿后可用橡皮将草图轻轻擦去，然后对图的各个结构部位做简明图注。图注一般在图的右侧，或者在图的两侧排成竖行，上下尽可能对齐。图题一般在图下方中央。

附录 3

载玻片和盖玻片的使用

一、载玻片的规格及厚度

载玻片大小一般为 76 mm × 26 mm，通常厚度在 2 mm 以内，供在一般光学显微镜下使用。但用相差显微镜和暗视野显微镜镜检对载玻片的厚度要求很严格。如用相差显微镜镜检时，通常载玻片的厚度在 1 mm 左右。在暗视野照明时，要使用暗视野集光器，所用载玻片的厚度通常标在集光器上，一般为 1.0 ~ 1.2 mm。

另有一种特殊的载玻片称为凹玻片，即载玻片的中央有一圆形凹穴，可供滴加某种盐类溶液或是培养液后，将生物体或细胞标本置于其中，从而可进行活体观察。凹面使光线的透射会发生歪曲，因而不适于相差法镜检。

二、盖玻片的规格和厚度

盖玻片的规格有多种，最小的一种规格是 18 mm × 18 mm。另外还有 18 mm × 24 mm、24 mm × 24 mm、18 mm × 32 mm、24 mm × 32 mm 等规格。

盖玻片的厚度在用 50 倍以下的低倍镜和高倍镜镜检时并不是一个大问题，但在使用 90 倍以上的油镜时就显得比较重要，所用的盖玻片过厚或过薄，都会影响显微镜的成像，有时甚至无法找到物像清晰的焦点。故一般选用厚度为 0.17 mm 或 0.18 mm 的盖玻片，这样才能获得满意的镜检效果。

三、载玻片和盖玻片的清洁

新购的载玻片和盖玻片都要预先清洗才能使用。一般先将玻片投入质量分数为 1% ~ 2% 的盐酸溶液中，浸泡一昼夜，再用流水冲洗干净，然后移入体积分数为 70% 的酒精中浸泡备用。

浸泡时，不要将整盒玻片一齐投入，而应逐片投入，以使浸泡液完全浸润玻璃表面。如果玻片与玻片贴得太紧，则浸泡液无法浸润玻片的表面，达不到清洁的目的。

浸泡后的载玻片和盖玻片，先用清洁纱布擦干净，再放入干净的盒中供制片使用。

四、旧载玻片的使用

用过的载玻片经过清洁处理后可再次使用。一般用下面的方法处理旧载玻片：将用过的玻片或切片标本放入肥皂水中煮沸 5 ~ 10 min，在重铬酸钾洗液中浸泡 30 min，用自来水冲洗干净，在体积分数为 95% 的酒精中浸泡 2 h，取出擦干便可使用了。

附录 4

玻璃器皿的洗涤及各种洗液的配制方法

实验中所使用的玻璃器皿清洁与否，直接影响实验结果，玻璃器皿的不清洁或被污染往往造成较大的实验误差。因此，玻璃器皿的洗涤清洁工作是非常重要的。

一、新购买玻璃器皿的清洗

新购买的玻璃器皿表面常附着游离的碱性物质，可先用肥皂水或去污粉等洗刷，再用自来水洗净，然后浸泡在质量分数为 1% ~ 2%盐酸溶液中过夜（不少于 4 h），之后用自来水冲洗，最后用蒸馏水冲洗 2 ~ 3 次，在 80 ~ 100℃烘箱内烘干备用。

二、使用过的玻璃器皿的清洗

（一）一般玻璃器皿

试管、烧杯、三角烧瓶、量筒等，先用自来水洗刷至无污物，再选用大小合适的毛刷蘸取去污粉等或浸入去污粉溶液内，将器皿内外（特别是内壁）细心刷洗，用自来水冲洗干净后，再用蒸馏水冲洗 2 ~ 3 次，烘干或倒置在清洁处晾干后备用。凡洗净的玻璃器皿，器壁上不应带有水珠，否则表示尚未洗干净，应再按上述方法重新洗涤。若发现内壁有难以去掉的污迹，应试用本附录“三、洗液的种类和配制方法”所述洗液予以清除，再重新冲洗。

（二）量器

移液管、滴定管、容量瓶等量器，使用后应立即浸泡于凉水中，勿使附着物质干燥。工作完毕后用流水冲洗量器，以除去附着的试剂、蛋白质等物质，晾干后浸泡在铬酸洗液中 4 ～ 6 h（或过夜），再用自来水充分冲洗，最后用蒸馏水冲洗 2 ～ 4 次，晾干备用。

（三）其他器皿

带有传染性样品的容器，如沾染了病毒、传染病患者血清等的容器，应先进行高压（或其他方法）消毒后再进行清洗。盛过各种有毒药品，特别是剧毒药品和放射性同位素等物质的容器，必须经过专门处理（略），确保没有残余毒物存在时方可进行清洗。

三、洗液的种类和配制方法

（一）重铬酸钾洗液

重铬酸钾洗液具有较强的酸性和氧化性，是一种比较理想的洗液，对有机物和无机物的去污能力均特别强，凡能溶于酸和能被氧化的物质都可以用这种洗液除去。但 Hg^{2+}、Pb^{2+} 及 Ba^{2+} 存在时，会形成不溶的沉淀物附着在玻璃器皿壁上，难以除去，用稀盐酸、稀硝酸浸泡后可除去。该洗液对高锰酸钾及氧化铁无清除能力。

经多次使用后，重铬酸钾洗液由红棕色变成绿色（硫酸铬）时，说明效力减低；当洗液完全变成黑绿色时，说明已完全失效，不能继续使用。失效后的洗液仍具有极强的腐蚀性，应集中处理。

重铬酸钾洗液不适合浸泡培养细菌的玻璃器皿，因微量铬酸盐残迹可影响细菌生长。进行某些生物细胞组织培养，如必须用此洗液，则应在浸泡之后用大量流水冲洗。

重铬酸钾洗液配方：① 重铬酸钾 50 g、浓硫酸 500 mL、蒸馏水 50 mL；② 重铬酸钾 100 g、浓硫酸 800 mL、蒸馏水 200 mL。

配此洗液时取较细的重铬酸钾颗粒放入大烧杯内用水溶解，必要时可加热助溶。然后在搅拌下缓缓加入浓硫酸，切勿迸溅。注意勿将重铬酸钾溶液倒入硫酸内。当混合液的温度升高到 70 ～ 80℃ 时可稍晾冷后再加浓硫酸，不可使温度过高，以免出危险。配好的洗液呈红棕色。该洗液极易吸水，盛装容器需加盖。

（二）硝酸洗液

温热的浓硝酸是一种氧化剂，可用以除去能被氧化的物质，特别是除去碳水化合物时有特效，它也是玻璃和聚乙烯塑料最好的通用清洁剂之一。用体积分数为 3% ～ 20% 的硝酸溶液浸泡容器或物品 12 ～ 24 h，可除去某些金属污染如 Pb、Hg、Cu、Ag 等。

（三）浓硫酸 – 硝酸洗液

玻璃器皿也可用浓硫酸 – 硝酸（体积比 1 ∶ 1）浸泡洗涤，并用高纯水冲洗，可除去金属和有机物。该洗液特别适用于超纯分析，其效果优于重铬酸钾洗液。硼硅玻璃器皿每平方米吸附 0.01 μg 铬，用水冲洗很难除去，因此在超纯分析中少用以重铬酸盐作为组分的洗液。

（四）盐酸 – 乙醇洗液

质量分数为 3% 的盐酸 – 乙醇洗液可洗掉玻璃器皿上的染料附着物。

（五）盐酸洗液

在质量分数为 2% ～ 4% 的稀盐酸洗液中浸泡 2 ～ 4 h，可除去玻璃上的游离碱及大多数无机物残渣。急用时也可用浓盐酸浸荡数分钟。

（六）碱性洗液

碱性洗液主要用于清洗玻璃器皿和其他物品上的油污。这类洗液的作用较慢，主要采用浸泡和煮沸的方式。但煮沸的时间太长会腐蚀玻璃。常用的碱性洗液有氢氧化钠 – 乙醇洗液和碱性高锰酸钾洗液。① 氢氧化钠乙醇洗液配方：120 g 氢氧化钠溶于 120 mL 蒸馏水中，用体积分数为 95% 的酒精稀释至 1 000 mL，装入塑料瓶中备用，使用时随时盖好瓶盖。② 碱性高锰酸钾洗液配方：高锰酸钾 4 g，加少量水溶解，再加质量分数为 10% 氢氧化钠溶液至 100 mL。

上述洗液可多次使用，但是使用前必须将待洗涤的玻璃器皿先用水冲洗多次，除去肥皂、去污粉或各种废液。器皿上有凡士林或羊毛脂时，应先用软纸擦去，再用乙醇或乙醚擦净后才能使用洗液，否则会使洗液迅速失效。例如，肥皂水、有机溶剂（乙醇、甲醛等）及少量油污皆会使重铬酸钾洗液变绿，减低洗涤能力。

主要参考文献

1. B. 福迪. 藻类学［M］. 罗迪安，译. 上海：上海科学技术出版社，1980.
2. 蔡如星. 浙江动物志　软体动物［M］. 杭州：浙江科学技术出版社，1991.
3. 蔡英亚，谢绍河. 广东的海贝［M］. 汕头：汕头大学出版社，2006.
4. 陈明耀. 生物饵料培养［M］. 北京：中国农业出版社，1995.
5. 陈新军，刘必林，王尧耕. 世界头足类［M］. 北京：海洋出版社，2009.
6. 成永旭. 生物饵料培养学［M］. 2 版. 北京：中国农业出版社，2005.
7. 董树刚，吴以平. 植物生理学实验技术［M］. 青岛：中国海洋大学出版社，2006.
8. 董聿茂，戴爱云，蒋燮治，等. 中国动物图谱　甲壳动物：第 1 册［M］. 2 版. 北京：科学出版社，1982.
9. 董正之. 中国动物志　软体动物门　头足纲［M］. 北京：科学出版社，1988.
10. 高尚武，洪惠馨，张士美. 中国动物志　无脊椎动物　刺胞动物门［M］. 北京：科学出版社，2002.
11. 郭玉洁. 中国海藻志　硅藻门　中心纲［M］. 北京：科学出版社，2003.
12. 胡鸿钧，李尧英，魏印心，等. 中国淡水藻类［M］. 上海：上海科学技术出版社，1980.
13. 华中师范学院，南京师范学院，湖南师范学院. 动物学［M］. 北京：高等教育出版社，1983.
14. 黄旭雄. 生物饵料培养学实验［M］. 北京：中国农业出版社，2019.

15. 黄宗国，林茂.中国海洋生物图集：第 7 册［M］. 北京：海洋出版社，2012.
16. 纪加义，赵玉清.山东药用动物［M］.济南：山东科学技术出版社，1979.
17. 金德祥，陈金环，黄凯歌.中国海洋浮游硅藻类［M］.上海：上海科学技术出版社，1965.
18. 李军德，黄璐琦，曲晓波.中国药用动物志［M］. 2 版.福州：福建科学技术出版社，2013.
19. 李扬汉.植物学［M］. 2 版.上海：上海科学技术出版社，1984.
20. 李永函.淡水生物学［M］. 北京：高等教育出版社，1993.
21. 李永函，赵文.水产饵料生物学［M］.大连：大连出版社，2002.
22. 李新正，王洪法. 胶州湾大型底栖生物鉴定图谱［M］. 北京：科学出版社，2016.
23. 梁象秋，方纪祖，杨和荃.水生生物学（形态和分类）［M］. 北京：中国农业出版社，1996.
24. 梁英，田传远.浮游生物学与生物饵料培养实验［M］. 青岛：中国海洋大学出版社，2009.
25. 梁英，孙世春，魏建功.海水生物饵料培养技术［M］. 青岛：青岛海洋大学出版社，1998.
26. 廖玉麟.中国动物志　棘皮动物门　海参纲［M］. 北京：科学出版社，1997.
27. 刘凌云，郑光美.普通动物学［M］. 3 版.北京：高等教育出版社，1997.
28. 刘瑞玉.中国北部的经济虾类［M］. 北京：科学出版社，1955.
29. 吕豪.贝类的形态解剖（贝类学实验指导）分类图鉴［M］.大连：大连水产学院，1994.
30. 马平.福建海水养殖［M］.福州：福建科学技术出版社，2005.
31. 钱树本，刘东艳，孙军.海藻学［M］.青岛：中国海洋大学出版社，2005.
32. 强胜.植物学［M］.北京：高等教育出版社，2006.

33. 束蕴芳，韩茂森.中国海洋浮游生物图谱［M］.北京：海洋出版社，1993.
34. 孙瑞平，杨德渐.中国动物志　环节动物门　多毛纲（二）　沙蚕目［M］.北京：科学出版社，2004.
35. 王爱勤，李国忠.动物学实验［M］.南京：东南大学出版社，2002.
36. 王丽卿.水生生物学实验指导［M］.北京：科学出版社，2014.
37. 王英典，刘宁.植物生物学实验指导［M］.北京：高等教育出版社，2001.
38. 吴宝铃，孙瑞平，杨德渐.中国近海沙蚕科研究［M］.北京：海洋出版社，1981.
39. 徐凤山，张素萍.中国海产双壳类图志［M］.北京：科学出版社，2008.
40. 杨德渐，孙世春.海洋无脊椎动物学［M］.青岛：中国海洋大学出版社，1999.
41. 杨德渐，王永良，马绣同，等.中国北部海洋无脊椎动物［M］.北京：高等教育出版社，1996.
42. 杨世民，董树刚.中国海域常见浮游硅藻图谱［M］.青岛：中国海洋大学出版社，2006.
43. 游祥平，陈天任.原色台湾对虾图鉴［M］.台北：南天图书有限公司，1986.
44. 于洪贤.水蛭人工养殖技术［M］.哈尔滨：东北林业大学出版社，2001.
45. 曾呈奎，张德瑞，张峻甫，等.中国经济海藻志［M］.北京：科学出版社，1962.
46. 张凤瀛，廖玉麟，吴宝铃，等.中国动物图谱　棘皮动物［M］.北京：科学出版社，1964.
47. 张树林，张达娟.生物饵料培养实践训练［M］.北京：中国农业出版社，2019.
48. 张素萍，张均龙，陈志云，等.黄渤海软体动物图志［M］.北京：科学出版社，2016.
49. 张素萍.中国海洋贝类图鉴［M］.北京：海洋出版社，2008.

50. 赵汝翼，赵大东，辽宁师范学院生物系无脊椎动物教研组.大连沿海习见无脊椎动物［M］.北京：高等教育出版社，1965.
51. 赵文.水生生物学［M］. 2版.北京：中国农业出版社，2016.
52. 赵文.水生生物学实验［M］.北京：中国农业出版社，2020.
53. 郑柏林，王筱庆.海藻学［M］.北京：中国农业出版社，1961.
54. 郑重，李少菁，许振祖.海洋浮游生物学［M］.北京：海洋出版社，1984.
55.《中国药用动物志》协作组.中国药用动物志：第2册［M］.天津：天津科学技术出版社，1983.
56. Andersen R A. Algal Culturing Techniques［M］. Burlington：Academic Press，2005.